全国高职高专机械设计制造类工学结合"十二五"规划系列教材

丛书顾问　陈吉红

零件的普通机械加工

主　编　张　伟　沙　乾

副主编　严敏德　周正贵　王　峥

华中科技大学出版社

中国·武汉

内 容 简 介

本书的编写目的是强化培养专业操作技能,帮助学生掌握实用技术专业理论,努力体现当前职业教学的特点。

本书是根据相关职业的工作特点,以能力培养为根本出发点,采用"项目为引领、任务为驱动"的教学模式进行编写的。全书共分为十一个模块,主要内容包括:机械加工的现状和特点、机械加工所用刀具、机床的一般知识、机床夹具与定位、轴类和盘类零件的加工、平面加工、圆锥面和表面修饰的加工、各种螺纹的加工、齿轮加工、复杂零件加工以及机械加工操作规程和安全文明生产等。

本书可作为大学本科数控专业和机械制造专业的普通机加工课程的教材,也可作为相关从业人员以及高、中职等专业院校的学生和老师的参考用书。

图书在版编目(CIP)数据

零件的普通机械加工/张　伟,沙　乾　主编.—武汉:华中科技大学出版社,2013.6

ISBN 978-7-5609-9206-8

Ⅰ.①零…　Ⅱ.①张…　②沙…　Ⅲ.①机械元件-机械加工-高等职业教育-教材

Ⅳ.①TH13

中国版本图书馆 CIP 数据核字(2013)第 145477 号

零件的普通机械加工　　　　　　　　　　　　　　　张　伟　沙　乾　主编

策划编辑:万亚军
责任编辑:姚同梅
封面设计:范翠璇
责任校对:马燕红
责任监印:张正林
出版发行:华中科技大学出版社(中国·武汉)
　　　　　武昌喻家山　　邮编:430074　　电话:(027)81321915
录　　排:武汉楚海文化传播有限公司
印　　刷:湖北恒泰印务有限公司
开　　本:710mm×1000mm　1/16
印　　张:23.75
字　　数:475 千字
版　　次:2014 年 2 月第 1 版第 1 次印刷
定　　价:39.80 元

全国高职高专机械设计制造类工学结合"十二五"规划系列教材

编委会

全国高职高专机械设计制造类工学结合"十二五"规划系列教材

序

目前我国正处在改革发展的关键阶段。深入贯彻落实科学发展观,全面建设小康社会,实现中华民族伟大复兴,必须大力提高国民素质,在继续发挥我国人力资源优势的同时,加快形成我国人才竞争比较优势,逐步实现由人力资源大国向人才强国的转变。

《国家中长期教育改革和发展规划纲要(2010—2020 年)》提出:"发展职业教育是推动经济发展、促进就业、改善民生、解决'三农'问题的重要途径,是缓解劳动力供求结构矛盾的关键环节,必须摆在更加突出的位置。职业教育要面向人人、面向社会,着力培养学生的职业道德、职业技能和就业创业能力。"

高等职业教育是我国高等教育和职业教育的重要组成部分,在建设人力资源强国和高等教育强国的伟大进程中肩负着重要使命并具有不可替代的作用。自从 1999 年党中央、国务院提出大力发展高等职业教育以来,培养了 1300 多万高素质技能型专门人才,为加快我国工业化进程提供了重要的人力资源保障,为加快发展先进制造业、现代服务业和现代农业作出了积极贡献;高等职业教育紧密联系经济社会,积极推进校企合作、工学结合人才培养模式改革,办学水平不断提高。

"十一五"期间,在教育部的指导下,教育部高职高专机械设计制造类专业教学指导委员会根据《高职高专机械设计制造类专业教学指导委员会章程》,积极开展国家级精品课程评审推荐、机械设计与制造类专业规范(草案)和专业教学基本要求的制定等工作,积极参与了教育部全国职业技能大赛工作,先后承担了"产品部件的数控编程、加工与装配"、"数控机床装配、调试与维修"、"复杂部件造型、多轴联动编程与加工"、"机械部件创新设计与制造"等赛项的策划和组织工作,推进了双师队伍建设和课程改革,同时为工学结合的人才培养模式的探索和教学改革积累了经验。2010 年,教育部高职高专机械设计制造类专业教学指导委员会数控分委会起草了《高等职业教育数控专业核心课程设置及教学计划指导书(草案)》,并面向部分高职高专院校进行了调研。根据各院校反馈的意见,教育部高职高专机械设计制造类专业教学指导委员会委托华中科技大学出版社联合国家示范(骨干)高职院校、部分重点高职院校、武汉华中数控股份有限公司和部分国家精品课程负责人、一批层次较高的高职院校教师组成编委会,组织编写全国高职高专机械设计制造类工学结合"十二五"规划系列教材。

本套教材是各参与院校"十一五"期间国家级示范院校的建设经验以及校企

结合的办学模式、工学结合的人才培养模式改革成果的总结,也是各院校任务驱动、项目导向等教学做一体的教学模式改革的探索成果。因此,在本套教材的编写中,着力构建具有机械类高等职业教育特点的课程体系,以职业技能的培养为根本,紧密结合企业对人才的需求,力求满足知识、技能和教学三方面的需求;在结构上和内容上体现思想性、科学性、先进性和实用性,把握行业岗位要求,突出职业教育特色。

具体来说,力图达到以下几点。

(1) 反映教改成果,接轨职业岗位要求。紧跟任务驱动、项目导向等教学做一体的教学改革步伐,反映高职高专机械设计制造类专业教改成果,引领职业教育教材发展趋势,注意满足企业岗位任职知识、技能要求,提升学生的就业竞争力。

(2) 创新模式,理念先进。创新教材编写体例和内容编写模式,针对高职高专学生的特点,体现工学结合特色。教材的编写以纵向深入和横向宽广为原则,突出课程的综合性,淡化学科界限,对课程采取精简、融合、重组、增设等方式进行优化。

(3) 突出技能,引导就业。注重实用性,以就业为导向,专业课围绕高素质技能型专门人才的培养目标,强调促进学生知识运用能力,突出实践能力培养原则,构建以现代数控技术、模具技术应用能力为主线的实践教学体系,充分体现理论与实践的结合,知识传授与能力、素质培养的结合。

当前,工学结合的人才培养模式和项目导向的教学模式改革还需要继续深化,体现工学结合特色的项目化教材的建设还是一个新生事物,处于探索之中。随着这套教材投入教学使用和经过教学实践的检验,它将不断得到改进、完善和提高,为我国现代职业教育体系的建设和高素质技能型人才的培养作出积极贡献。

谨为之序。

教育部高职高专机械设计制造类专业教学指导委员会主任委员
国家数控系统技术工程研究中心主任
华中科技大学教授、博士生导师

陈吉红

2012年1月于武汉

前　言

"十二五"以来我国职业教育得到空前的发展，"以就业为导向"的教学改革不断深化，以培养职业能力为目标组织课程内容已成为课程改革的方向。一本适应以培养职业能力为主需求的现状教材，成了职业技术院校在教学改革实践中的渴求。为了适应职业教育改革的需要，我们根据多年的一体化教学的实践经验，并借鉴相关院校的成功经验，编写了本教材。

本教材为模块化教材，在编写中遵循了以下原则。

第一，以职业能力为核心搭建教材结构。改变了传统的以理论为铺垫，在掌握完整理论的基础上开展技能教学的教学方式，遵循"任务为引领，以项目为载体"的教学逻辑，在执行任务的实践中引入相关的理论知识，使学生在活动中接受理论、运用理论。最后的产品（服务）可使学生感受自我价值的存在，极大地激发学生学习的进取心。

第二，以"双证"为目标组织教学内容。将职业资格鉴定标准融入教学内容之中，既避免了技能培训中为鉴定而专设培训课题的"应试教育"现象，又克服了"只要技能，偏废理论"的倾向，体现了职业教育和职业培训的结合。

第三，以技能为重点，实践和理论融为一体。"以技能为重点"并不摒弃专业理论，而是将必要的理论知识融入学习技能过程之中。改变了"实验是理论的验证"和"理论是实践的延伸"的理念，将实践从理论的"延伸"和"应用"地位提升为主体地位，将传统上理论的"基础地位"转变为"附属地位"，按照完成任务过程的需要选择理论知识，培养学生关注工作任务的完成，而不是迫使学生记忆知识，并为学生提供了体验完整工作过程的学习机会，解决了"理论教学与实践教学相脱节"这个长期困扰职业教育的技术问题。

第四，以新技术为追求。在任务引领的基础上，适度前瞻，安排了不同机床加工技术的内容。完成本套教材的学习，能适应车工、铣工和磨工的工作任务。

第五，教材以图文并茂的方式呈现给学生，相关操作步骤或理论知识与图形一一对应，便于学生自学和自练。

第六，学习结果的考核，以课后的能力检测的形式呈现。检查考核题原则上以职业岗位需要的客观题为主，彻底消除了考学生、难学生的考核理念。

全书共分为十一个模块，主要内容包括：机械加工的现状和特点、机械加工所用刀具、机床的一般知识、机床夹具与定位、轴类和盘类零件的加工、平面加工、圆锥面和表面修饰的加工、各种螺纹的加工、齿轮加工、复杂零件加工以及机械加工操作规程和安全文明生产等。本书内容丰富，适合高职院校金工课程教学,职业院校可根据教学需要进行选取。

本书既可作为高职院校金工实习(零件的普通机械加工)课程的教材,也可作为准备国家相应中级职业资格考试的参考书。

本书由上海工程技术大学高职学院张伟、沙乾主编,上海工程技术大学高职学院严敏德、周正贵、王峥任副主编。具体编写分工如下:绪言、模块二、模块六、模块七、模块八和模块十由张伟编写,模块一和模块三由严敏德编写,模块四和模块五由沙乾编写,模块九由周正贵编写,模块十一由王峥编写。

在教材编写过程中,参考和借鉴了各种资料,编者得到了有关院校领导和老师,行业高级技能人才、专家及企业的大力支持,在此表示感谢。

由于时间紧迫,不足之处在所难免,恳请广大读者对教材提出宝贵意见和建议,以便教材修订时更正。

编　者

2013 年 5 月

目　录

绪 言

一、机械加工的现状

（一）机械加工的历史

我国是世界上使用和加工金属材料最早的国家之一。我国使用和加工铜的历史有4000多年，大量出土的青铜器说明在商代我国就具有了精湛的青铜加工技术，另外，在当时的条件下要浇铸这样庞大的金属器物，如果没有大规模的劳动分工组织及铸造成形技术，是不可能成功的。

春秋中晚期的著作《考工记》对木工、金工有记载："材美工巧"是制成良器的必要条件（材美就是采用优良的加工材料，工巧就是利用合理的制造工艺和方法）。根据对大量出土文物考证结果，公元8世纪（唐代）就有了最原始的车床，如图0-1所示。

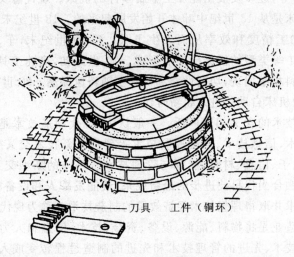

刀具　工件（铜环）

图 0-1　原始车床

早在公元前6世纪，我国就已出现人工冶炼的铁器，比欧洲出现生铁早1900

1

多年,另外,我国古代还创造了三种炼钢方法:一是从矿石中直接炼出;二是西汉时期兴起的经过"百次"冶炼锻打的百炼钢;三是南北朝时期的灌钢。在明朝之前的 2000 多年间,我国在钢铁生产技术方面一直是遥遥领先于世界各国的。

新中国成立后,我国在金属加工工艺方面的研究与应用有了突飞猛进的发展。到 2008 年我国的钢铁产量突破了年产 5 亿吨,成为国际钢铁市场上举足轻重的"第一力量"。

历史上,国外的金属加工技术大概是从 4000 多年前的古埃及开始发展的,当时人们只知道用吹火管,还不懂用风箱鼓风,也不懂得使用有手柄的大锤,而是用石锤锻打金属。在机械零件的加工制造过程中,采用铸造、锻压、焊接、冲压等制造方法,可以获得低精度的零件。要求精度较高、表面粗糙度较小的零件,主要依靠切削加工的方法来制造。

机械工业的发展和进步,在很大程度上取决于切削加工技术的发展。如 1769 年瓦特发明了蒸汽机,但因加工技术还很落后,苦于加工不出高精度的汽缸而得不到推广应用。1775 年,威尔逊成功地改造了一台汽缸镗床,解决了这一大难题。就在第二年(1776 年)蒸汽机便得到了实际应用,迎来了第一次产业革命。

(二) 机械加工的发展方向

事实证明,切削加工技术的发展水平直接影响着机械制造工业的发达程度,更表征了综合国力的强大程度。机械制造业当中的切削加工离不开金属切削机床,机床是装备制造业的"工作母机"或"工具机"。

机床是人类在长期生产实践中不断改进生产工具的基础上产生的,并随着生产发展和科技进步而渐趋完善。从最原始的木制机床,人力或畜力驱动,主要加工木料、石料等,逐步发展出能加工金属零件的机床。现代意义上的加工金属机械零件的机床是从 18 世纪中叶才开始发展起来的。18 世纪末,刀具运动促使机械代替人,加工精度和效率从而发生飞跃。到 19 世纪末,车、钻、锉、刨、拉、铣、磨、齿轮加工等类型的机床已先后形成。20 世纪初,高速工具钢和硬质合金等新型刀具材料相继出现,切削性能和机床主轴转速提高。20 世纪 50 年代才有了数控机床,使机床自动化进入崭新时代。

现代制造技术的含义相当广泛。一般认为,现代制造技术是以传统制造技术与计算机技术、信息技术、自动控制技术等现代高新技术交叉融合的结果,是一个集机械、电子、信息、材料、能源与管理技术于一体的新型交叉学科。因此,凡是那些能够融合当代科技进步的最新成果,最能发挥人和设备的潜力,最能体现现代制造技术并取得理想技术经济效果的制造技术都称为现代制造技术。

先进的制造业是将物料、能源、设备、资金、技术、信息和人力等制造资源通过先进的制造技术、先进的管理技术和先进的制造过程转变成人类需求产品的行业。行业追求的目标是:高质量、高效率、高柔性、低成本、低劳动力、低消耗、品种多和规格全的产品。精密加工、超精密加工技术、微型机械是现代化机械制造技术发展的方向之一。精密和超精密加工技术包括精密和超精密切削加工、磨削加工、研磨加工以及特种加工和复合加工(如机械化学研磨、超声磨削和电解抛光等)三大领域。超精密加工技术已向纳米技术发展。

随着制造技术的不断发展,发达国家主要从具有全新制造理念的制造系统自动化方面寻找出路,提出了一系列新的制造系统,如计算机集成制造系统(CIMS)、智能制造系统(IMS)、敏捷制造(AM)系统。而我国也在 CIMS 与集成技术、产品设计自动化、工艺设计自动化、柔性制造技术、管理与决策信息系统、质量保证技术、网络与数据库技术以及系统理论和方法等方面取得了丰硕成果,获得不同程度的进展。

现代机械制造技术的发展主要表现在两个方向:一是精密工程技术,以超精密加工的前沿部分——微细加工、纳米技术为代表;二是机械制造的高度自动化,以 CIMS 和敏捷制造等的进一步发展为代表。

现代制造业的发展趋势主要体现为全球化、虚拟化和绿色化。

知识链接 1

计算机集成制造系统(CIMS)

CIMS 是在自动化技术、信息技术和制造技术的基础上,通过计算机及其软件,将制造企业全部生产活动所需的各种分散的自动化系统有机地集成起来的系统,是适合多品种、中小批量生产的总体高效率、高柔性的制造系统。其核心技术是 CAD(计算机辅助设计)与 CAM(计算机辅助制造)。

知识链接 2

敏捷制造(AM)

敏捷制造又称灵捷制造、迅速制造和灵活制造等,它将柔性生产技术、熟练掌握生产技能和知识的劳动力与促进企业内部和企业之间相互合作的灵活管理集成在一起,通过所建立的共同基础结构,力求对迅速改变或无法预见的消费者需求和市场时机做出快速响应。

二、机械加工的概念

(一)机械加工的定义和分类

机械加工是一种用加工机械对工件的外形尺寸或性能进行改变的过程。按被加工的工件所处的温度状态,可分为冷加工和热加工两类。一般在常温下进行,并且不引起工件的化学和物相变化的机械加工,称为冷加工。一般在高于或低于常温状态进行,会引起工件的化学和物相变化的机械加工,称为热加工。冷加工按加工方式可分为切削加工和压力加工两类。热加工常见的有热处理、锻造、铸造和焊接等。

（二）切削加工与机械加工

在现代机器制造中，尺寸公差和表面粗糙度数值要求较小的机械零件，一般都要经过切削加工而得到。在机器制造厂里，切削加工占用的劳动量较大，是机械制造业中使用最广的加工方法。

机械零件的切削加工分为钳工和机械加工两部分。机械加工从某种意义上说也就是切削加工，是指用切削刀具从坯料或工件上切除多余材料，以获得具备所要求的几何形状、尺寸精度和表面质量的零件的加工方法。机械加工主要方式包括车削、铣削、刨削、拉削、磨削、镗削和齿轮加工等。

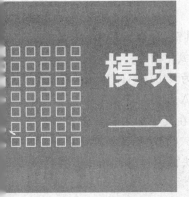

模块一

机械加工所用的刀具

项目一　金属切削刀具材料

【学习目标】

掌握:刀具材料应具备的性能。

熟悉:刀具材料的种类;硬质合金合金分类;常用的硬质合金牌号。

了解:工具钢性能和用途;硬质合金性能特点;其他刀具的材料及用途。

任务一　刀具材料应具备的性能及其种类

一、刀具材料应具备的性能

刀具在切削过程中要承受高温、高压、强烈摩擦、冲击和振动,因此,刀具切削部分的材料应具备下列性能。

(1) 高硬度　刀具切削部分的硬度要高于被加工材料的硬度。常温下,刀具的硬度应在 60 HRC 以上。对于硬度较高难以切削的材料,刀具的硬度要求在 65 HRC 以上。

(2) 高耐磨性　耐磨性表示材料抵抗磨损的能力。通常刀具材料的硬度越高,耐磨性越好。

(3) 足够的强度和韧度　在切削过程中,刀具要经得起所承受的各种应力和冲击,才能防止刀具的崩刃或脆性断裂。

(4) 高的耐热性　耐热性(又称红硬性)是指材料在高温下能够保持其硬度的性能。它是衡量刀具材料切削性能的主要指标。

(5) 良好的工艺性　为了便于刀具的制造,刀具的材料必须具有良好的可加工性和热处理性能(如淬透性好、淬火变形小、脱碳层浅等)。

二、刀具材料的种类

刀具材料的种类很多,常用的金属材料有碳素工具钢、合金工具钢、高速工具钢及硬质合金,非金属材料有陶瓷、人造金刚石、立方氮化硼等。

(1) 碳素工具钢　碳素工具钢是指碳的质量分数为 $0.6\%\sim1.35\%$ 的优质高碳钢。用于制造刀具的碳素工具钢的常用牌号有 T8A、T10A、T12A。

(2) 合金工具钢　为了改善碳素工具钢的性能,常在其中加入合金元素,形成合金工具钢。常用合金工具钢的牌号有 9SiCr、GCr15、CrWMn、Cr12MoV 等,多用于制造手用丝锥、手用铰刀、圆板牙及硬质合金钻头的刀体等。图 1-1 所示为用合金工具钢制造的丝锥和圆板牙。

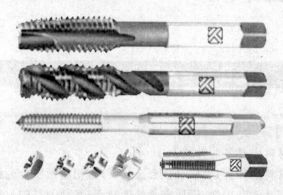

图 1-1　丝锥和圆板牙

(3) 高速工具钢　高速工具钢是一种含 W(钨)、Cr(铬)、Mo(钼)、V(钒)等合金元素较多的工具钢。

(4) 硬质合金　硬质合金是使用粉末冶金方法制造的合金材料,由硬度和熔点很高的碳化物(称为硬质相)和金属黏结剂(称为黏结相)组成。硬质合金刀具材料是目前用得最广泛的刀具材料。

任务二　工具钢

一、工具钢的分类

工具钢是用于制造切削刀具、量具、模具和耐磨工具的钢。工具钢具有较高的硬度及韧度,较好的耐热性及耐磨性。工具钢一般分为碳素工具钢、合金工具钢和高速工具钢。

1. 碳素工具钢性能和用途

碳素工具钢热处理后表面可得到较高的硬度和耐磨性,心部有较高的韧度;退火硬度低(不大于 207 HB),加工性能良好。但其耐热性差,当工作温度达250 ℃时,钢的硬度和耐磨性急剧下降,硬度会下降到 60 HRC 以下。同时,这类钢的淬透性较差。

碳素工具钢多用于制造不受冲击载荷,但要求有极高硬度的金属切削工具,如剃刀、刮刀、拉丝工具、锉刀、刻纹用工具、钻子,以及坚硬岩石加工用工具和雕刻用工具等。

2. 合金工具钢

在碳素工具钢中加入 Si(硅)、Mn(锰)、Ni(镍)、Cr、W、Mo、V 等合金元素而形成的钢。

合金工具钢的淬硬性、淬透性、耐磨性和韧性均比碳素工具钢的好,按用途大致可分为刀具、模具和量具用钢三类。

3. 高速工具钢

高速工具钢简称高速钢,是一种综合性能好、应用范围较广的刀具材料,它适用于制造各种结构复杂的刀具。高速钢按其用途和性能,可分为通用高速钢和高性能高速钢两种。

1) 通用高速钢

(1) 钨系高速钢　典型的钨系高速钢如 W18Cr4V,其主要合金元素质量分数分别为:$w(W)=18\%$,$w(Cr)=4\%$,$w(V)=1\%$。W18Cr4V 综合性能较好,淬火硬度为 $63\sim66$ HRC,耐热温度达 620 ℃。它的抗弯强度与冲击韧度均比钼系高速钢低,高温塑性也较钼系高速钢差。可用于制造各种切削刀具,如刨刀、铣刀、钻头(见图 1-2)、拉刀、铰刀、插齿刀、车刀(见图 1-3)、丝锥和板牙等。

图 1-2　铣刀和钻头

图 1-3　高速钢车刀

(2) 钼系高速钢　典型的钼系高速钢如 W6Mo5Cr4V2,其主要合金元素的质量分数分别为 $w(W)=6\%$,$w(Mo)=5\%$,$w(Cr)=4\%$,$w(V)=2\%$。其碳化物分布细小、均匀,具有良好的力学性能。与 W18Cr4V 相比,它的抗弯强度与冲击韧度较高,高温塑性较好,因它的使用寿命长、价格低,已逐渐推广。

2) 高性能高速钢

高性能高速钢是在通用高速钢中再加入合金元素,进一步提高其耐热性、耐磨性而得到的。采用这种高速钢制造的刀具,切削速度可达 $50\sim100$ m/min,具有比通用高速钢刀具更高的生产率与更长的寿命,它能切削不锈钢、耐热钢、高强度钢等难加工的材料。典型的高速钢如 W12Cr4V4Mo 等。

二、工具钢的特性

1. 硬度

用工具钢制成的工具经热处理后具有足够高的硬度,如用于金属切削加工的工具钢硬度一般在 60 HRC 以上。同时,在高的切削速度和加工硬材料所产生的高温下,仍能保持较高的硬度。一般,碳素工具钢和合金工具钢在 180 ~ 250 ℃、高速钢在 600℃左右的工作温度下,仍能保持较高的硬度。耐热性对于热变形模具和高速切削刀具用钢是非常重要的性能。

2. 耐磨性

工具钢具有良好的耐磨性,即抵抗磨损的能力。用工具钢制成的工具在承受相当大的压力和摩擦力的条件下,仍能保持其形状和尺寸不变。

3. 强度和韧性

工具钢具有一定的强度和韧性,能使用工具钢制造工具在工作中能够承受负荷、冲击、振动和弯曲应力等复杂的应力,以保证工具的正常使用。

4. 其他性能

由于各种工具的工作条件不同,工具钢还具有一些其他性能,如模具钢还应具有一定的高温力学性能、热疲劳性能、导热性和耐磨、耐蚀性能等。

三、工具钢的工艺性能

工具钢除了具有上述使用性能外,还应具有良好的工艺性能。

1. 加工性

工具钢应具有良好的热压力加工性能和机械加工性能,才能便于工具的制造和使用。钢的加工性取决于其化学成分、组织的质量。

2. 淬火温度范围

工具钢的淬火温度应足够宽,以减少过热的可能性。

3. 淬硬性和淬透性

淬硬性是钢在淬火后所能达到最高硬度的性能。淬硬性主要与钢的化学成分特别是碳含量有关,碳含量越高,则钢的淬硬性越高。

淬透性表示钢在淬火后从表面到内部的硬度分布状况。淬透性的高低与钢的化学成分、纯净度、晶粒度有关。

根据不同的用途,对工具钢的这两种性能有不同的要求。

4. 脱碳敏感性

工具表面发生脱碳,将使表面层硬度降低,因此要求工具钢的脱碳敏感性低。在相同的加工条件下,钢的脱碳敏感性取决于其化学成分。

5.热处理变形性

工具在热处理时,要求其尺寸和外形稳定。

6.磨削性

对于制造刀具和量具用钢,要求其具有良好的磨削性。钢的磨削性与其化学成分有关,特别是钒含量,如果钒质量分数不小于 0.50%,则钢的磨削性差。

任务三　硬质合金

一、硬质合金的分类

1.钨钴类硬质合金

钨钴类硬质合金的主要成分是 WC(碳化钨)和黏结剂 Co(钴)。其牌号是由"YG"("硬、钴"两字汉语拼音首字母)和钴的平均质量分数组成的。

例如,YG8,表示平均 $w(Co)=8\%$,其余为碳化钨的钨钴类硬质合金。一般钨钴类合金主要用于制造刀具、模具,以及地矿类产品。

2.钨钛钴类硬质合金

钨钛钴类硬质合金主要成分是 WC、TiC(碳化钛)及钴。其牌号由"YT"("硬、钛"两字汉语拼音首字母)和碳化钛平均质量分数组成。例如,YT15,表示 $w(TiC)=15\%$,其余成分为碳化钨和钴的钨钛钴类硬质合金。

3.钨钛钽(铌)类硬质合金

在硬质合金中加入适量的 TaC(碳化钽)或 NbC(碳化铌)可以提高合金的高温硬度、强度,增强其耐磨性、黏结温度和抗氧化性,同时,韧度也有所提高。此类硬质合金具有较好的综合切削性能,所制成的刀具主要用于加工难以切削的材料和断续切削。常用牌号有 YW1 和 YW2。

4.碳化钛基类硬质合金

此类硬质合金是以碳化钛为硬质相,用 Ni(镍)、Mo(钼)为黏结剂的硬质合金。碳化钛基类硬质合金刀具的优点是硬度高,抗黏合能力、抗月牙洼磨损能力和抗氧化能力都很强,在 1000 ℃ 以上的高温下仍能进行切削加工,适合用于对合金钢、工具钢、淬火钢等进行连续精加工。常用牌号有 YN5、YN10。

常用的硬质合金牌号及其应用范围如表 1-1 所示。

表 1-1　常用的硬质合金牌号及其应用范围

类　　型	牌号	应用范围
钨钴类	YG3	铸铁、非铁金属及合金的精加工、半精加工;切削时不承受冲击载荷
	YG6X	铸铁、冷硬铸铁、高温合金的精加工、半精加工
	YG6	铸铁、非铁金属及其合金的半精加工与粗加工
	YG8C	铸铁、非铁金属及其合金的粗加工。也能用于断续切削

续表

类 型	牌号	应 用 范 围
钨钛钴类	YT30	碳素钢、合金钢的精加工
	YT15	碳素钢、合金钢连续切削时的粗加工、半精加工及精加工,也可用于断续切削时的精加工
	YT14	
	YT5	碳素钢、合金钢的粗加工,可用于断续切削
钨钛(铌)钴类	YW1	不锈钢、高强度钢与铸铁的半精加工与精加工
	YW2	不锈钢、高强度钢与铸铁的粗加工与半精加工
碳化钛基类	YN05	低碳钢、中碳钢、合金钢的高速精车,工艺系统刚度较高的细长轴精加工
	YN10	碳素钢、合金钢、工具钢、淬硬钢连续表面的精加工

二、硬质合金的特性

硬质合金的硬度较高,常温下可达 89~93 HRA(相当于 74~81 HRC),可切削硬度为 50 HRC 左右的硬质材料。它的耐磨性较好,耐热性较高,能耐 800~1000 ℃ 的高温,因此切削速度可比高速钢高几倍甚至十几倍,刀具寿命高 5~80 倍。用其制造模具、量具,寿命比合金工具钢的高 20~150 倍。硬质合金可用于制造各种高速切削用刀具,图 1-4 所示为硬质合金车刀,图 1-5 所示为硬质合金铣刀。

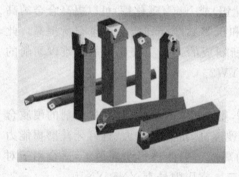

图 1-4　硬质合金车刀　　　　　　　　图 1-5　硬质合金铣刀

但硬质合金脆性大,不能进行切削加工,难以制成形状复杂的整体刀具,因而常制成不同形状的刀片,采用焊接、粘接、机械夹持等方法安装在刀体或模具体上使用。

任务四　其他刀具材料

工件与刀具双方交替进展、相互促进,促使切削技术不断向前发展。硬质合金性能不断进步,发展了很多新品种,各种涂层刀具和复合结构超硬材料也将得到更多的应用。新刀具材料具有超硬材料的硬度和耐磨性,成为未来刀具材料发展的主流。

一、机床涂层刀具材料

对刀具进行涂覆是机械加工行业前进道路上的一大变革。在硬质合金或高速钢刀具韧度较高的基体上,通过化学或物理方法在其表面上涂覆一层、两层乃至多层具有高硬度、高耐磨性、耐高温性能的难熔金属化合物(如 TiN、TiC 等)薄层,可使刀具具有全面、良好的综合性能。硬质合金的硬度仅为 89～93.5 HRA (1300～1850 HV),而涂层刀具的表面硬度可达 2000～3000 HV,甚至更高。涂层既能提高刀具材料的耐磨性,又能降低其韧度。在工业生产中,使用涂层刀具可以提高加工效率、加工精度、延长寿命、降低成本。新型的数控机床所用的刀具(见图 1-6)80%左右是涂层刀具。

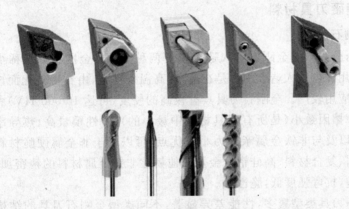

图 1-6　数控机床用刀具

二、陶瓷刀具

陶瓷刀具是采用氧化铝粉末,添加少量元素,再经由高温烧结而成的。陶瓷刀具具备高硬度、高密度、耐高温、抗磁化、抗氧化等特点。其硬度为 80 HRA,耐磨性、耐热性好;脆性大,强度较低,只有一般硬质合金的 1/3 左右,不能承受冲击载荷。图 1-7 所示为陶瓷滚刀,图 1-8 所示为陶瓷刀片。

图 1-7　陶瓷滚刀

图 1-8　陶瓷刀片

陶瓷被认为是提高产品质量最有希望的刀具材料之一。陶瓷刀具材料分为以下三类。

(1) 氧化铝基陶瓷 一般在 Al_2O_3 基体中加进 TiC、WC、SiC、TaC 和 ZrO_2 (氧化锆)等成分,经热压制成复合陶瓷。其硬度达 93～95 HRA,抗弯强度达 0.7～0.9 GPa。为进一步提高其韧度,常添加少量的 Co、Ni 等金属。

(2) 氮化硅基陶瓷 氮化硅基陶瓷以 Si_3N_4 为基体,加入了 TiC、Co 等成分,其韧度常高于氧化铝基陶瓷,硬度则与氧化铝基陶瓷相当。

(3) 复合氮化硅-氧化铝陶瓷 其化学成分为 $w(Si_3N_4) \approx 77\%$, $w(Al_2O_3) \approx 13\%$, $w(Y_2O_3) \approx 10\%$,硬度可达 1800 HV,抗弯强度可达 1.20 GPa。这种陶瓷称为赛阿龙(Sialon),最适宜切削高温合金与铸铁。

三、超硬刀具材料

1. 金刚石

金刚石分为天然金刚石和人造金刚石两种。天然金刚石数量稀少,所以价格昂贵,应用极少。人造金刚石是在高压、高温条件下,由石墨转化而成的,价格相对较低,应用较广。金刚石刀具具有极高的硬度(可达 10 000 HV)和耐磨性,并且具有摩擦因数小(是所有刀具材料中最小的)、弹性模量高、热导率高、热膨胀系数低,以及与非铁金属亲和力小等优点,可以用于非金属硬脆材料如石墨、高耐磨材料、复合材料、高硅铝合金及其他韧性非铁金属材料的精密加工。但其耐热性较差,抗弯强度低,脆性大。

金刚石刀具类型繁多,性能差异显著,不同类型金刚石刀具的结构、制备方法和应用领域有较大区别。金刚石刀具如图 1-9 所示。

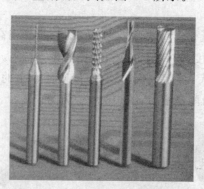

图 1-9 金刚石刀具

金刚石刀具有以下五种。

(1) 天然金刚石(ND)刀具 天然金刚石具有极高的硬度,必须采用特殊方法进行研磨。同时,因为天然金刚石具有良好的化学稳定性,很难与其他金属发生反应而实现焊接。因此,天然金刚石刀具的应用范围有限。

(2) 人造聚晶金刚石(PCD)刀具 它是以石墨为原料,经高温高压制成的。

（3）人造聚晶金刚石与硬质合金复合片（PCD/CC）刀具　它以硬质合金为基底，表面有一层金刚石（约 0.5 mm），制造方法与 PCD 刀具相同。

（4）金刚石薄膜涂层（CVD）刀具　采用化学气相沉积（CVD）工艺，在刀具表面涂覆一层 $10\sim25~\mu m$ 的薄膜就得到了金刚石薄膜涂层刀具。

（5）金刚石厚膜（TFD）刀具　亦采用 CVD 工艺，在另一基体上涂出 0.2 mm以上的厚膜，再将厚膜切割成一定的大小，然后焊在硬质合金刀片上，这样就构成了金刚石厚膜刀具。

2. 立方氮化硼（CBN）

立方结构的氮化硼的分子式为 BN，其晶体结构类似于金刚石。立方氮化硼（见图 1-10）是由软的立方氮化硼在高压、高温条件下加入催化剂转变而得到的，其特点是：硬度仅次于金刚石，为 8 000～9 000 HV，耐磨性好，耐热性高，摩擦因数小。立方氮化硼刀具一般用在干切削条件下，对钢材、铸铁进行加工。

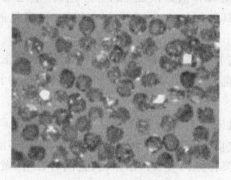

图 1-10　立方氮化硼

项目二　刀具的几何形状和切削要素

【学习目标】

掌握：切削过程中形成的表面；切削要素。

熟悉：切削过程的运动；刀具的几何形状；车刀的组成。

了解：车刀切削部分的几何参数。

任务一　切削过程中的运动和形成的表面

一、切削过程中的运动

金属切削机床的基本运动有直线运动与回转运动两类。工件与刀具的相对运动按其所起的作用，可分为主运动和进给运动两类，如图 1-11 所示。

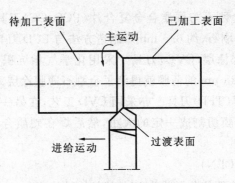

图1-11　切削过程的运动和形成表面

1. 主运动

主运动是由机床或人力提供的主要运动,它使切削刀具(工具)与工件之间产生相对运动,从而使刀具前面接近工件。车削时,主运动是工件的回转运动;铣削时,主运动是刀具的回转运动;牛头刨床刨削时,刀具的往复直线运动为主运动。

主运动是切下切屑所需要的最基本的运动,是切削加工中速度最高、消耗功率最多的运动,如车削时工件的旋转,一台机床一般只有一个主运动。

2. 进给运动

进给运动是由机床或人力提供的运动,它使刀具与工件间产生附加的相对运动。进给运动将被切削金属层不断地投入切削,以加工出所需几何特性的加工表面。车削时,刀具做纵向直线进给运动;铣削时,工件做纵向直线进给运动;牛头刨床刨削时,工作台的移动为进给运动。一台机床可以有一个进给运动,也可以有多个进给运动。

3. 合成切削运动

主运动和进给运动合成的运动称为合成切削运动。

二、切削加工时在工件上产生的表面

在切削加工过程中,工件上依次形成变化的三个表面,它们分别是待加工表面、已加工表面和过渡表面,如图1-11和图1-12所示。

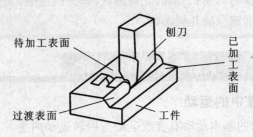

图1-12　刨削加工中的加工表面

待加工表面是工件上有待切除的表面。

已加工表面是工件上经刀具切削后产生的表面。

过渡表面是工件上由切削刃形成的那部分表面,它将在下一个行程、刀具或工件的转动的下一周里被切除,或者由下一个切削刃切除。

任务二　刀具切削部分的基本定义

刀具是机械制造中用于切削加工的工具,又称切削工具。广义的切削工具既包括刀具,还包括磨具。绝大多数刀具是机用的,但也有手用的。由于机械制造中使用的刀具基本上都用于切削金属材料,所以"刀具"一词一般就理解为金属切削刀具。

以下以车刀为例说明刀具的组成。

一、车刀的组成

车刀是由刀体和刀头(或刀片)两部分组成的(见图 1-13)。刀体用来装夹车刀。刀头担负切削工作,又称切削部分。刀头是由若干刀面和切削刃组成的(见图1-14)。

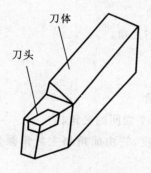

图 1-13　车刀的组成

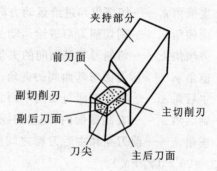

图 1-14　刀头组成部分

(1) 前刀面(前面)——刀具上切屑流过的表面。它直接作用于被切削的金属层,并控制切屑沿其排出。

(2) 后刀面(后面)——与工件上切削中产生的表面相对的表面。后面又分主后面和副后面。

主后刀面(主后面)——刀具上同前面相交形成主切削刃的后面,它对着过渡表面。

副后刀面(副后面)——刀具上同前面相交形成副切削刃的后面,它对着已加工表面。

(3) 主切削刃——起始于切削刃上主偏角为零的点,并至少有一部分拟用来在工件上切出过渡表面的那个整段切削刃。

(4) 副切削刃——切削刃上除主切削刃以外的刃,亦起始于切削刃上主偏角为零的点,但它向背离主切削刃的方向延伸。

(5) 刀尖——刀尖可以是主、副切削刃的实际交点,也可以是主、副两条切削刃连接起来的一小段切削刃,它可以是圆弧,也可以是直线,通常都称为过渡刃。

各种刀具的结构都由装夹部分和工作部分组成。整体结构刀具的装夹部分和工作部分都做在刀体上;镶齿结构刀具的工作部分(刀齿或刀片)则镶装在刀体上。

二、车刀切削部分的几何参数

1. 刀具的几何参数

刀具的几何参数包含以下四个方面。

(1) 切削刃的形状 有直线刃、折线刃、圆弧刃、刀尖及过渡刃等。

(2) 切削刃区的剖面形式 常用的是锋刃(锐刃),也可磨出负倒棱和消振棱等。

(3) 刀面形式 如前刀面上的断屑槽、卷屑槽,后刀面上的直线齿背或曲线齿背等。

(4) 刀具的几何角度 车刀切削部分基本角度如图 1-15 所示。

主偏角 κ_r ——切削刃与进给运动方向间的夹角。

副偏角 κ_r' ——副切削刃与进给运动反方向间的夹角。

刃倾角 λ_s ——切削刃与基面间的夹角。

前角 γ_o ——前刀面与基面间的夹角。

主后角 α_o ——主后刀面与切削平面之间的夹角。

副后角 α_o' ——在副截面内,副后刀面与副切削平面间的夹角。

楔角 β_o ——前刀面和主后刀面之间所夹的角度,它由前角和主后角派生而来,$\beta_o = 90° - (\gamma_o + \alpha_o)$。

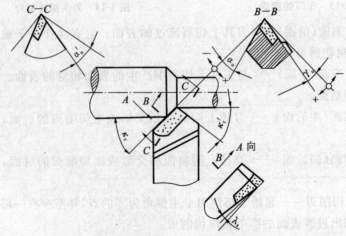

图 1-15 车刀的基本角度

2. 刀具几何参数的选择

在保证加工质量的前提下,有利于提高生产效率、提高刀具寿命、降低成本的刀具几何参数,称为刀具的合理几何参数。

刀具几何参数、刀具材料和刀具结构是研究金属切削刀具的三项基本内容。在相同刀具材料和刀具结构的条件下,选用合理的刀具几何参数,是保证加工质量、提高效率、降低成本的有效途径。

1) 前角的选择

增大刀具前角,可减小前刀面挤压切削层时的塑性变形,从而可减小切削力、减少切削热和降低切削功率。实践证明,当前角增大时,切削力 F 的三个分力 F_f、F_p、F_c 均显著减小。

刀具前角大,则楔角 β_o 小,切削刃和刀头的强度较低,刀头散热条件差,切削时刀头容易崩刃,如图 1-16(a) 所示。刀具前角大,可以减小切屑变形,不易断屑;反之,减小前角可以使切屑变脆,容易断屑。刀具前角小或者采用负前角,如图 1-16(b) 所示,将会使刀具在切削时振动加大。所以前角大小与受力方向将影响加工表面粗糙度。

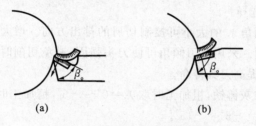

图 1-16 前角大小与受力方向
(a) 采用大前角时;(b) 采用负前角时

可使刀具达到最高寿命时的前角,称为合理前角。合理前角的选择,既要保证切削刃锐利,又要有一定的强度和一定的散热体积。不同的刀具材料有各自对应的最高寿命的合理前角。切削中、硬钢材料的合理前角比切削软钢的小,而比切削铸铁的大。硬质合金的抗弯强度较低、抗冲击韧度差,所以合理前角也小于高速钢刀具的合理前角。

粗加工、断续切削和承受冲击载荷时,为保证切削刃强度,应选择较小前角,选择范围为 5°~15°。精加工时前角选择范围为 13°~18°。

2) 主后角的选择

主后角的作用主要是减少主后刀面与加工表面之间的摩擦。主后角越大,切削刃越锋利,但是切削刃和刀头的强度削弱,散热体积减小。

粗加工、断续切削和承受冲击载荷时,为增加刀具强度,主后角应取小些;精加工时,增大主后角可提高刀具寿命和加工表面质量。

主后角的选择范围为 8°~12°。

3）副后角的选择

车刀、刨刀及面铣刀的副后角 α_o' 通常等于主后角 α_o；切断刀、车槽刀、锯片铣刀的副后角受刀头强度的限制，只能取很小的数值，通常取 $\alpha_\text{o}' = 1°30'$ 左右。

4）主偏角、副偏角的选择

（1）主偏角和副偏角的功用 主要有以下几点。

①减小主偏角 κ_r 和副偏角 κ_r'，使加工残留面积高度降低，可得到较小的表面粗糙度，其中副偏角的影响比较明显。

②在背吃刀量和进给量一定的情况下，主偏角增大将使切削厚度增加、切削宽度减小，参加切削的刃长减小，切削刃单位长度上的负荷增大。

③主偏角增大将使背向力 F_p 减小，有利于提高工艺系统的刚度。

④增大主偏角，可使切屑宽度减小、厚度增加，并且容易折断。

（2）主偏角的合理选择 粗加工和半精加工的硬质合金车刀，一般选用较大的主偏角，以减少振动，提高刀具寿命。常用车刀主偏角一般为 90° 或 93°。

（3）副偏角的选择 在不影响振动条件的情况下，取副偏角 $\kappa_\text{r}' = 5° \sim 10°$。加工高强度，高硬度材料时，为提高刀尖强度，副偏角 κ_r' 可取 4° $\sim$ 6°。

5）刃倾角的选择

通过改变刃倾角 λ_s 的大小可控制切屑的排出方向。增大刃倾角的绝对值，可使切削刃变锋利。采用负刃倾角可使刀头强固，避免切削时刀尖受到冲击，散热条件好，有利于提高刀具寿命。

加工一般钢和灰铸铁，粗加工时取 $\lambda_\text{s} = 0° \sim -5°$，精加工时取 $\lambda_\text{s} = 0° \sim 5°$；有冲击载荷时，取 $\lambda_\text{s} = -5° \sim -15°$。

任务三　切削用量及其选择原则

一、切削用量三要素

切削用量是表示切削加工中主运动和进给运动的参数。切削用量包括完成切削工作具备的切削速度 v_c、进给量 f、背吃刀量（切削深度）a_p，称为切削用量三要素，如图 1-17 所示。

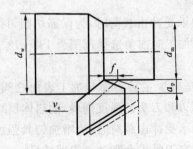

图 1-17　切削用量三要素

1. 切削速度

进行切削加工时,刀具切削刃上的某一点相对于待加工表面在主运动方向上的瞬时速度称为切削速度,用 v_c 表示,单位是 m/s 或 m/min。

主运动为旋转运动时,有

$$v_c = \frac{\pi d n}{1000}$$

式中　d——工件或刀具上某一点的回转直径(mm);

　　　n——工件或刀具的转速(r/s 或 r/min)。

主运动为往复运动时,有

$$v_c = \frac{2 L_r n_r}{1000}$$

式中　L_r——往复运动的行程长度;

　　　n_r——工件或刀具每分钟往复的次数。

2. 进给量 f

进给量是工件或刀具每回转一周时,两者沿进给运动方向的相对位移,单位是 mm/r(毫米/转)。车削时的进给速度为

$$v_f = nf$$

对于铣刀、铰刀、拉刀、齿轮滚刀等多刃切削工具,在它们进行工作时,还应规定每一个刀齿的进给量 f_z,即后一个刀齿相对于前一个刀齿的进给量,单位是 mm/z(毫米/齿)。

$$v_f = nf = f_z z n$$

3. 背吃刀量

对车削和刨削加工来说,背吃刀量 a_p 为工件上已加工表面和待加工表面间的垂直距离,单位为 mm。

外圆柱表面车削的深度可用下式计算

$$a_p = \frac{d_w - d_m}{2}$$

式中　d_m——已加工表面直径(mm);

　　　d_w——待加工表面直径(mm)。

对于钻孔工作,有

$$a_p = d_m / 2$$

二、切削用量选择原则

选择切削用量的基本原则是:首先,根据零件加工余量和粗、精加工要求,选择尽可能大的背吃刀量 a_p;其次,根据机床动力和刚度限制或已加工表面粗糙度的要求,选择尽可能大的进给量 f;最后,根据已确定的 a_p 和 f,在刀具耐用度和机床功率允许的条件下,选择最佳的切削速度 v_c。

例 1-1　车削直径 $d=60$ mm 的工件外圆，车床主轴转速 $n=600$ r/min，问切削速度是多少。

解　　　$v_c = \dfrac{\pi d n}{1000} = \dfrac{3.1415 \times 60 \times 600}{1000}$ m/min $= 113$ m/min

车削时的金属切除率计算公式为

$$Z_w = 1000 v_c f a_p$$

式中　Z_w——金属切除率，即单位时间内的金属切除量(mm³/s)。

从公式可知，提高切削用量三要素中的任何一个，都可提高金属切除率，也就是提高生产率。但实际上切削用量的提高会受到切削力、刀具耐用度、已加工表面质量和机床刚度等诸多因素的限制。所以应根据不同的加工条件和加工要求，考虑切削用量三要素对切削过程规律的不同影响。

项目三　金属的切削过程及刀具的磨损与刃磨

【学习目标】

掌握：积屑瘤对切削加工的影响。

熟悉：加工硬化的影响因素。

了解：切屑的基本形态及规律。

任务一　切屑的形成与积屑瘤、加工硬化

一、切削变形与切屑

在切削中，当工件材料一定时，所产生切屑的形态和已加工表面的特性，在很大程度上取决于切削方式。切削方式是由刀具切削刃和工件间的运动所决定的，可分为直角切削、斜角切削和普通切削三种方式。

金属切削时，由于工件材料、刀具几何形状和切削用量不同，会出现各种不同形态的切屑。从变形观点出发，可归纳为四种基本形态，如图 1-18 所示。

(1) 带状切屑　带状切屑呈连续状，与前刀面接触的底层光滑，背面呈毛茸状，如图 1-18(a)所示。

(2) 挤裂状切屑　挤裂状切屑背面呈锯齿形，内表面有时有裂纹，如图 1-18(b)所示。

(3) 单元状切屑　切削塑性很大的材料，如铅、退火铝、纯铜时，切屑容易在前刀面上黏结而不易流出，发生很大变形，使材料断裂，形成很大的变形单元，而产生此类切屑，如图 1-18(c)所示。

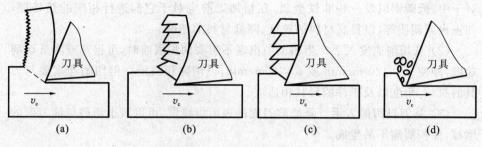

图 1-18 切屑基本形态

(a) 带状切屑；(b) 挤裂状切屑；(c) 单元状切屑；(d) 崩碎状切屑

（4）崩碎状切屑 切削脆性材料，如铸铁、黄铜时，形成的片状或粒状切屑是崩碎状切屑，如图 1-18(d)所示。

切削时，在产生带状切屑的过程中，切削力变化较小，切削过程稳定，已加工表面质量好。切屑成为很长的带状，将影响机床正常工作和工人安全，因而要采取断屑措施。在产生挤裂状和单元状切屑的过程中，切削力有较大的波动，尤其是单元状切屑，在其形成过程中可能产生振动，影响加工质量。在切削铸铁时，由于所形成的崩碎状切屑是经石墨边界处崩裂的，因而已加工表面的粗糙度变大。

总之，金属切削过程就其本质来说，是被切削金属层在刀具切削刃和前刀面的作用下，经受挤压而产生剪切滑移变形的过程，切削过程中的各种物理现象，几乎都与这种变形有关。

二、积屑瘤

积屑瘤是指在加工中碳钢时，在刀尖处出现的小块且硬度较高的金属黏附物。

1. 积屑瘤对切削加工的影响

（1）正面影响 积屑瘤的硬度比原材料的硬度要高，可代替刀刃进行切削，提高刀刃的耐磨性；同时积屑瘤的存在使得刀具的实际前角变大，刀具切削性能增强。积屑瘤产生，可降低切削力和热，有利于粗加工。

（2）负面影响 在切削时，积屑瘤实际上要经历一个形成、脱落、再形成、再脱落的过程，部分脱落的积屑瘤会黏附在工件表面上，而刀具刀尖的实际位置也会随着积屑瘤的变化而改变，切削厚度会随积屑瘤的增加而增加。同时，由于积屑瘤很难形成较锋利的刀刃，在加工中会产生一定的振动。所以产生积屑瘤时，加工后所得到的工件表面质量和尺寸精度都会受到影响。

基于以上理由，在粗加工时应设法形成积屑瘤，而在精加工时则要避免积屑瘤的产生。

2. 减少积屑瘤产生的措施

（1）从材料的性质入手 材料的塑性越好，产生积屑瘤的可能性越大。因此

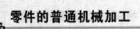
对于中、低碳钢以及一些非铁金属，在精加工前应对于它们进行相应的热处理，如正火或调质等，以提高材料的硬度、降低材料的塑性。

（2）从切削速度入手　当加工中出现不想要的积屑瘤时，可提高或降低切削速度，即使 $v_c > 120$ m/min 或 $v_c < 5$ m/min，以消除积屑瘤。但切削速度要与刀具的材料、角度以及工件的形状相适应。

（3）从刀具刃磨入手　降低前刀面的表面粗糙度，可以减小切屑与前刀面的摩擦，使积屑瘤不易生成。

（4）从冷却润滑入手　加入切削液一般可避免出现积屑瘤，而在切削液中加入润滑成分则效果更好。

三、加工硬化

1. 加工硬化的定义

金属材料在常温或再结晶温度以下加工，发生塑性变形时，强度与硬度升高而塑性变差、韧度降低的现象，称为冷作硬化。金属在塑性变形时，晶粒发生滑移，出现位错的缠结，使晶粒拉长、破碎和纤维化，金属内部产生残余应力等。加工硬化的程度通常用加工后与加工前表面层显微硬度的比值和硬化层深度来表示。

2. 加工硬化的原因

（1）已加工表面的形成过程中，表层金属受到复杂的塑性变形。

（2）刀具钝圆半径的挤压摩擦。

（3）加工中的温度影响。

3. 加工硬化的影响因素

（1）冷却条件　在正常磨削条件下，若磨削液充分而磨削深度又大，强化作用占主导地位。如果砂轮钝化或修整不良，磨削液不充分，则磨削表面层一定深度内会出现回火软化区。

（2）工件材料　工件材料的塑性越好，强化指数越大，则硬化越严重。

（3）刀具　刀具的前角越大，切削层金属的塑性变形越小，故硬化层深度 h_c 越小；反之硬化层深度 h_c 越大。

（4）磨削用量　加大磨削深度，磨削力随之增大，磨削过程的塑性变形加剧，表面冷硬趋向增大。

（5）砂轮粒度　砂轮粒度越大，每颗磨粒的载荷越小，冷硬作用也越小。

任务二　切削力、切削热和切削温度

一、切削力

在切削过程中，工件材料抵抗刀具切削所产生的阻力称为切削力，它与刀具作用在工件上的力大小相等、方向相反。切削力的大小和方向都是不固定的。

为了便于分析切削力作用和测量切削力,通常将切削力 **F** 分解为三个互相垂直的切削分力,如图 1-19 所示。

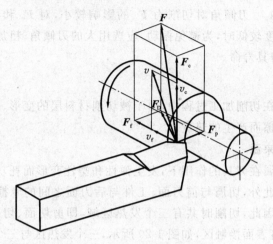

图 1-19 互相垂直的切削分力

切削力 $$F = \sqrt{F_c{}^2 + F_p{}^2 + F_f{}^2}$$

(1) 主切削力 **F**c 它是切削力在主运动方向上的分力,是校验和选择机床功率,校验和设计机床主运动机构、刀具和夹具强度和刚度的重要依据。

(2) 背向力(切深抗力)**F**p 它是切削力在垂直于工作平面方向上的分力,是影响加工精度、表面粗糙度的主要原因。

(3) 进给力(进给抗力)**F**f 它是切削力在进给运动方向上的分力,可使工件产生弹性弯曲,引起振动,是校验进给机构强度的主要依据。

二、影响切削力的因素

1. 工件材料

工件材料的强度和硬度越高,则抗剪强度越高,切削力就越大。工件材料塑性越好,韧度越高,切屑越不易卷曲,从而使刀具、切屑接触面间摩擦力增大,故切削力增大,如切削不锈钢时产生的切削力较大。切削铸铁和其他脆性材料时,塑性变形小,刀具、切屑接触面间摩擦小,故产生的切削力比切削钢时小。

2. 切削用量

对切削力影响最大的是切削深度,其次是走刀量,切削速度对切削力影响较小。

3. 刀具的几何参数

对切削力产生较大影响的是前角 γ_o、主偏角 κ_r、刃倾角 λ_s 和刀尖圆弧半径 r_ε。

(1) 前角 γ_o 前角越大,切削变形越小,切削力也越小,切削力 **F**c 也越小。

(2) 主偏角 κ_r 主偏角增大时,切削厚度 h_D 增加,切削变形减小,切削力 **F**c 也减小。

（3）刀尖圆弧半径 $r_ε$　刀尖圆弧半径增大时，圆弧刃参加切削的长度增加，使切削变形和摩擦力增大，所以切削力 F_c 也增大。

（4）刃倾角 $λ_s$　刃倾角对切削力 F_c 的影响较小，对 F_p 和 F_f 的影响显著。当工艺系统的刚度较低时，为避免振动，应选用大的刃倾角；粗加工时，应选用小刃倾角，以提高刀具寿命。

三、切削热

切削热是指在切削加工过程中，由于被切削材料层的变形、分离及刀具和被切削材料间的摩擦而产生的热量。

1. 切削热的来源

被切削的金属在刀具的作用下，发生弹性和塑性变形而耗功，这是切削热的一个重要来源。此外，切屑与前刀面、工件与后刀面之间的摩擦也要耗功，也会产生大量的热。因此，切削时共有三个发热区域，即剪切面、切屑与前刀面接触区、后刀面与过渡表面接触区，如图1-20所示，三个发热区与三个变形区相对应。所以，切削热的来源就是切屑变形功和前、后刀面的摩擦功。

2. 切削温度

尽管切削热是切削温度上升的根源，但直接影响切削过程的却是切削温度，切削温度一般指前刀面与切屑接触区域的平均温度。前刀面的平均温度可近似地认为是剪切面的平均温度和前刀面与切屑接触面摩擦温度之和，如图1-21所示。

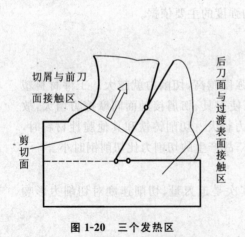

图 1-20　三个发热区

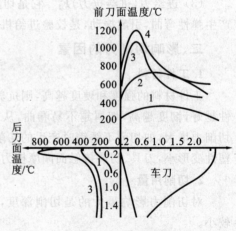

图 1-21　切削温度

3. 影响切削温度的各种因素

（1）切削速度　切削速度对切削温度影响最大，随着切削速度的提高，切削温度迅速上升。而背吃刀量 a_p 变化时，散热面积和产生的热量亦相应变化，故 a_p 对切削温度的影响很小。

（2）刀具几何参数　切削温度随前角 γ_o 的增大而降低。这是因为前角增大时，单位切削力下降，使产生的切削热减少的缘故。切削温度随主偏角 κ_r 的增大而增大。这是因为主偏角增大时，单位切削面积增大，使切削热增多。

（3）刀具磨损　后刀面的磨损达到一定数值后，对切削温度的影响将增大；切削速度越高，影响就越显著。

（4）切削液　切削液对切削温度的影响，与切削液的导热性能、比热容、流量、浇注方式及其本身的温度有很大的关系。

任务三　刀具的磨损与寿命

一、刀具的磨损形式

刀具的磨损形式有正常磨损和非正常磨损两种。

1. 正常磨损

正常磨损主要有以下三种形式。

（1）后刀面磨损　后刀面磨损主要发生在与切削刃毗邻的后刀面上，如图 1-22(a)所示。后刀面磨损时，刀具后角形成趋向于零度的棱面。磨损程度用棱面高度 VB 表示。

这种磨损在生产中是常见的，一般在切削脆性金属材料（如灰铸铁）和切削厚度较薄（$h_D < 0.1\,\text{mm}$）的塑性金属材料时发生。

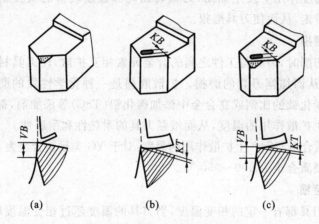

图 1-22　刀具的正常磨损形式

（a）后刀面磨损；（b）前刀面磨损；（c）前、后刀面同时磨损

（2）前刀面磨损　前刀面磨损主要发生在前刀面上，如图 1-22(b)所示。磨损后，在前刀面距离主切削刃一小段长度处形成月牙洼。磨损程度用月牙洼的深度 KT、宽度 KB 表示。这种磨损形式一般在切削厚度较厚（$h_D > 0.5\,\text{mm}$）的塑性金属材料时发生。

（3）前、后刀面同时磨损　这种磨损形式是指前刀面的月牙洼与后刀面的磨

损棱面同时产生,如图 1-22(c)所示。一般在加工塑性金属材料,切削厚度为 h_D =0.1~0.5 mm 时发生。

2. 非正常磨损

(1)破损　在切削刃或刀面上产生裂纹、崩刃或碎裂的现象称为破损。硬质合金刀片材料本身具有脆性,在焊接或刃磨,以及切削参数选用不当时均能造成细微裂纹而破损。

(2)卷刃　切削加工时,切削刃或刀面产生塌陷或隆起的塑性变形现象称为卷刃,这是切削时产生的高温造成的。

二、刀具磨损的原因

刀具的磨损主要由下列几种原因造成。

1. 磨粒磨损

磨粒磨损又称机械擦伤磨损。这种磨损是指工件或切屑上的硬质点(如碳化物、积屑瘤碎片等硬粒)将刀具表面刻划出深浅不一的沟痕而造成的磨损。工件或切屑上的硬质点硬度越高、数量越多,刀具与工件的硬度比越小,则刀具越容易磨损。

2. 黏结磨损

在切削塑性金属材料时,切屑与前刀面、工件与后刀面由于在较大的压力和适当的切削温度作用下发生黏结,刀具表面局部强度较低的微粒黏附在切屑或工件上而被带走,从而使刀具磨损。

3. 扩散磨损

在高温切削时,刀具与工件之间的合金元素相互扩散,使刀具材料的物理力学性能降低,从而加剧刀具的磨损。扩散磨损是一种化学性质的磨损。在硬质合金中增加碳化钛的比例或在合金中添加碳化钽(TaC)等添加剂,都能提高硬质合金与钢产生扩散作用的温度,从而增强刀具的耐热性和耐磨性。

通常硬质合金与钢产生扩散作用的温度:对于 YG 类硬质合金为 850~900 ℃;对于 YT 类硬质合金为 900~950 ℃。

4. 相变磨损

工具钢刀具都有一定的相变温度,当刀具的温度超过相变温度时,刀具材料的金相组织发生变化,硬度明显下降,从而使刀具迅速磨损,失去切削能力。一般工具钢相变温度:对于合金工具钢为 300~350 ℃;对于高速钢为 550~600 ℃。

5. 氧化磨损

氧化磨损也是一种化学磨损。在高温(700~800 ℃ 或更高)下,空气中的氧将与硬质合金中的钴、碳化钨、碳化钛等发生氧化作用而生成较软的氧化物,该氧化物易被切屑、工件擦伤或带走,从而引起刀具的磨损。

6. 其他磨损

破损是刀具磨损中比较常见的磨损形式。产生破损的原因是多方面的，如积屑瘤的脱落引起刀具的剥落；切削过程中刀具受到冲击载荷；刀具材料硬度过高或过低；韧度低；焊接或刃磨时骤冷骤热，产生内应力；其他如操作不当、保管不善等因素也能导致这类磨损，应分析产生的原因，以及时解决问题。

三、刀具的磨损过程

刀具的磨损过程可用磨损曲线表示，如图 1-23 所示。由刀具磨损曲线可知，刀具磨损过程可划分三个阶段。

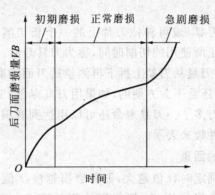

图 1-23　磨损曲线

1. 初期磨损阶段(Ⅰ)

由于刀具表面粗糙度较大或刀具表层组织不耐磨，在开始切削的短时间里，磨损较快。通常磨损量为 0.05～0.1 mm。

2. 正常磨损阶段(Ⅱ)

刀具切削到达这一阶段时，由于刀具表面上高低不平的部分及不耐磨的表层组织已经被磨去，刀面上的压强减小而且分布均匀，所以磨损较第一阶段缓慢。这一阶段是刀具工作的有效期间，使用刀具时，不应超过这一阶段。

3. 急剧磨损阶段(Ⅲ)

当刀具磨损量达到某一数值(VB_B)以后，摩擦力加大，切削温度急剧上升，使刀具材料的切削性能急剧下降，从而导致刀具大幅度磨损或烧损，失去切削力。这一阶段称为急剧磨损阶段，使用刀具时，应避免使刀具磨损进入这一阶段。

四、刀具的磨钝

从刀具的磨损过程可以看出，任何一把刀具不可能无休止地使用下去，应该规定，当刀具磨损到一定程度时，要重新刃磨刀具或更换新刀。给磨损量规定一个合理的限度，这一"限度"称为刀具的磨钝标准，也称磨损限度。

在切削过程中，刀具在高温高压下与切屑及工件在接触区产生强烈的摩擦，使锋利的切削部分逐渐磨损而失去正常的切削能力，这种现象称为刀具的磨钝。

为了恢复刀具的正常切削性能,必须及时刃磨刀具。

刃磨后的刀具应满足下列要求:

(1)刀具切削部分具有正确的几何形状和锋利的切削刃;

(2)多刃刀具切削刃的径向及端面圆跳动不超出规定的公差,对用于自动线或自动机床上的单刃刀具,需控制刀尖的位置不变;

(3)刀具的前、后刀面应达到刃磨前的表面粗糙度要求;

(4)刃磨后的表面不允许有烧伤和裂纹。

五、刀具的寿命与影响刀具寿命的因素

1. 刀具的寿命

一把新刃磨好的刀具(或可转位刀片上的一个新切削刃),从开始切削至磨损量达到磨钝标准为止所使用的切削时间,称为刀具寿命。

在实际生产中,将刀具从刀架上拆下再测量后刀面的磨损量,以判断刀具是否已经达到磨损限度,还是不太方便的,如果用刀具寿命 t 来间接衡量,并依据刀具寿命去换刀就方便得多了。刀具寿命还可以用达到磨损限度前所经过的切削路程或加工出来的零件数来表示。

2. 影响刀具寿命的因素

在刀具磨损限度确定时,t 值越大,刀具磨损越慢,t 值越小,刀具磨损越快。因此,凡是影响刀具磨损的因素,都能影响刀具寿命。可从以下几方面进行分析。

(1)工件材料 工件材料的强度、硬度越高,导热系数越小,产生的切削温度越高,刀具磨损得越快,刀具寿命也越低;反之,刀具寿命越高。

(2)刀具材料 刀具材料是决定刀具切削性能的根本因素,对加工效率、加工质量、加工成本以及刀具耐用度影响很大。刀具材料越硬,其耐磨性越好,硬度越高,冲击韧度越低,材料越脆。硬度和韧度是一对矛盾,也是刀具材料所应克服的一个难关。刀具切削部分材料是影响刀具寿命 t 的主要因素,也是衡量刀具是否先进的主要标志之一。改善刀具材料的切削性能、应用新型刀具材料,能促使刀具寿命成倍增加。一般情况下,刀具材料的高温硬度越高,耐磨性越好,刀具寿命 t 也越长。因此,刀具寿命的长短,关键在于合理选择刀具材料,只有具体分析工件材料和刀具材料的性能,才能选出合适的刀具材料,提高刀具的寿命。

(3)切削用量 切削用量主要是通过影响切削温度来影响刀具寿命的,其中切削速度对刀具的寿命影响最大,其次是进给量,切削深度的影响最小。因此要提高刀具寿命,应当在一定的进给量和切削深度条件下合理选择切削速度。

任务四 刀具的刃磨

普通车床车刀的刃磨一般有机械刃磨和手工刃磨两种。机械刃磨效率高、

质量好、操作方便,在有条件的企业应用较多。手工刃磨较灵活,对设备要求低,目前在普通车床加工中仍普遍采用。对一个车工来说,手工刃磨是基础,是必须掌握的基本技能。

一、主偏角为 90°车刀的刃磨

刃磨主偏角为 90°的外圆钢料车刀(YT15)的步骤如下。

(1) 将 90°外圆车刀端平,刃磨 90°主偏角,前刀面向上,车刀做左右平行移动,直至将主切削刃磨平直并磨出主后刀面为止,主后角为 6°~8°。图 1-24 所示为主后刀面的刃磨。

(2) 刃磨 90°外圆车刀的 6°副偏角。将 90°外圆车刀尾部转动 6°,车刀做左右平行移动,直至将副切削刃磨平直并磨出副后刀面为止,副后角为 6°~8°。图 1-25 所示为副后刀面的刃磨。

图 1-24 主后刀面的刃磨

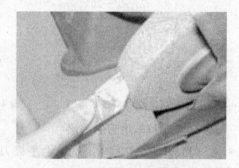
图 1-25 副后刀面的刃磨

(3) 刃磨断屑槽 车刀刀尖向上,前刀面应与砂轮外圆成一夹角。这一夹角在车刀上构成了一个 15°~20°的前角,砂轮的刃磨起点距离主切削刃 2~3 mm。刃磨时,应沿直线方向上下缓慢移动(见图 1-26),直至磨到要求为止。

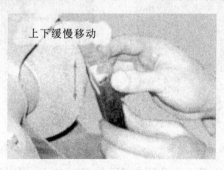
图 1-26 断屑槽刃磨

(4) 断屑槽刃磨好以后,还应重新修磨主切削刃、主后刀面。主切削刃应留有 0.1~0.3 mm 的棱边,以增强切削刃的强度。磨副后刀面,并修磨刀尖圆弧。刀尖圆弧的大小要根据加工要求而定。粗加工刀尖圆弧半径 R 在 0.2~0.5 mm 之间;精加工刀尖圆弧半径 R 在 0.1~0.3 mm 之间。同时,刀尖圆弧的大小还要按进给量确定，一般应略大于进给量，如小于进给量，则刀尖容易碎裂。

二、切断和车槽刀的几何角度与刃磨

1. 切断和车槽刀的几何角度

切断刀的前角为 $\gamma_o = 0° \sim 20°$，主后角为 $\alpha_o = 3° \sim 6°$，如图 1-27 所示。

切断和车槽刀有两个对称的副后角，图 1-28 所示。副后角 $\alpha_o' = 1° \sim 1.5°$，其作用是减少切断和车槽刀的副后面和工件两侧面之间的摩擦，副后角过小将产生摩擦，增大切削力，角度过大则影响刀具自身的刚度。

主偏角 $\kappa_r = 0°$，副偏角 $\kappa_r' = 1.5° \sim 3°$，如图 1-29 所示。切断和切槽刀的两个副偏角也必须对称，其作用是减少副切削刃和工件两侧面之间的摩擦，而且不削弱刀头部分的强度。

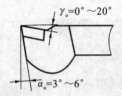
图 1-27 前角和主后角

图 1-28 副后角

图 1-29 副偏角

2. 切断和车槽刀的刃磨

（1）刃磨左侧副后刀面　两手握刀，车刀前面向上，同时磨出左侧副后角和副偏角，如图 1-30 所示。

注意：刀具刃磨中，刀具位置必须高于砂轮轴心线，并慢速平行移动，直至磨出整个刀面为止。

图 1-30 磨副后角、副偏角

图 1-31 磨副偏角

（2）刃磨右侧副后刀面　两手握刀，前刀面向上，同时磨出右侧的副后角和副偏角，如图 1-31 所示。

（3）刃磨前面、前角　刀具相对砂轮倾斜10°左右做慢速上下移动，保证刃口平直，如图 1-32（a）所示。

（4）刃磨主后刀面、主后角，如图 1-32（b）所示。刀具位置必须高于砂轮轴

(a)

(b)

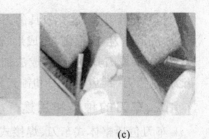
(c)

图 1-32 刃磨前刀面与倒棱

(a) 刃磨前刀面、前角;(b) 主后刀面、主后角刃磨;(c) 两刀尖角倒棱

线,慢速平行移动。磨出主后角,其大小为 3°～6°,保持主后刀面的平滑。

(5) 两刀尖角倒棱,使 $R=0.2$ mm。刀尖角倒棱的作用是减小工件的表面粗糙度,并能提高刀具的使用寿命。如图 1-32(c)所示。

项目四 常用刀具

【学习目标】

掌握:砂轮的选择原则。

熟悉:切削加工常用刀具的种类;成形刀具的种类与特点。

了解:砂轮组成。

任务一 切削加工常用刀具

一、常用刀具的种类

1. 按工件加工表面的形式分类

刀具按工件加工表面的形式可分为五类:

(1) 加工各种外表面的刀具,包括车刀、铣刀、刨刀、外表面拉刀和锉刀等;

(2) 孔加工刀具,包括钻头、扩孔钻、镗孔刀、铰刀和内表面拉刀等;

(3) 螺纹加工刀具,包括丝锥、板牙、螺纹车刀和螺纹铣刀等;

(4) 齿轮加工刀具,包括滚刀、插齿刀、剃齿刀、锥齿轮加工刀具等;

(5) 切断刀具,包括镶齿圆锯片、带锯、弓锯、切断车刀和锯片铣刀等。

此外,还有组合刀具。

2. 按切削运动方式和刀刃形状分类

按切削运动方式和相应的刀刃形状,刀具又可分为三类:

(1) 通用刀具,如车刀、刨刀、铣刀(不包括成形的车刀、成形刨刀和成形铣刀)、镗刀、钻头、扩孔钻、铰刀和锯等;

（2）成形刀具，这类刀具的刀刃具有与被加工工件断面相同或接近相同的形状，如成形车刀、成形刨刀、成形铣刀、圆锥铰刀和各种螺纹加工刀具等；

（3）展成刀具，是用展成法加工齿轮的齿面或类似的工件的刀具，如滚刀、插齿刀、剃齿刀、锥齿轮刨刀和锥齿轮铣刀盘等。

二、车刀的种类和用途

车刀包括整体式车刀、焊接式车刀、机夹不重磨式车刀、可转位式车刀等，如图1-33所示。

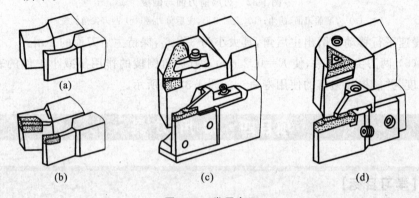

图1-33　常用车刀

(a) 整体式；(b) 焊接式；(c) 机夹不重磨式；(d) 可转位式

车刀可用来车外圆、车端面、倒角、车螺纹、车圆弧面、车槽、镗孔等。图1-34所示为用各种不同类型车刀进行的车削加工。

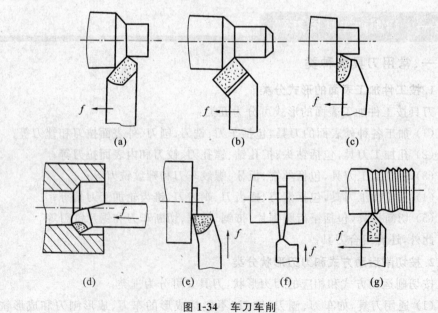

图1-34　车刀车削

(a)、(b) 车外圆；(c)、(e) 车端面；(d) 镗孔；(f) 车槽；(g) 车螺纹

三、铣刀的种类与用途

铣刀按形状大致可分为平头铣刀、球头铣刀和成形铣刀等。平头铣刀用于粗铣,去除大量毛坯,或者加工小面积水平面,也可用于轮廓精铣。球头铣刀用于曲面的半精铣和精铣。成形铣刀用于铣削各种成形面,包括倒角刀、T形铣刀、齿形刀、内R刀等。

不同形式的铣刀如图1-35所示。

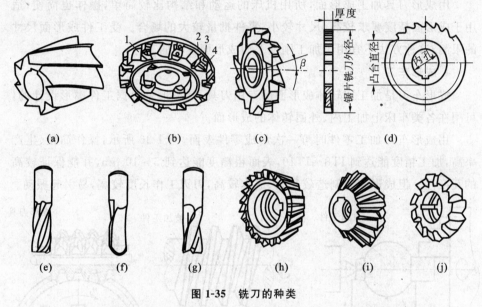

图 1-35 铣刀的种类

(a) 圆柱形铣刀;(b) 硬质合金面铣刀;(c) 错齿三面刃铣刀;(d) 锯片铣刀;(e) 立铣刀;

(f) 模具铣刀;(g) 键槽铣刀;(h) 单角铣刀;(i) 双角铣刀;(j) 成形铣刀

四、成形刀具

成形刀具的切削刃按工件表面轮廓形状制造,加工时,刀具相对工件做简单的直线进给运动。

1. 成形面

有部分机器零件的表面,不是简单的圆柱面、圆锥面、平面及其组合,而是形状复杂的表面,这些复杂表面称为成形面。

2. 成形面的加工方法

一般的成形面可以分别用车削、铣削、刨削、拉削或磨削等方法加工,这些加工方法可以归纳为如下两种基本方式。

(1) 用成形刀具加工。即用切削刃形状与工件廓形相符合的刀具,直接加工出成形面。例如,用成形车刀车成形面、用成形铣刀铣成形面等。

(2) 使刀具和工件做特定的相对运动,从而进行加工。

3. 成形刀具的特点和适用范围

用成形刀具加工成形面,加工的精度主要取决于刀具的精度,并易于保证同一批工件表面形状、尺寸的一致性和互换性。成形刀具是宽刀刃刀具,同时参加切削的刀刃较长,一次切削行程就可切出工件的成形面,因而有较高的生产率。除此以外,外成形刀具可重复刃磨次数多,故刀具寿命长。但成形刀具的设计、制造和刃磨都较为复杂(特别是成形铣刀和拉刀),故刀具成本较高。

用成形刀具加工成形面,所用机床的运动和结构比较简单,操作也简便,适用于成形面精度要求较高、尺寸较小、零件批量较大的场合。受工件成形面尺寸的限制,这种方法不宜用于加工刚度差而成形面较宽的工件。

4. 成形车刀

成形车刀是加工回转体成形面的专用刀具,其刃形是根据工件廓形设计的,可用在各类车床上加工内、外回转体的成形面。

用成形车刀加工零件时可一次形成零件表面,图 1-36 所示,操作简便、生产率高,加工精度能达到 IT8～IT10,表面粗糙度能达到 $5 \sim 10 \ \mu m$,并能保证较高的互换性。但成形车刀制造较复杂、成本较高,刀刃工作长度较宽,易引起振动。

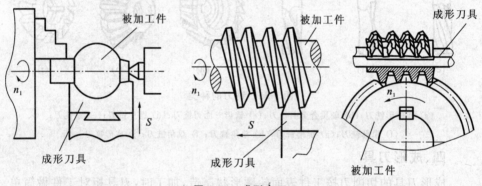

图 1-36　成形车刀

5. 其他刀具

图 1-37 所示为齿轮滚刀,它是利用齿轮的啮合原理来加工齿轮的刀具。

图 1-37　齿轮滚刀

图 1-38 所示为复合铰刀和复合镗刀。

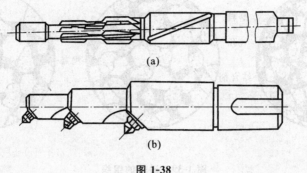

(a)

(b)

图 1-38

(a) 复合铰刀；(b) 复合镗刀

任务二　砂轮

砂轮由磨料和黏结剂经压坯、干燥、烧结而成,砂轮的性能取决于磨料的特性、磨料的粒度、黏结剂、硬度和组织五个参数。

一、砂轮组成参数

（1）磨料　磨料承担切削任务,具有很高的硬度和韧度,较好的耐磨性和耐热性,并有较锋利的棱角。

（2）粒度　粒度指磨料颗粒大小。尺寸较大的磨粒,以每英寸(1 in＝25.4 mm)长度上筛孔的数目表示粒度号,粒度号越大颗粒越小;直径小于 40 μm 的微粉,用其实际尺寸表示粒度号。

一般粗磨或磨削塑性大的软材料用粗磨粒;精磨或磨硬脆性材料选用细磨粒。

（3）结合剂　结合剂的性能决定砂轮的强度、耐冲击性、耐热性等。砂轮黏结剂包括陶瓷结合剂、树脂结合剂、金属结合剂等。

陶瓷结合剂化学稳定性好,脆,便宜;树脂结合剂强度高,有弹性;金属结合剂用于金刚石砂轮。

（4）硬度　硬度反映磨粒在磨削力作用下脱落的难易程度,砂轮越硬磨粒黏得越牢。过硬时磨钝的磨粒不易脱落,工件表面易烧伤;过软时砂轮磨损快。

（5）组织　砂轮的组织反映磨粒、黏结剂、气孔的比例关系。组织号可理解为气孔率。不同紧密程度的砂轮组织如图 1-39 所示。

二、砂轮的选择

目前企业中常用的砂轮有两种:一种是氧化铝砂轮,另一种是绿色碳化硅砂轮。刃磨时必须根据刀具材料来决定砂轮的种类。氧化铝砂轮的砂粒韧度高,比较锋利,但硬度稍低,用来刃磨高速钢车刀和硬质合金车刀的刀杆部分。绿色碳化硅砂轮的砂粒硬度高,切削性能好,但较脆,用来刃磨硬质合金车刀。

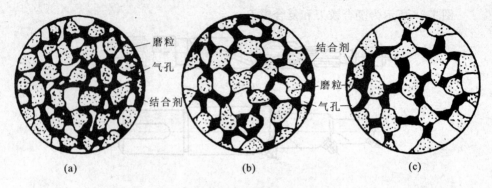

图 1-39　砂轮的组织

（a）紧密；（b）中等；（c）疏松

三、砂轮的标注

砂轮规格及其特性代号标注在砂轮的端面上,标注方式如下:

砂轮　GB/T4127　1 N-300×50×76.2-…A/F36　L　5　V…-50m/s

砂轮
对应标准号
型号
圆锥型面
砂轮尺寸
磨料种类
粒度
硬度等级
组织
结合剂种类
结合剂牌号
最高工作速度

四、砂轮选择依据和原则

工件材料为钢时,宜选择刚玉砂轮;工件材料为硬铸铁、硬质合金、非铁金属等时,宜选择碳化硅砂轮。

工件材料软,宜选择硬质材料的砂轮;工件材料硬,则宜选择软质材料的砂轮。

工件材料软而韧,宜选择粗磨粒(粒度号为 12～36)的砂轮;工件材料硬而脆,则宜选择细磨粒(粒度号为 46～100)的砂轮。

要求工件表面粗糙度小,宜选择细磨粒、树脂或橡胶结合剂砂轮;要求金属磨除率高,则宜选择粗磨粒砂轮。

项目五　提高切削效率的途径

【学习目标】
掌握:刀具几何参数与切削用量及切削液的合理选择。
熟悉:提高切削加工质量的途径。
了解:切削液的种类及作用。

任务一　提高切削加工质量的途径

切削加工质量主要是指工件的加工精度(包括尺寸、几何形状和各表面间相互位置等)和表面质量(包括表面粗糙度、残余应力和表面硬化等)。随着技术的进步,切削加工的质量不断提高。18世纪后期,切削加工精度以毫米计;20世纪初,切削加工精度最高已达0.01 mm;至20世纪50年代,切削加工精度最高已达微米级;20世纪70年代,切削加工精度又提高到0.1 μm。影响切削加工质量的主要因素有机床、刀具、夹具、工件毛坯、工艺方法和加工环境等。要提高切削加工质量,必须针对上述各方面采取适当措施,如减小机床工作误差、正确选用切削工具、提高毛坯质量、合理安排工艺、改善环境条件等。

1. 减小机床工作误差

通常采用的方法如下。

(1) 选用具有足够精度和刚度的机床。

(2) 必要时可以采取补偿校正的方法,如在螺纹磨床或滚齿机上,根据事先测得的机床传动链误差加装误差校正装置,以校正机床的传动系统误差。

(3) 采用机床夹具来保证加工精度,如利用镗模加工箱体上的孔系,使孔距精度由镗模决定而不受机床定位误差的影响。

(4) 防止机床热变形对加工精度的影响。

(5) 消除机床内部振源和采取隔振措施,以减少振动对加工精度和表面粗糙度的影响。

(6) 提高机床自动化程度,如采用主动测量或自动控制系统,以减少加工过程中的人为误差。

2. 正确选用切削工具

合理选用刀具几何参数,并仔细地研磨刃口,使其光滑而锋利。

3. 提高毛坯质量

工件毛坯要具有均匀的材质和加工余量,同时采用适当的热处理,如时效处理、退火、正火、调质等措施以消减内应力,并改善材料的切削加工性。

4. 合理安排加工工艺

采用合理的工艺程序;正确选用切削用量,以减小切削力和切削热的影响,并防止产生自激振动;选用合适的切削液,对切削区进行充分冷却和润滑;选择工件的安装定位基准和夹紧方式时,注意减小安装误差和工件变形。

5. 改善环境条件

保持加工环境清洁;对外部振源和热源采取隔离措施;精密加工在恒温、恒湿和防尘的条件下进行。

任务二 切削液的作用及其合理选择

切削液也称冷却润滑液,用于减少切削过程中的摩擦和降低切削温度,以提高刀具寿命、加工质量和生产效率。常用的切削液有水溶液、乳化液和切削油三类。

一、切削液的种类

(1) 水溶液 水溶液的主要成分是水,冷却性能好,若配成透明状液体,还便于操作者观察。但纯水易使金属生锈、润滑性能也差,故使用时常加入适当的添加剂,使其既保持冷却性能,又有良好的防锈性能和一定的润滑性能。

(2) 切削油 切削油的主要成分是矿物油(如机械油、轻柴油、煤油等),动、植物油(如猪油、豆油等)和混合油,这类切削液的润滑性能较好。

(3) 乳化液 乳化液是用 95%～98% 的水将由矿物油、乳化剂和添加剂配制的乳化油稀释而成,外观呈乳白色或半透明状,具有良好的冷却性能。因含水量大,润滑、防锈性能较差,常加入一定量的油性、极压添加剂和防锈添加剂,配制成极压乳化液或防锈乳化液。

二、切削液的作用

(1) 冷却作用 切削液浇注在切削区域内,利用热传导、对流和汽化等方式,可以降低切削温度和减小工艺系统的热变形。

(2) 润滑作用 切削液渗透到刀具、切屑与加工表面之间,其中带油脂的极性分子吸附在刀具的前、后面上,形成物理性吸附膜(若与添加在切削液中的化学物质产生化学反应,便形成化学性吸附膜),从而在高温时可减少切屑、工件与刀面间的摩擦,减少黏结及减少刀具磨损,提高已加工表面质量。

(3) 清洗作用 在磨削、钻削、深孔加工和自动化生产过程中,利用浇注或高压喷射切削液可以排除切屑或引导切屑排出方向,并冲洗掉散落在机床及工具上的细小切屑与磨粒。

(4) 防锈作用 切削液中加入防锈添加剂,使其与金属表面起化学反应,生成保护膜,起到防锈、防蚀作用。

三、切削液的合理选用

切削液的种类很多,性能各异,应根据工件材料、刀具材料、加工方法和加工要求合理选择。常用的三种切削液——水溶液、乳化液和切削油的作用如下。

（1）水溶液是在水中加入防锈添加剂而制成的，主要起冷却作用。

（2）乳化液是油与水的混合液体，冷却和清洗作用较强。

（3）切削油主要起润滑作用。

选用切削液时，应根据不同的工艺要求、工件材料和工种特点来选择。切削液的使用浓度一般取决于工件材质的切削指数的高低，切削指数越高，兑水比例越大，切削指数越小，兑水比例越小。切削指数由小到大依次是铝合金＜铜合金＜铸铁＜普通碳素钢＜不锈钢，切削铝合金时的兑水比例是 1/（25～50），切削铜合金时的兑水比例是 1/（20～50），切削铸铁时的兑水比例是 1：（15～40），切削普通碳素钢时的兑水比例是 1：（10～30），切削不锈钢时的兑水比例是 1/（10～20）。至于切削液的浓度，可以用切削液浓度计来测量，目前，国内最常用的切削液浓度计有 LQ10T（0～10％）、LQ18T（0～18％）、LQ20T（0～20％）、LQ32T（0～32％）、LQ90A（0～90％）等型号的。

普通车削、攻螺纹可选用机械油，自动机床上可用轻柴油。精加工非铁金属或铸铁时，可选用煤油或煤油与矿物油的混合油；精加工不锈钢时，应选用氧化煤油或 75％煤油加 25％油酸或植物油；精加工铝合金时，可选用煤油或煤油与矿物油的混合油来提高其切削性能。

小　　结

本模块介绍了刀具材料，如工具钢、硬质合金的种类和工艺性能，刀具的几何形状和切削要素，金属的切削过程及刀具的磨损，积屑瘤对切削的影响，切削力、切削热和切削温度；切削热的来源及切削热对刀具几何参数的影响，刀具的磨损与寿命，常用刀具的种类及成形刀具，砂轮的组成、选择与砂轮的标识，切削液的种类及作用，提高切削加工质量的途径等内容。

能力检测

1.刀具材料应具备哪些性能？

2.简要说明刀具磨损的原因。

3.什么是切削用量？积屑瘤对切削有何影响？

4.什么是切削要素？什么是切削速度？

5.简要说明切削热的来源及其对刀具几何参数的影响。

6.试说明车刀的组成。简述车刀基本角度的选择原则。

7.简要说明提高切削加工质量的途径。

8.切削液有什么作用？

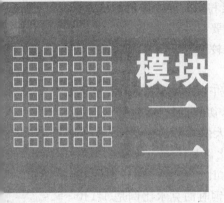

模块二

机 床

项目一 机床的基础知识

项目一 机床的基础知识

【学习目标】

掌握：常用的普通机械零件加工所用的机床型号及其分类。

熟悉：普通机床的调试及日常维护保养。

了解：普通机床的传动路线和运动规律。

任务一 机床的型号及分类

一、机床的型号与分类

（一）机床的型号

机床的型号是机床产品的代号，用于简明地表示机床的类型、主要技术参数、性能和结构特点等。我国现行的机床型号是按 2008 年颁布的国家标准《金属切削机床型号编制方法》(GB/T 15375—2008)编制的。该标准规定，我国机床的型号由汉语拼音字母和阿拉伯数字按一定规律组合而成。它适用于新设计的各类通用及专用金属切削机床、自动线，不包括组合机床、特种加工机床。

1. 通用机床型号的表示方法

通用机床型号由基本部分和辅助部分组成，中间用"/"隔开，读作"之"。型号的构成如下。

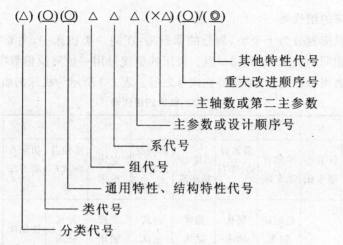

（△）（○）（○）　△　△　△（×△）（○）/（◎）

　　　　　　　　　　　　　　　　其他特性代号

　　　　　　　　　　　　　　重大改进顺序号

　　　　　　　　　　　主轴数或第二主参数

　　　　　　　　　主参数或设计顺序号

　　　　　　系代号

　　　　组代号

　　通用特性、结构特性代号

　类代号

分类代号

2. 机床的类代号

机床的类代号用大写的汉语拼音字母表示。例如，车床用"C"表示，读作"车"。表 2-1 所示为机床的分类和代号。

表 2-1　机床的分类和代号

类别	车床	钻床	镗床	磨		床	齿轮加工机床	螺纹加工机床	铣床	刨插床	拉床	锯床	其他机床
代号	C	Z	T	M	2M	3M	Y	S	X	B	L	G	Q
读音	车	钻	镗	磨	二磨	三磨	牙	丝	铣	刨	拉	割	其

3. 机床的特性代号

包括通用特性代号和结构特性代号。当某类机床具备某种通用特性且另有普通型的该类机床时，在类代号之后加上通用特性代号予以区分。通用特性代号用大写的汉语拼音字母表示，如表 2-2 所示。例如，"CK"表示数控车床。如同时具有两至三种通用特性，一般按重要程度来排列先后顺序。例如，"MBG"表示半自动高精度磨床。如果某类机床仅有某种通用特性，而无普通型的该类，则通用特性不予表示。例如，C1312 型单轴转塔自动车床，由于这类自动车床没有"非自动"的普通型，所以不必用"Z"表示其通用特性。

表 2-2　机床的特性代号

通用特性	高精度	精密	自动	半自动	数控	加工中心（自动换刀）	仿形	轻型	加重型	简式或经济型	柔性加工单元	数显	高速
代号	G	M	Z	B	K	H	F	Q	C	J	R	X	S
读音	高	密	自	半	控	换	仿	轻	重	简	柔	显	速

4. 机床的组代号

每类机床划分为十个组，划分的原则是：在同一类机床中，主要布局或使用范围基本相同的机床，即为同一组。机床的组代号用一位阿拉伯数字表示，位于类代号或通用特性代号、结构特性代号之后。表 2-3 所示为机床的组代号。

表 2-3　机床的组代号

类别		0	1	2	3	4	5	6	7	8	9
车床 C		仪表小型车床	单轴自动车床	多轴自动、半自动车床	回轮、转塔车床	曲轴及凸轮轴车床	立式车床	落地及卧式车床	仿形及多刀车床	轮、轴、辊、锭及铲齿车床	其他车床
钻床 Z		—	坐标镗钻床	深孔钻床	摇臂钻床	台式钻床	立式钻床	卧式钻床	铣钻床	中心孔钻床	其他钻床
镗床 T		—	—	深孔镗床	—	坐标镗床	立式镗床	卧式镗床	精镗床	汽车、拖拉机修理用镗床	其他镗床
磨床	M	仪表磨床	外圆磨床	内圆磨床	砂轮机	坐标磨床	导轨磨床	刀具刃磨床	平面及端面磨床	曲轴、凸轮轴、花键轴及轧辊磨床	工具磨床
	2M	—	超精机	内圆珩磨机	外圆及其他珩磨机	抛光机	砂带抛光及磨削机床	刀具刃磨及研磨机床	可转位刀片磨削机床	研磨机	其他磨床
	3M	—	球轴承套圈沟磨床	滚子轴承套圈滚道磨床	轴承套圈超精机	—	叶片磨削机床	滚子加工机床	钢球加工机床	气门、活塞及活塞环磨削机床	汽车、拖拉机修磨机床
齿轮加工机床 Y		仪表齿轮加工机	—	锥齿轮加工机	滚齿及铣齿机	剃齿及珩齿机	插齿机	花键轴铣床	齿轮磨齿机	其他齿轮加工机	齿轮倒角及检查机
螺纹加工机床 S		—	—	—	套丝机	攻丝机	—	螺纹铣床	螺纹磨床	螺纹车床	—
铣床 X		仪表铣床	悬臂及滑枕铣床	龙门铣床	平面铣床	仿形铣床	立式升降台铣床	卧式升降台铣床	床身铣床	工具铣床	其他铣床

续表

类别	0	1	2	3	4	5	6	7	8	9
刨插床 B	—	悬臂刨床	龙门刨床	—	—	插床	牛头刨床	—	边缘及模具刨床	其他刨床
拉床 L	—	—	侧拉床	卧式外拉床	连续拉床	立式内拉床	卧式内拉床	立式外拉床	键槽、轴瓦及螺纹拉床	其他拉床
锯床 G	—	—	砂轮片锯床	—	卧式带锯床	立式带锯床	圆锯床	弓锯床	锉锯床	—
其他机床 Q	其他仪表机床	管子加工机床	木螺钉加工机	—	刻线机	切断机	多功能机床			

5. 机床的系代号

每个组又划分为十个系列。划分的原则是：在同一组机床中，其主参数相同，主要结构及布局形式也相同的机床，即为同一系。机床的系代号用一位阿拉伯数字表示，位于组代号之后。例如，CA6140 型卧式车床型号中的"1"，表示它属于车床类 1 系列。表 2-4 所示为部分机床的系代号。

表 2-4　机床的系代号

机 床 名 称	主参数名称	主参数折算系数
普通机床	床身上最大工件回转直径	1/10
自动机床、六角机床	最大棒料直径或最大车削直径	1/1
立式机床	最大车削直径	1/100
立式钻床、摇臂钻床	最大钻孔直径	1/1
卧式镗床	主轴直径	1/10
牛头刨床、插床	最大刨削或插削长度	1/10
龙门刨床	工作台宽度	1/100
卧式及立式升降台铣床	工作台工作宽度	1/10
龙门铣床	工作台工作宽度	1/100
外圆磨床、内圆磨床	最大磨削外径或孔径	1/10
平面磨床	工作台工作面的宽度或直径	1/10
砂轮机	最大砂轮直径	1/1
齿轮加工机床	最大工件直径(最大铣削直径、最大刀盘直径)	1/10

6. 机床主参数代号

机床主参数表示机床规格大小并反映机床最大工作能力。主参数代号是以机床最大加工尺寸或与此有关的机床部件尺寸的折算值表示的,位于系代号之后。当折算值大于 1 时,则取整数,前面不加"0";当折算值小于 1 时,则取小数点后第一位数,并在前面加"0"。

7. 机床第二主参数代号

第二主参数主要是指主轴数、最大跨距、最大工件长度、工作台工作面长度等。第二主参数也用折算值表示,一般以折算成两位数为宜,最多不超过三位数。以长度、深度值等表示的,其折算系数为 1/100;以直径、宽度值等表示的,其折算系数为 1/10;以厚度、最大模数值等表示的,其折算系数为 1。当折算值大于 1 时,则取整数;当折算值小于 1 时,则取小数点后第一位数,并在前面加"0"。

8. 重大改进代号

当对机床的结构、性能有更高的要求,并需按新产品重新设计、试制和鉴定时,为区别于原机床型号,要在型号基本部分的尾部按改进的先后顺序选用 A、B、C 等汉语拼音字母(但"I、O"两个字母不得选用)表示。例如,型号 CG6125B 中的"B"表示该型号机床是将 CG6125 型高精度卧式车床进行第二次重大改进后得到的。

(二) 机床的分类

1. 按机床在使用中的通用程度分类

(1) 通用机床　通用机床的加工范围较广,通用性较强,可用于多种零件的不同工序的加工,如卧式车床、万能外圆磨床、摇臂钻床等。通用机床主要适用于单件及小批量生产。

(2) 专门化机床　专门化机床的工艺范围较窄,专门用于加工某一类或几类零件的某一道或几道特定工序,如曲轴磨床、凸轮轴车床、花键轴铣床、滚齿机等。

(3) 专用机床　专用机床的工艺范围最窄,只能用于加工某一种零件的某一道特定工序。如加工机床主轴箱的专用镗床,在汽车、拖拉机制造业中大量使用的各种组合专用机床。专用机床适用于大批、大量生产。

2. 按机床工作精度分类

同类型机床按工作精度的不同可分为普通精度级机床、精密级机床和高精度级机床。

3. 按机床的质量分类

机床按质量不同可分为仪表机床、中型机床(一般机床)、大型机床(质量达到 10 t)、重型机床(质量达到 30 t 以上)和超重型机床(质量达到 100 t 以上)。机床的质量一般从机床所能加工工件的尺寸来考虑,即工件越大、机床也越大,质量也就越大。而机床的体积、质量过大将会给制造、运输、安装等带来许多特殊的问题。

4. 按机床自动化程度分类

按照自动化程度不同,机床可分为手动机床、机动机床、半自动机床和自动机床等。

此外:机床按照其主要工作部件的多少,可分为单轴机床、多轴或单刀机床、多刀机床等;按照机床布局方式不同,可分为卧式机床、立式机床、台式机床、单臂机床、单柱机床等、双柱机床、马鞍机床等;按照机床的自动控制方式,可分为仿形机床、数字控制机床(简称数控机床)、加工中心等。随着机床工业的不断发展,其分类方法也将不断修订和补充。

二、机床型号示例

1. CA6140 型卧式车床

CA6140 型卧式车床型号的含义如下。

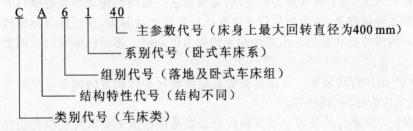

2. MM7132A 型平面磨床

MM7132A 型平面磨床型号的含义如下。

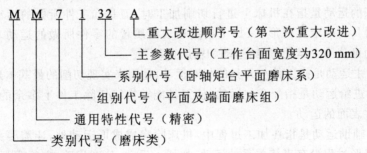

任务二 机床的传动

一、机床的组成

为了实现在加工过程中所必需的各种运动,机床必须包括执行元件、动力装置和传动装置三个组成部分。

1. 执行元件

执行元件是指执行机床运动的部件,例如主轴、刀架和工作台等。其作用是装夹工件和刀具,直接带动它们完成一定的运动并保持准确的运动轨迹。

2. 动力装置

动力装置是指为执行元件提供运动和动力的装置,是机床的动力部分,例如交流电动机、直流电动机和步进电动机等。在机床上,可以几个运动共用一个动力装置,也可以一个运动单独使用一个动力装置。

3. 传动装置

传动装置是指传递运动和动力的装置,有机械式、液压式、电气式和气压式等多种形式的。传动装置可以把动力装置的运动和动力传给执行元件,使执行元件获得动力和运动,并使动力装置和执行元件保持某种确定的运动关系。传动装置还可以变换运动性质、运动方向和运动速度。

二、机床的传动

(一)机床的传动链

在机床上,为了得到所需的运动,需要通过一系列的传动装置把执行元件和动力装置连接起来,或者把执行元件和执行元件连接起来,这种连接称为传动联系。而构成传动联系的一系列传动元件称为传动链。传动链中有以下两类传动装置。

(1)定比传动装置 定比传动装置是传动比和传动方向固定不变的传动装置,如定比齿轮副、蜗杆等。

(2)可变换传动装置 可变换传动装置是根据加工要求可变换传动比和传动方向的换置机构,如挂轮变速机构、滑移齿轮变速机构等。

(二)机床的运动

机床的运动是指在机床上进行切削加工时,刀具和工件所做的运动。这是为了获得具有一定几何形状、加工精度和表面质量的零件所做的运动。一般机床的运动可分为主运动、进给运动和辅助运动等。

(1)主运动是指工件与刀具的相对运动,是用来实现切削的最基本运动。

(2)进给运动是指配合主运动,使刀具能够持续切除工件上多余的金属,以形成工件表面的运动。

(3)辅助运动是指在加工过程中,机床除完成成形运动外,还需要完成的一系列与成形过程没有直接关系的运动,如切入运动、分度运动、空行程运动、操纵的控制运动等。

任务三 机床的调试与设备保养

一、机床的调试

在购置机床设备时,一般都要对机床设备进行必要的验收和调试。具体有以下几个步骤。

(一)开箱检查

开箱检查主要是按照装箱单清点并核对机床型号、规格和零件数量等。

（二）安装与调试

1. 安装

机床设备在车间的安装位置、排列和平面之间的位置距离应符合机床设备的布置要求及安装图样的规定。

2. 调试

机床设备安装后，要对机床进行必要的校正、找平，以保持机床的稳定性、减轻振动及减小机床变形。

（三）运行试验

1. 空载试验

空载试验一般由低速逐步增加到高速。主要是检验机床的各部分的轴承温升情况，进给系统的平稳性、可靠性及电气设备等的工作情况，还有各种装置及安全防护装置是否灵敏、可靠等。

2. 负载试验

可按设备设计的功率分阶段逐步进行。在负载试验中要按规范检查轴承的温升，液压系统的传动、操纵和控制工作是否正常等。

（四）精度试验

精度试验是在负载试验结束后进行的。按机床设备的技术文件及精度标准进行加工精度的试验，试验结果应达到出厂精度或合同要求。

（五）验收交货

完成前面四项内容，经验收合格后，方可办理验收移交手续。

二、机床设备的维护保养

（一）机床的常用润滑

要使机床正常运转和减少磨损，必须对机床上所有摩擦部分进行润滑。常用的润滑方式有以下几种。

（1）浇油润滑　将床身导轨面及中、小拖板导轨面擦净后用油壶浇油润滑。

（2）溅油润滑　在密封的齿轮箱内，利用齿轮的转动把润滑油飞溅到各处进行润滑。

（3）油绳润滑　将毛线浸在油槽内，利用毛细管的作用，把油引到需要润滑的部位进行润滑。

（4）油脂（黄油）润滑　油杯中装满工业油脂（黄油），拧紧油杯盖，油脂就挤入轴承套内进行润滑。

（5）弹子油杯润滑　用油壶的油嘴将弹子揿下，滴入润滑机油进行润滑。

（6）油泵循环润滑　用柱塞油泵吸入润滑油，润滑油经油管输送至各润滑部位进行润滑。

(二) 机床设备的维护保养

机床每运行 600 h,就要进行一次一级保养,以保证机床的加工精度,延长机床的使用寿命。保养工作主要由操作工人进行,维修工人配合。保养时必须先切断电源。按工作量的大小,设备的保养可分为日常保养、一级保养和二级保养等。

1. 日常保养

日常保养是在每天交接班前后及工作中进行的,主要内容为清洗及检查设备各部位和润滑系统的工作情况等。

2. 一级保养

一级保养一般为每月一次。主要内容如下。

(1) 外保养 需进行如下工作。

①清洗机床外表及各罩盖,保持设备内外清洁,无锈蚀,无油污。

②清洗长丝杠、光杠和操纵杆。

③检查并补齐螺钉、手柄球、手柄。

(2) 轴箱保养 需进行如下工作。

①清洗滤油器,使其无杂物。

②检查主轴并检查螺母有无松动、紧固螺钉是否锁紧。

③调整摩擦片间隙及制动器。

(3) 拖板及刀架保养 需进行如下工作。

①清洗刀架,调整中、小拖板塞铁间隙。

②清洗和调整中、小拖板丝杠螺母间隙。

(4) 挂轮箱的保养 需进行如下工作。

①清洗齿轮、轴套并注入新的油脂。

②调整齿轮啮合间隙。

③检查轴套有无晃动现象。

(5) 尾架的保养 主要是清洗尾座,保持设备内外清洁。

(6) 冷却润滑系统的保养 需进行如下工作。

①清洗冷却泵、滤油器、盛液盘。

②保持油路畅通,油孔、油绳清洁无铁屑。

③检查油质是否变质,油杯是否齐全,油窗是否明亮。

(7) 电器的保养 需进行如下工作。

①清扫电动机、电气箱。

②检查电气装置是否固定整齐。

3. 二级保养

一般每半年一次,主要内容如下。

(1) 使外观达到一级保养要求。

(2) 检查各部分润滑情况,调整精度。

(3) 检查清洗内部箱体,更换磨损件。

(4) 检查各电器及安全装置。

 知识链接

数控机床

　　数控机床是一种高效的自动化加工设备,它严格按照加工程序,自动地对被加工工件进行加工。从数控系统外部输入的直接用于加工的程序称为数控加工程序,简称数控程序,它是机床数控系统的应用软件。

　　数控(NC)是数字控制(numerical control)的简称,是一种用数字化信息进行自动控制的一种方法,装备了数控技术的机床,称为数控机床。

　　采用计算机控制系统,提高了系统的可靠性和功能特色。这种机床为计算机数控系统,简称 CNC(computerized NC)系统。

项目二　常用机床

【学习目标】

掌握:常用机床结构及其操纵方法。

熟悉:常用机床的传动系统及传动原理。

了解:其他切削机床的传动。

任务一　车床

　　按其结构和用途不同,车床可分为卧式车床、立式车床、转塔车床、仿形车床及专门化车床等。车床主要用于加工回转表面,其加工范围如图 2-1 所示。

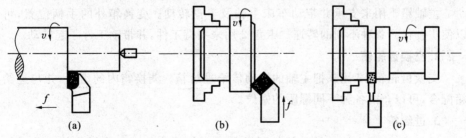

图 2-1　车床的加工范围

(a) 车外圆;(b) 车平面;(c) 切断和车槽;(d) 钻中心孔;(e) 钻孔;

(f) 车内孔;(g) 铰孔;(h) 车螺纹;(i) 车圆锥面;

(j) 车曲面;(k) 滚花;(l) 盘绕弹簧

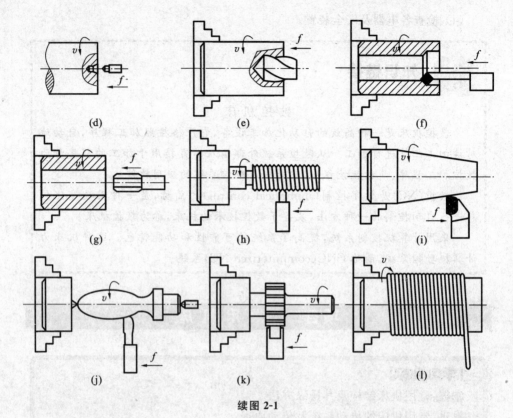

续图 2-1

在所有的车床类机床中,卧式车床应用最普遍,因此,本节主要以 CA6140 型卧式车床为例进行介绍。

一、CA6140 型卧式车床各部分名称和用途

车床的主要部件有主轴箱、交换齿轮箱、进给箱、溜板箱、尾座、床身和附件等,如图 2-2 所示。

1. 主轴箱

主轴箱 1 用来支承并带动车床主轴及卡盘转动。变换箱外的手柄位置,可以使主轴得到各种不同的转速。卡盘 2 用来夹持工件,并带动工件一起转动。

2. 交换齿轮箱

交换齿轮箱 12 用来把主轴的转动传给进给箱。调换箱内的齿轮,并与进给箱配合,可以车削各种不同螺距的螺纹。

3. 进给箱

进给箱 11 用来把主轴的旋转运动传给丝杠或光杠。变换箱体外面的手柄位置,可以使丝杠或光杠得到各种不同的转速;丝杠 6 用来车削螺纹,它可使溜板和车刀按要求的速度做很精确的直线运动;光杠 7 用来把进给箱的运动传给溜板箱,使拖板和车刀按要求的速度做直线进给运动。

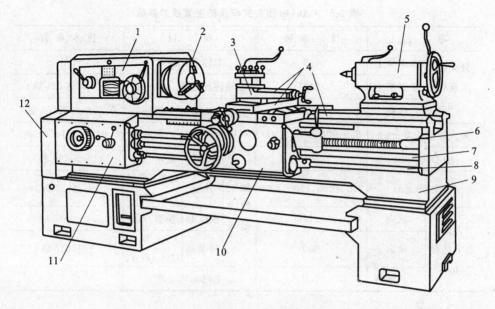

图 2-2　CA6140 型卧式车床外观图

1—主轴箱；2—卡盘；3—刀架；4—溜板；5—尾座；6—丝杠；7—光杠；
8—操纵杆；9—床身；10—溜板箱；11—进给箱；12—交换齿轮箱

4. 溜板箱

溜板箱 10 用来把丝杠或光杠的转动传给溜板部分，变换箱外的手柄位置，经溜板部分使车刀做纵向或横向进给。溜板 4 分床鞍、中滑板和小滑板三种。图中床鞍用于纵向车削工件。中滑板用于横向车削工件和控制背吃刀量。小滑板主要用于车削有锥度的工件。刀架 3 用来装夹刀具。

5. 尾座

尾座 5 用来安装顶尖，支顶较长的工件。它还可以安装各种切削刀具，如钻头、中心钻和铰刀等。

6. 床身

床身 9 用来支承和安装车床的各个部件，如主轴箱、进给箱、溜板箱、床鞍和尾架等。床身上面有两条精确的导轨。床鞍和尾座可沿着导轨移动。

7. 附件

车床的附件，如中心架、跟刀架、花盘、角铁及 V 形块等，主要用来装夹形状复杂的工件。

二、车床的主要技术参数

CA6140 型卧式车床的主要技术参数如表 2-5 所示。

表 2-5　CA6140 型卧式车床的主要技术参数

项　目		技 术 参 数	项　目		技 术 参 数
最大加工直径 /mm	在床身上	400	主轴内孔锥度		6 号
	在刀架上	210	主轴转速范围/(r/min)		10～1400(24 级)
	棒料	46	进给量范围 /(mm/min)	纵向	0.28～6.33(64 级)
最大加工长度/mm		650、900、1400、1900		横向	0.014～3.16(64 级)
中心高/mm		205	加工螺纹范围	米制　螺距/mm	11～92(44 种)
顶尖距/mm		750、1000、1500、2000		寸制　每英寸牙数 /(牙/英寸)	2～24(20 种)
刀架最大行程 /mm	纵向	650、900、1400、1900		模数制　模数/mm	0.25～48(39 种)
	横向	320		径节制　径节 /(牙/英寸)	1～97(37 级)
	刀具溜板	140	主电动机功率		7.5

三、车床的传动系统

1. 传动系统图

为了便于了解和分析机床的传动情况,通常要应用传动系统图。传动系统图是指将传动原理图所表达的传动关系用一种简单的示意方式表达出来的图形。

传动系统图一般画在一个能反映机床外形和各主要部件相互位置的投影面上,并尽可能绘制在机床外形的轮廓线内。在图中,各传动元件是按照运动传递的先后顺序以展开图的形式画出来的。对于展开后失去联系的传动副,要用大括号或虚线连接起来,以表示它们的传动联系。在图中还须标出齿轮及蜗轮的齿数、带轮直径、丝杠的导程和头数、电动机的转速和功率以及传动轴的编号等。

分析传动系统时应先找到传动链的两个末端件,然后按照运动传递或联系顺序,依次分析各传动轴之间的传动结构和运动传递关系。

2. CA6140 型卧式车床的传动系统

CA6140 型卧式车床有主运动、进给运动和辅助运动等运动。其中:主运动是工件的旋转运动;进给运动有一般进给运动和螺纹进给运动两种,一般进给运动包括刀具的横向进给运动和纵向进给运动,螺纹进给运动是由工件与刀具组成的复合进给运动;辅助运动有刀架的快速移动等。

由于 CA6140 型卧式车床有三种运动,相应的传动链有主运动传动链、进给运动传动链和快速移动传动链等,如图 2-3 所示。

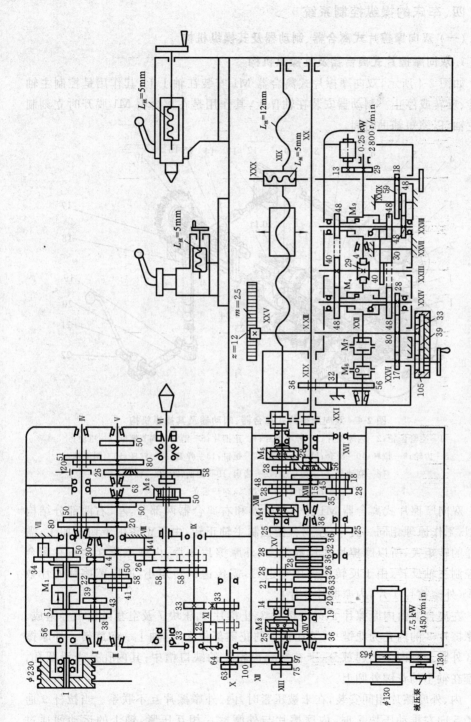

图 2-3　CA6140 型卧式车床的传动图

四、车床的操纵控制系统

(一) 双向摩擦片式离合器、制动器及其操纵机构

1. 双向摩擦片式离合器及其操纵机构

如图 2-4 所示,双向摩擦片式离合器 M1 安装在轴 Ⅰ 上,其作用是控制主轴正转、反转或停止。制动器安装在轴Ⅳ上,其作用是在离合器 M1 脱开时立刻制动主轴,以缩短辅助时间。

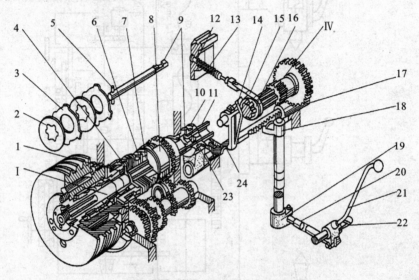

图 2-4 双向摩擦片式离合器、制动器及其操纵机构

1—空套齿轮;2—内摩擦片;3—外摩擦片;4—止推片;5—销;6—调节螺母;7—压块;
8—齿轮;9—拉杆;10—滑套;11—元宝销;12—螺钉;13—弹簧;14—杠杆;15—制动带;
16—制动盘;17—齿条轴;18—齿扇;19—曲柄;20、22—轴;
21—手柄;23—拨叉;24—齿条

双向摩擦片式离合器 M1 分左离合器和右离合器两部分,左、右两部分结构相似,工作原理相同。其中,左离合器控制主轴正转,由于正转用于切削加工,需传递的转矩大,所以摩擦片的片数较多(外摩擦片 8 片,内摩擦片 9 片);右离合器控制主轴反转,由于反转主要用于退刀,需传递的转矩小,所以摩擦片的片数较少(外摩擦片 4 片,内摩擦片 5 片)。

左离合器由内摩擦片 2、外摩擦片 3、止推片 4、压块 7 及空套齿轮 1 等组成。内摩擦片 2 的内孔为花键孔,装在轴 Ⅰ 的花键部位上,与轴 Ⅰ 一起旋转。外摩擦片 3 外圆上有四个凸起部分,卡在空套齿轮 1 的缺口槽中;其内孔是光滑圆孔,空套在轴 Ⅰ 的花键外圆上。

内、外摩擦片相间安装,在未被压紧时,内、外摩擦片互不联系。当拉杆 9 通过销 5 向左推动压块 7 时,内摩擦片与外摩擦片相互压紧,轴 Ⅰ 的运动便通过内、外摩擦片之间的摩擦力传给齿轮 1,使主轴正转。同理,当向右推动压块 7

时,主轴反转。当压块 7 处于中间位置时,左、右离合器都脱开,主轴停转。

2. 制动器及其操纵机构

制动器的结构如图 2-4 所示。制动盘 16 是一钢制圆盘,与轴Ⅳ用花键连接。制动盘的周边围着制动带 15,制动带是一条钢带,内侧固定了一层酚醛石棉以增加摩擦。制动带的一端通过螺钉 12 等与箱体相连,另一端与杠杆 14 连接。

为方便操纵、避免出错,制动器和离合器 M1 共用一套操纵机构,也由手柄 21 操纵。当离合器脱开时,齿条 24 处于中间位置,这时齿条 24 上的凸起部分正处于与杠杆 14 下端相接触的位置,使杠杆 14 逆时针摆动,将制动带拉紧,使轴Ⅳ和主轴迅速停转。

齿条 24 凸起的左、右两边都是凹槽,便于接通主轴的正、反转。左、右离合器中任意一个接通时,杠杆 14 都顺时针摆动,使制动带放松。制动带的拉紧程度由螺钉 12 调整,调整后应保证在压紧离合器时制动带完全松开。

(二)变速操纵机构

CA6140 型卧式车床上设置了多种变速操纵机构,现以主轴箱中的一种变速操纵机构为例进行介绍。

图 2-5 所示为轴Ⅱ、Ⅲ上滑移齿轮的变速操纵机构。轴Ⅱ上的双联滑移齿轮和轴Ⅲ上的三联滑移齿轮用一个手柄集中操纵。变速手柄每转一周,变换全部六种转速,所以手柄共有均匀分布的六个位置。变速手柄装在主轴箱的前壁上,通过链传动使轴 7 转动。在轴 7 上固定有曲柄 5 和盘形凸轮 6,分别用于操纵轴Ⅲ和轴Ⅱ上的滑移齿轮。

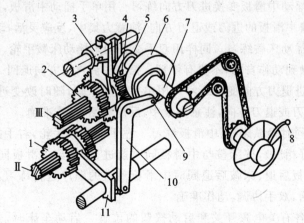

图 2-5 滑移齿轮的变速操纵机构

1—双联滑移齿轮;2—三联滑移齿轮;3、11—拨叉;4、9—销;5—曲柄;
6—盘形凸轮;7—轴;8—手柄;10—杠杆

(三)纵、横向机动进给操纵机构

图 2-6 所示为 CA6140 型卧式车床的机动进给操纵机构。刀架的纵向和横

向机动进给运动的接通和断开、运动方向的改变及刀架快速移动的接通和断开，均集中由手柄1来操纵，且手柄扳动方向与刀架运动方向一致。

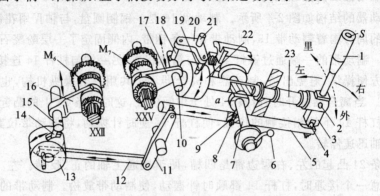

图 2-6　纵、横向机动进给操纵机构

1—手柄；2—销轴；3—手柄座；4—球头销；5、7、23—轴；6—手柄；8—锁轴；

9—弹簧；10、15—拨叉轴；11、20—杠杆；12—连杆；13、22—凸轮；

14、18、19—圆销；16、17—拨叉；21—销轴

五、车床的操纵

（1）双手摇动小滑板练习　用双手交替均匀摇动小滑板手柄，使小滑板能沿纵向慢速移动，做到动作自如，不要有停顿。

（2）双手摇动中滑板练习　用双手交替均匀摇动中滑板手柄，使中滑板能沿横向慢速移动，做到动作自如，不要有停顿。摇到头后再反方向摇回。

（3）单手摇动中滑板变换进刀方向练习　用单手摇动中滑板，随时改变进刀方向，要求分清中滑板的进刀或退刀方向，注意力集中，反应灵活，动作准确。

（4）双手摇动床鞍练习　同样用双手交替均匀摇动床鞍手轮，使床鞍能沿纵向慢速移动，做到动作自如，不要有停顿。摇到头后再反方向退回。

（5）床鞍进退刀方向变换练习　用单手摇动床鞍，随时改变进刀方向，要求分清床鞍的进刀或退刀方向，注意力集中，反应灵活，动作准确。

（6）双手同时操纵床鞍、中滑板练习　左手握床鞍手轮，右手握中滑板手柄（有的机床刚好相反），按床鞍与中滑板同时前进、床鞍与中滑板同时后退、床鞍前进同时中滑板后退、床鞍后退同时中滑板前进的顺序进行练习。要求注意力集中，反应灵活，双手协调，动作准确。

（7）熟悉各有关电源开关和启动按钮的位置　启动车床时，先接通电源开关，再按下启动按钮。

（8）车床主轴的启动、停止、换向及变速练习　熟悉操纵杆和变速手柄的位置。要求先由指导教师进行演示。

（9）车床纵、横向机动进给练习　使用纵、横自动进给及快速移动的操作手柄（俗称"十字"手柄）。它有纵向进、纵向退、横向进、横向退四个挡位。注意机

动进给量不要太大,车床主轴转速要慢,注意防止溜板在前、后、左、右方向上发生碰撞。

任务二 铣床

铣床是一种工艺用途广泛的机床,它可用铣刀加工各种水平、竖直的平面、沟槽、键槽、T形槽、燕尾槽、螺纹、螺旋槽,以及齿轮、链轮、花键轴、棘轮等各种成形表面。此外,铣床还可使用锯片铣刀进行切断等工作,如图 2-7 所示。铣床的类型很多,主要有卧式万能铣床、立式铣床、龙门铣床、特种铣床、仿形铣床、仪表铣床、数控铣床和各种专门化铣床等。

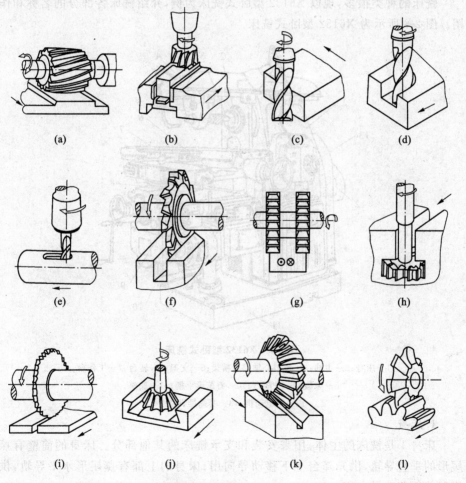

图 2-7 铣削加工内容

(a)、(b)、(c) 铣平面;(d)、(e) 铣沟槽;(f) 铣键槽;(g) 铣台阶;
(h) 铣 T 形槽;(i) 切断;(j)、(k) 铣角度槽;(l) 铣齿形;(m) 铣螺旋槽;
(n) 铣曲面;(o) 铣立体曲面

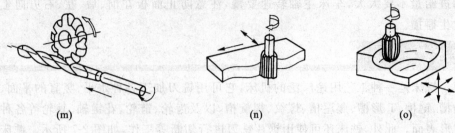

|(m)|(n)|(o)|

续图 2-7

一、X6132 型铣床的各部分名称和用途

铣床的种类很多,现以 X6132 型卧式铣床为例,介绍铣床各部分的名称和作用。图 2-8 所示为 X6132 型卧式铣床。

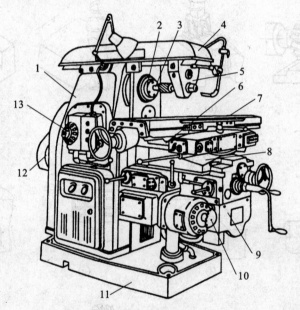

图 2-8 X6132 型卧式铣床

1—床身;2—主轴;3—铣刀心轴;4—横梁;5—支架;6—转台;7—工作台;
8—床鞍;9—升降台;10—蘑菇形手柄;11—底座;
12—主电动机;13—变速操纵部分

1. 床身

床身 1 是铣床的主体,用来安装和支承铣床的其他部分。床身的前壁有燕尾形的垂直导轨,供升降台上下移动导向用;床身的上部有燕尾形水平导轨,供横梁前后移动导向用。

2. 横梁

横梁 4 用来安装支架 5,支承刀杆的悬伸端,用于增加刀杆的刚度。

3. 主轴

空心主轴 2 的前端有 7：24 的圆锥孔,用来安装铣刀或者通过刀杆来安装铣刀,并带着它们一起旋转,以便切削工件。

4. 纵向工作台

纵向工作台 7 安装在转台 6 的纵向水平导轨上,可沿垂直或倾斜于(当工作台被扳转一定角度时)主轴轴线的方向移动,使工作台做纵向进给运动。工作台长 1200 mm、宽 320 mm,上面上有三条 T 形槽,用来安装压板螺柱,以固定夹具或工件。工作台前侧面有一条小 T 形槽,用来安装行程挡块。

5. 床鞍

床鞍 8 安装在升降台的横向水平导轨上,可沿平行于主轴轴线方向(横向)移动,使工作台做横向进给运动。

6. 转台

转台 6 在工作台 7 和床鞍 8 之间,它可以带动工作台绕床鞍的圆形导轨中心,在水平面内转动±45°,以便铣削螺旋槽等特殊表面。

7. 升降台

升降台 9 安装在床身前侧面垂直导轨上,可上下移动,是工作台的支座。它的内部有进给电动机和进给变速机构,以便升降台、工作台、床鞍做进给运动和快速移动。升降台前面左下角有一蘑菇形手柄 10,用于变换进给速度。变速允许在机床运行中进行。

8. 进给变速机构

用来调整和变换工作台的进给速度,可使工作台获得在 23.5～1180 mm/min 范围内的 18 种不同的进给速度。

9. 主轴变速机构

用来调整和变换主轴转速,可使主轴获得在 30～1500 r/min 范围内的 18 种不同的转速。

10. 底座

底座 11 用来支承床身,承受铣床全部重量,及盛放切削液。

二、铣床的主要技术参数

XA6132 型万能升降台铣床的主要技术参数如表 2-6 所示。

表 2-6　XA6132 型万能升降台铣床的主要技术参数

项　目		技 术 参 数
工作台面尺寸/mm		320×1250
工作台 T 形槽数		3
工作台行程/mm	纵向(X)×横向(Y)×垂向(Z)	680×240×300

项　　目		技 术 参 数
工作台回转角度/(°)		45
主轴孔径/mm		29
主轴轴线至工作台面的距离/mm		30～350
主轴轴线至悬梁底面的距离/mm		155
主轴转速(18级)/(r/mm)		30～1500
工作台进给速度范围 /(mm/min)	纵向(X)×横向(Y)×垂向(Z)	(23.5～1180)×(23.5～1180) ×(8～394)
工作台快速移动速度 /(mm/min)	纵向(X)×横向(Y)×垂向(Z)	2300×2300×770
主传动电动机功率/kW		7.5
进给电动机功率/kW		1.5
冷却泵电动机功率/kW		0.125
工作台最大承载质量/kg		500
工作台最大水平拖力/N		15000
机床外形尺寸(长×宽×高)/mm		2294×1770×1665
机床质量/kg		2850

三、铣床的传动系统

铣床的主运动由主轴的旋转运动来实现,进给运动由工作台沿纵向、横向和垂直方向等三个方向的直线运动来实现。XA6132型万能升降台铣床的传动系统如图2-9所示。

1. 主运动传动链

主运动由主电动机驱动,经齿轮副传至轴Ⅱ,再经轴Ⅱ、Ⅲ之间和轴Ⅲ、Ⅳ之间的两组三联滑移齿轮变速组,以及轴Ⅳ、Ⅴ之间的双联滑移齿轮变速组,传至主轴Ⅴ,使主轴获得 3×3×2＝18 级不同的转速。

主轴旋向的改变是通过改变主电动机的旋向(正转和反转)来实现的。轴Ⅰ右端有电磁制动离合器 M1,停车后 M1 接通电源,使主轴迅速而平稳地停止转动。

2. 进给运动传动链

机床的工作台可做纵向、横向和垂直方向等三个方向的进给运动,所以有三条进给传动链。进给运动由进给电动机(1.5 kW、1410 r/min)驱动,电动机的运动经一对齿轮26/44 传至轴Ⅵ,然后根据轴Ⅹ上的电磁离合器 M3 和 M4 的结合情况,分两条路线(进给运动传动路线和快速移动传动路线)传动。

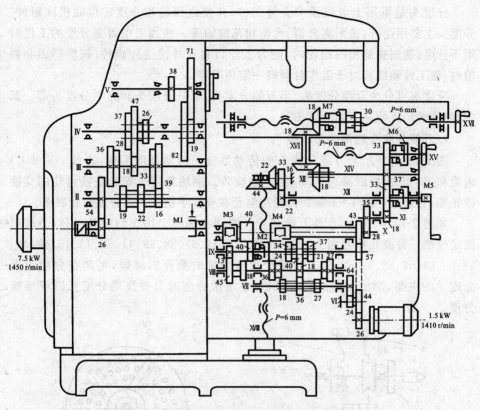

图 2-9 XA6132 型万能升降台铣床的传动系统

　　如果轴 Ⅹ 上的离合器 M3 脱开、M4 结合，轴 Ⅵ 的运动经齿轮副 44/57、57/43 及离合器 M4 传至轴 Ⅹ。这条路线可使工作台作快速移动，为快速移动传动路线。

　　如果轴 Ⅹ 上的离合器 M4 脱开、M3 结合，轴 Ⅵ 的运动经齿轮副 24/64 传至轴 Ⅶ，再经轴 Ⅶ、Ⅷ 间和轴 Ⅷ、Ⅸ 间两组三联滑移齿轮变速组传至轴 Ⅸ，然后经轴 Ⅷ、Ⅸ 间的曲回机构或离合器 M2 将运动传至轴 Ⅹ。这条路线使工作台做正常进给运动，为进给运动传动路线。

　　轴 Ⅹ 的运动可经过离合器 M7、M6、M5 以及相应的后续传动路线分别转换为工作台的纵向、横向和垂向移动。

　　工作台纵向、横向和垂直三个方向上的进给运动是互锁的，只能按需要接通一个方向的进给运动，不能同时接通。进给运动的变向通过改变进给电动机的旋转方向实现。

四、分度头

　　升降台式铣床配备有多种附件，用于扩大工艺范围，提高生产率，其中分度头是常用的一种附件。

分度头是指用卡盘或顶尖夹持工件,并使之回转和分度定位的机床附件。分度头主要用途有:铣削离合器、齿轮和花键轴等一些加工中需要分度的工件时用于分度;铣削螺旋槽或凸轮时,配合工作台移动并使工件旋转;铣削斜面和斜槽时,使工件轴线相对于工作台倾斜一定角度等。

分度头可分为万能分度头、半万能分度头、等分分度头和光学分度头等。其中,使用最广泛的是万能分度头。

1. 万能分度头的传动与结构

图 2-10(a)所示为万能分度头的传动系统。转动分度手柄,通过一对 1:1 齿轮和 1:40 蜗杆副减速传动,使主轴旋转。侧轴是用于安装交换齿轮的交换齿轮轴,它通过一对 1:1 螺旋齿轮与空套在分度手柄轴上的分度盘相联系。

如图 2-10(b)所示,孔盘上排列着一圈圈在圆周上均布的小孔,用以分度时插定位销。每圈孔数分别为:24、25、28、30、34、37、38、39、41、42、43、46、47、49、51、53、54、57、58、59、62、66。为减少每次分度时数孔的麻烦,可调整分度盘上分度叉的夹角,形成固定的孔间距数,在每次分度时只要拨动分度叉即可准确分度。

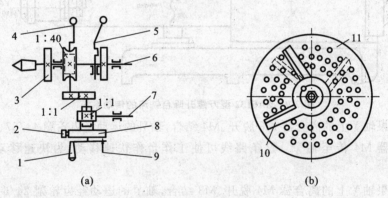

(a)   (b)

图 2-10　万能分度头

(a) 万能分度头的传动系统;(b) 分度盘

1—分度手柄;2—分度盘固定销;3—刻度盘;4—蜗杆脱落手柄;5—主轴锁紧手柄;
6—主轴;7—侧轴;8、11—分度盘;9—定位销;10—分度叉

交换齿轮是分度头的随机附件,共有 12 只交换齿轮,齿数分别为 25、25、30、35、40、50、55、60、70、80、90、100。

2. 简单分度

分度方法有简单分度、角度分度、直接分度和差动分度等方法。下面以简单分度为例进行介绍。

简单分度的传动路线为:主轴—蜗杆副(1:40)—齿轮副(1:1)—手柄。主轴与手柄的传动比是 1/40:1,即主轴转过 1/40 圈时,手柄转 1 圈。若工件需 z 等分,主轴要转 $1/z$ 转,则手柄所转圈数 n 为

$$1:40=\frac{1}{z}:n,\quad n=\frac{40}{z}$$

五、铣床的操纵

1. 主轴变速操作

如图 2-11 所示,将变速手柄 1 向下压,使手柄的榫块从固定环 2 的槽 1 内脱出,再将手柄外拉,使手柄的榫块落入固定环 2 的槽 2 内,手柄处于脱开位置 Ⅰ。然后转动转速盘 3,使所需要的转速数对准指针 4,再接合手柄。接合变速操纵手柄时,将手柄下压并较快地推到位置 Ⅱ,使冲动开关 6 瞬时接通,电动机瞬时转动,以利于变速齿轮啮合,再由位置 Ⅱ 慢速继续将手柄推到位置 Ⅲ,使手柄的榫块落入固定环 2 的槽 1 内,完成变速。

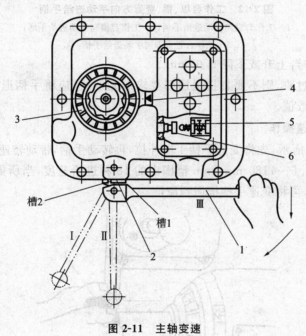

图 2-11　主轴变速

1—变速手柄;2—固定环;3—转速盘;4—指针;5、6—冲动开关

2. 工作台纵、横、竖直方向的手动进给操作

如图 2-12 所示,工作台沿纵、横、竖直方向的运动分别通过操纵工作台纵向手动进给手柄 1、工作台横向手动进给手柄 2、工作台竖直方向手动进给手柄 3 实现。摇动各手柄,带动工作台做各进给方向的手动进给运动。顺时针摇动,工作台前进或上升;逆时针摇动就后退或下降。手工摇动时,要使进给速度均匀适当。

纵向、横向刻度盘圆周上有 120 格刻度,每摇 1 圈,工作台移动 6 mm,每摇 1 格,工作台移动 0.05 mm。

竖直方向刻度盘圆周上有 40 格刻度,每摇 1 圈,工作台上升或下降 2 mm,

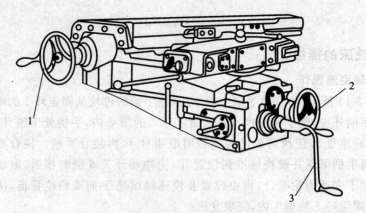

图 2-12 工作台纵、横、竖直方向手动进给手柄

1—工作台纵向手动进给手柄；2—工作台横向手动进给手柄；
3—工作台竖直方向手动进给手柄

每摇 1 格，工作台上升或下降 0.05 mm。

若手柄摇过头，则不要直接退回到要求的刻度线，应将手柄退回 1 圈，再重新摇到要求的数值。

3. 进给变速操作

如图 2-13 所示，先将变速手柄 1 向外拉，再转动手柄，带动转速盘 2 旋转，转速盘上有在 23.5～1180 mm/min 范围内的 18 种进给速度，当所需要的转速对准指示箭头后，再将变速手柄推回到原位。

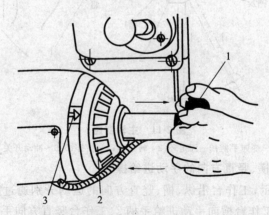

图 2-13 进给变速

1—变速手柄；2—转速盘；3—指示箭头

4. 工作台纵向的机动进给操作

这三个方向的机动进给操纵手柄均为复式手柄。纵向机动进给手柄有"向右进给""向左进给"和"停止"三个位置。手柄的指向就是工作台的进给方向。

5. 工作台横向及竖直方向的机动进给操作

横向及竖直方向的机动进给由同一个手柄操纵。该手柄有"向前进给""向后进给""向上进给""向下进给"和"停止"五个工作位置。手柄的指向就是工作台的进给方向。

6. 一般操作顺序

(1) 手摇各进给手柄,做手动进给检查。无问题后再将电源转换开关扳至"通"位置。

(2) 将主轴换向开关扳至要求的方向。

(3) 调整主轴转速和工作台每分钟进给量。

(4) 按启动按钮,使主轴旋转,扳动工作台自动进给操纵手柄,使工作台做自动进给运动。

(5) 工作完毕后,将自动进给操纵手柄扳至原位。

(6) 按主轴"停止"按钮,使主轴和进给运动停止。

任务三 磨床

用磨料、磨具作为工具进行切削加工的机床统称为磨床。磨床加工材料范围广泛,主要用于磨削淬硬钢和各种难加工材料。由于磨削加工容易得到高的加工精度和好的表面质量,因此,磨床主要用于精加工。

磨床的种类很多,主要类型有以下几种。

(1) 外圆磨床 包括万能外圆磨床、普通外圆磨床和无心外圆磨床等。

(2) 内圆磨床 包括普通内圆磨床、行星内圆磨床和无心内圆磨床等。

(3) 平面磨床 包括卧轴矩台平面磨床、立轴矩台平面磨床、卧轴圆台平面磨床和立轴圆台平面磨床等。

(4) 工具磨床 包括万能工具磨床、工具曲线磨床、钻头沟槽磨床和丝锥沟槽磨床等。

(5) 各种专门化磨床 包括花键轴磨床、曲轴磨床、轧辊磨床、螺纹磨床等。

下面以 M1432A 型万能外圆磨床为例进行介绍。

一、磨床的主要部件

图 2-14 所示为 M1432A 型万能外圆磨床,是应用最普遍的外圆磨床,主要用于磨削外圆柱面和圆锥面,还可磨削内孔和台阶面等。机床由床身、工作台、头架、尾座、砂轮架和液压、机械传动操纵机构及电气操纵箱等组成。

(1) 床身 床身是一个箱形铸件,用于支承磨床的各个部件。床身上有纵向和横向的两组导轨,纵向导轨上装有工作台,横向导轨上装有砂轮架。床身内装有液压传动装置和机械传动装置。

(2) 工作台 工作台由上、下两工作台组成,上工作台的台面上有 T 形槽,

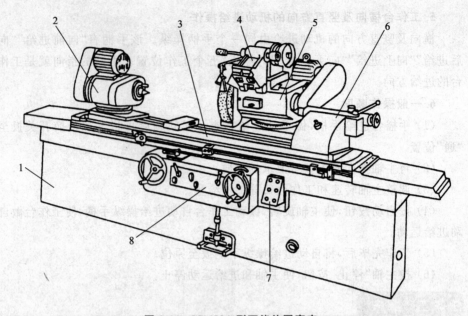

图 2-14 M1432A 型万能外圆磨床

1—床身；2—头架；3—工作台；4—内圆磨具支架；5—砂轮架；6—尾座；

7—电气操纵箱；8—机械传动操纵机构

通过螺栓来安装头架和尾座，上工作台可相对于下工作台顺时针转 3°或逆时针转 6°。工作台通过液压传动沿床身导轨往复移动，使工件实现纵向进给运动；也可用手轮操纵来调整工作台的纵向位置。

（3）头架 头架由壳体、头架主轴及其轴承、传动装置、底座等组成。双速电动机经塔轮变速机构和两组带轮带动工件转动，可得到六种转速。带的张紧分别靠转动偏心套和移动电动机座实现。头架壳体可绕定位柱在底座上面回转 0°～90°。

（4）尾座 尾座由壳体、套筒和套筒往复机构等组成。尾座套筒内装有顶尖，用于装夹工件。

（5）砂轮架 砂轮架由壳体、砂轮主轴及其轴承、传动装置与滑鞍等组成。外圆砂轮安装在主轴上，由单独的电动机经 V 带传动进行旋转。壳体可在滑鞍上做±30°的回转。滑鞍安装在床身横导轨上，可做横向进给运动。

（6）内圆磨具支架 内圆磨具支架的底座装在砂轮架壳体的盖板上，支架壳体可绕与底座固定的心轴回转，当需要进行内圆磨削时，将支架壳体翻下，通过两个球头螺钉和两个具有球面的支块，支承在砂轮架壳体前侧定位面上，并用螺钉紧固。平时外圆磨削时，须将支架壳体翻上去，并用插销定位。

二、磨床的主要技术参数

M1432A 型万能外圆磨床的主要技术参数如表 2-7 所示。

表 2-7　M1432A 型万能外圆磨床的主要技术参数

项　　目	技术参数	项　　目	技术参数
外圆最大磨削长度/mm	1000、1500、2000	外圆磨削直径/mm	8～320
砂轮尺寸/mm	$\phi400\times50\times\phi203$	内孔磨削直径/mm	30～100
机床外形尺寸/mm 长度	3200、4200、5800	内孔最大磨削长度/mm	125
机床外形尺寸/mm 宽度	1500～1800	砂轮转速/(r/min)	1670
机床外形尺寸/mm 高度	1420	磨削工件最大质量/kg	150

三、磨床的传动系统

图 2-15 所示为 M1432A 型万能外圆磨床的传动系统图。该传动系统为机械和液压联合传动系统，除了工作台的纵向往复运动、尾座顶尖套筒的退回、砂轮架的周期性快速自动切入和快速进退由液压传动外，其余均由机械传动。主要传动系统如下。

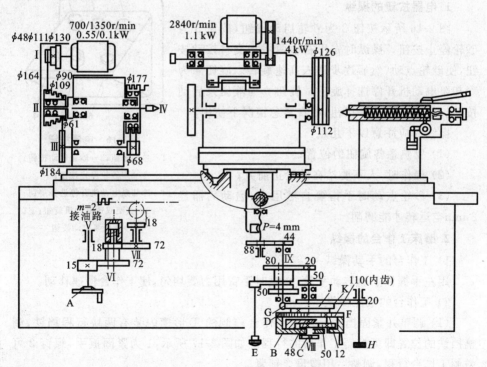

图 2-15　M1432A 型万能外圆磨床的传动系统

1. 头架的传动

磨削加工时，被加工工件支承在头架和尾座的顶尖上，或用头架上的卡盘夹持，由头架上的传动装置带动旋转，实现圆周进给运动。由于驱动电动机是双速

67

的(700 r/min 或 1350 r/min),且轴Ⅰ、Ⅱ之间采用三级三角皮带塔轮变速。因此,工件可以获得六种转速。

2. 内圆磨具的传动

内圆磨具装在支架上,只有当内圆磨具支架翻到磨削内圆的工作位置时,内圆砂轮电动机才能启动,以确保工作安全。另外,当支架翻到工作位置时,砂轮架快速进给手柄会在原位置自锁,使砂轮架不能快速移动。

3. 外圆砂轮的传动

电动机通过 V 带带动外圆砂轮转动。

4. 工作台的手动驱动

调整机床及磨削阶梯轴的台阶时,工作台可以用手轮 A 驱动。

5. 砂轮架的横向进给

砂轮架的横向进给可由手轮 B 实现,或者由自动进给液压缸驱动。

四、磨床的操纵

1. 电器按钮的操纵

图 2-16 所示按钮 2 为砂轮启动按钮,按钮 3 为砂轮停止按钮。操纵时先用右手两手指交替按动按钮,使砂轮点动,然后逐步进入高速旋转。旋钮 4 为冷却泵电动机开停选择旋钮。旋钮 6 为液压泵启动按钮。旋钮 1 为总停按钮,可在紧急情况下使用。

操纵时应注意以下几点:

(1)要熟悉各旋钮的位置;

(2)操作时,人不要站在砂轮正前方;

(3)砂轮点动时手指要自然用力,启动后需经 2 min 空运转才能磨削。

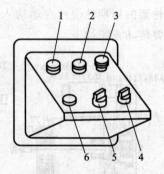

图 2-16 电器按钮

1—总停按钮;2—砂轮启动按钮;
3—砂轮停止按钮;
4—冷却泵电动机开停选择旋钮;
5—头架双速电动机旋钮;
6—液压泵启动按钮

2. 磨床工作台的操纵

1)工作台的手动操纵

用左手握住手柄转动手轮,操纵时手臂用力要均匀,使工作台慢速移动。

2)工作台的液压操纵

(1)调整并紧固挡铁 在下工作台前侧的 T 形槽内装有两块行程挡铁,调整挡铁的位置即可控制工作台的行程。如图 2-17 所示,1 为紧固扳手,螺钉 2 可微调工作台行程,调整后用螺母 3 锁紧。

(2)按下液压泵启动按钮,启动液压泵。

(3)将工作台液压传动开停阀手柄 1 转至"开"的位置,再转动调速阀旋钮 2,使工作台做无级调速运动。如图 2-18 所示为液压控制手柄。

(4)将放气阀旋钮 6 转至"开"的位置(排除工作缸内的空气),放气后将旋钮

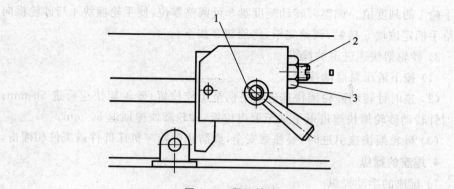

图 2-17 紧固挡铁

1—紧固扳手;2—螺钉;3—螺母

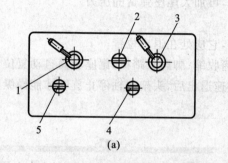

(a)

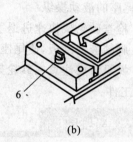

(b)

图 2-18 液压控制手柄

(a) 液压操纵箱;(b) 放气阀

1—开停阀手柄;2—调速阀旋钮;3—砂轮架快速进退手柄;

4、5—停留阀旋钮;6—放气阀旋钮

关闭。

（5）转动工作台左右换向停留阀旋钮 4、5,调整工作台在砂轮换向时的停留时间。

（6）转动开停阀手柄 1 至停止位置,使工作台停止运动。

3. 砂轮架横向进给操纵

1）横向进给

（1）顺时针转动横向进给手轮,砂轮架向前进给（朝操作者方向）。

（2）拉出旋钮 2,此时为横向细进给,手轮每转 1圈,砂轮架移动 0.5 mm。

（3）按下旋钮 2,为砂轮粗进给。手轮每转 1圈,砂轮架移动 2 mm。

2）横向进给手轮刻度的调整

如图 2-19 所示,拉出砂轮磨损补偿旋钮 2 可调

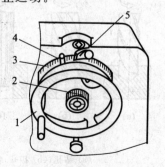

图 2-19 横向进给手轮

1—手轮;2—旋钮;3—刻度盘;
4—撞块(被挡住);5—定位块

整手轮1的刻度值。调整时转动刻度盘3可调整零位,使手轮撞块4与砂轮横向进给手柄定位块5接触,调整完毕,将旋钮2按下。

3)砂轮架快速进退的操纵

(1)按下液压泵启动按钮。

(2)逆时针转动砂轮架快速进退手柄至工作位置;砂轮架快速行进50 mm;顺时针转动砂轮架快速进退手柄至退出位置;砂轮架快速回退50 mm。

(3)砂轮架快速引进时,要注意安全,要防止砂轮与机床部件或工件相撞击。

4.尾座的操纵

1)尾座的手动操纵

(1)扳动尾座套筒手柄,使尾座套筒做伸缩运动,用于工件的装卸。

(2)顺时针旋转压力调节捏手,可加大尾座弹簧的压力。

2)尾座的液动操纵

(1)检查砂轮架快速进退手柄,它应处在退出位置。

(2)脚踏液动踏板,使尾座套筒收缩;脚离开踏板,尾座套筒自动复位。

(3)操纵时要注意在砂轮架快速退出后,头架主轴停止旋转才能操纵液压尾座,装卸工件。

任务四　其他机床

除上述常用机床外,实际生产中还会用到钻床、镗床、刨插床和拉床等机床。

一、钻床

钻床是指用钻头等孔加工刀具在工件上加工孔的机床,通常用于加工尺寸较小、精度要求不太高的孔。在钻床上加工时,刀具的旋转运动为主运动,刀具的轴向移动为进给运动。钻床主要的功能是钻孔,同时也可进行扩孔、铰孔、攻螺纹、锪孔和刮平面等加工,如图2-20所示。

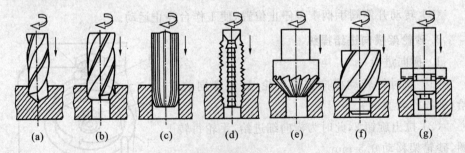

图 2-20　钻床的加工方法

(a)钻孔;(b)扩孔;(c)铰孔;(d)攻螺纹;(e)、(f)锪埋头孔;(g)锪端面

钻床可分为立式钻床、台式钻床、摇臂钻床、坐标镗钻床、深孔钻床、卧式钻床、铣钻床和中心孔钻床等,其中应用最广泛的是立式钻床和摇臂钻床。

1. 立式钻床

立式钻床的外形如图 2-21 所示,其特点是主轴轴线竖直布置。主轴箱中装有主运动和进给运动的变速传动机构、主轴部件以及操纵机构等。加工时,工件安装在工作台上,主轴旋转实现主运动,主轴随主轴套筒在主轴箱中做直线运动实现进给运动。工作台和主轴箱都可沿立柱调整上下位置,以适应加工不同高度工件的需要。立式钻床适用于在单件、小批生产中加工中、小型零件。

2. 摇臂钻床

一些体积和质量都比较大的工件,因移动费力、找正难,不便于在立式钻床上加工,此时,可选用摇臂钻床。如图 2-22 所示,摇臂钻床的摇臂可绕立柱回转和升降,主轴箱可沿摇臂水平移动。加工时,工件在底座(或工作台)上安装固定,通过调整摇臂和主轴箱的位置来对正被加工孔的中心。摇臂钻床适用于在单件、小批和成批生产中加工大、中型零件。

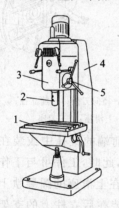

图 2-21　立式钻床
1—工作台;2—主轴;3—主轴箱;
4—立柱;5—进给操纵手柄

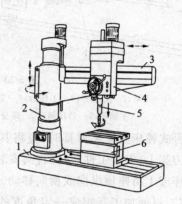

图 2-22　摇臂钻床
1—底座;2—立柱;3—摇臂;
4—主轴箱;5—主轴;6—工作台

二、镗床

镗床是指主要用镗刀在工件上加工孔的机床,通常用于加工尺寸较大、精度要求较高的孔,特别是分布在不同表面上、孔距和位置精度要求较高的孔,如各种箱体和汽车发动机缸体等零件上的孔。一般镗刀的旋转运动为主运动,镗刀或工件的移动为进给运动。在镗床上除镗孔外,还可以进行铣削、钻孔、扩孔、铰孔和锪平面等工作。

镗床主要可以分为卧式镗床和坐标镗床等。

1. 卧式镗床

卧式镗床因其工艺范围广泛而得到普遍使用,尤其适用于大型、复杂的箱体类零件的加工和精度要求高的孔加工。卧式镗床除镗孔外还可车端面、铣平面、车螺纹和钻孔等,且零件可在一次装夹中完成大量的加工工序。

卧式镗床的外形如图 2-23 所示。主轴箱可沿前立柱的导轨上下移动。在主轴箱中装有主轴、平旋盘、主运动和进给运动的变速传动机构和操纵机构。其中:主轴可旋转,实现主运动,并可沿轴向移动,实现进给运动;平旋盘只能做旋转主运动。

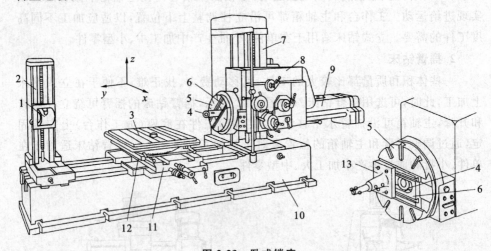

图 2-23　卧式镗床

1—支架;2—后立柱;3—工作台;4—主轴;5—平旋盘;6—径向刀架;7—前立柱;
8—主轴箱;9—后尾筒;10—床身;11—下滑座;12—上滑座;13—刀座

在卧式镗床上安装刀具时,应将其安装在主轴前端的锥孔中或装在平旋盘的径向刀架上;安装工件时,应将其安装在工作台上,此时,工件可与工作台一起随下滑座或上滑座做纵向或横向移动。工作台还可在上滑座的圆导轨上绕垂直轴线转位,以便加工互相成一定角度的平面或孔。装在后立柱上的支架用于支承悬伸较长的镗杆,以增加其刚度。后立柱可沿床身导轨做纵向移动,以适应主轴不同长度的悬伸。

2. 坐标镗床

坐标镗床是一种高精密机床,其主要特点是,具有测量坐标位置的精密测量装置,能够实现工件和刀具的精确定位。坐标镗床主要用于镗削精密孔和位置精度要求很高的孔,也可以完成钻孔、扩孔、铰孔以及工作量较小的精铣工作,还可以完成精密刻度、样板划线、孔距及直线尺寸的测量等工作。

坐标镗床有立式和卧式之分。其中:立式坐标镗床适用于加工轴线与安装基面垂直的孔系和铣削顶面;卧式坐标镗床适用于加工轴线与安装基面平行的孔系和铣削侧面。立式坐标镗床还有单柱和双柱之分。

三、刨插床

刨插床是指主要用刨刀或插刀加工各种平面和沟槽的机床。其主运动是工件或刀具的直线往复运动,进给运动是工件或刀具沿垂直于主运动方向所做的间歇运动。刨插床主要有牛头刨床、龙门刨床和插床三类。

1. 牛头刨床

牛头刨床主要用于加工小型零件,其外形如图 2-24 所示。刀具装在滑枕的刀架上,滑枕带动刀具做直线往复运动实现主运动。工作台带动工件沿横梁的横向间歇运动实现进给运动。

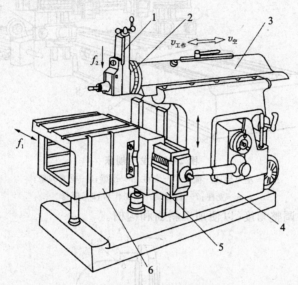

图 2-24　牛头刨床

1—刀架;2—刀架座;3—滑枕;4—床身;5—横梁;6—工作台

刀架可以沿刀架座的导轨上下移动,以调整刨削深度,也可在加工垂直平面和斜面时做进给运动。横梁可沿床身的垂直导轨上下移动,以调整工件与刨刀的相对位置。

2. 龙门刨床

龙门刨床主要用于加工大型或重型零件上的各种平面、沟槽和导轨面,也可在工作台上一次装夹数个中小型零件进行多件加工,其外形如图 2-25 所示。

加工时,工作台沿床身的水平导轨所做的直线往复运动为主运动;床身的横梁上装有两个垂直刀架,可在横梁导轨上沿水平方向做间歇运动来实现进给。

横梁可以沿立柱导轨上、下移动,以调整刀具与工件的相对位置。左、右立柱上的左、右刀架可沿立柱导轨做垂直进给运动,以加工垂直面。

3. 插床

插床实质上是立式刨床,主要用于在单件、小批生产中加工零件的内表面,其外形如图 2-26 所示。滑枕带动刀具在竖直方向上的直线往复运动为主运动,工作台带动工件沿垂直于主运动方向的方向上的间歇运动为进给运动。圆工作台还可绕竖直轴线回转,实现圆周进给和分度。滑枕导轨座可以绕水平轴线在

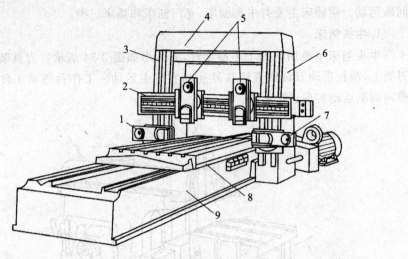

图 2-25　龙门刨床

1—左刀架；2—横梁；3—立柱；4—顶梁；5—垂直刀架；
6—立柱；7—右刀架；8—工作台；9—床身

前、后小范围内调整角度，以便加工斜面和沟槽。

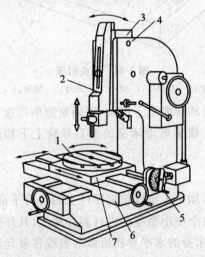

图 2-26　插床

1—圆工作台；2—滑枕；3—滑枕导轨座；4—床身；
5—分度装置；6—床鞍；7—溜板

四、拉床

拉床是指用拉刀进行加工的机床，可加工各种形状的通孔、平面及成形表面等。拉床的运动比较简单，只有主运动而没有进给运动，被加工表面在一次拉削中成形。拉床的主运动通常采用液压驱动，以保证切削运动平稳。

由于拉削余量小，切削运动平稳，因此拉床的加工精度和加工表面质量较高,生产率高。但拉刀结构复杂,且拉削每一种表面都需要专门的拉刀,所以拉床仅适用于大批量生产。

　　拉床按用途可分为内拉床和外拉床两类;按机床布局可分为卧式拉床、立式拉床和链条式拉床等。图 2-27 所示为卧式内拉床的外形。在床身内部有水平安装的液压缸,带动拉刀沿水平方向移动,实现主运动。工件支承座是工件的安装基准,护送夹头和滚柱用于支承拉刀。拉削前,护送夹头和滚

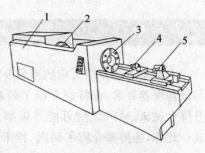

图 2-27　卧式内拉床
1—床身;2—液压缸;3—支承座;
4—滚柱;5—护送夹头

柱向左移动,将拉刀穿过工件预制孔,并将拉刀左端柄部插入拉刀夹头。加工时滚柱下降,不起作用。

 知识链接

专 用 机 床

　　专用机床又可分为专门化机床和专用机床两类。专门化机床的工艺范围较窄,专门用于加工某一类或几类零件的某一道或几道特定工序,如曲轴磨床、凸轮轴车床、花键轴铣床、滚齿机(见图 2-28)等。专用机床的工艺范围最窄,只能用于加工某一种零件的某一道特定工序,如加工机床主轴箱的专用镗床,在汽车、拖拉机制造业中大量使用的各种组合专用机床。图 2-29 所示的加工摩托车曲轴箱体上、下端面专用铣床也是一种专用机床。专用机床适用于大批、大量生产。

图 2-28　专门化加工齿轮的滚齿机

图 2-29　加工摩托车曲轴箱体上、下端面专用铣床

小　结

　　本模块主要介绍机床的型号及分类，机床的组成及其传动装置，机床的调试与设备保养要求，并特别介绍了较常用的 CA6140 型卧式车床、XA6132 型万能升降台铣床、M1432 型万能外圆磨床的组成、技术参数及其传动系统和操作方式。此外，还简要介绍了钻床、镗床、刨插床、拉床等机床。

能　力　检　测

　　1.什么是金属切削机床？机床分类的方法主要有哪些？

　　2.简要说明 CA6140 型车床各部件的名称和作用。

　　3.常用铣床的种类有哪些？

　　4.简要说明 M1432A 型万能外圆磨床各部件的名称和作用。

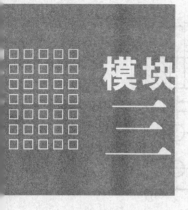

模块 三

机床夹具与定位

项目一　基准与夹具的概念

【学习目标】

掌握：工件的定位和装夹基本知识；基准的选择原则。

熟悉：轴类、套类零件定位基准的选择。

了解：基准的概念及工件的定位。

任务一　基准的概念

机械零件是由若干个表面组成的，研究零件表面的相对关系，必须确定一个基准，基准是零件上用来确定其他点、线、面的位置所依据的点、线、面。根据其不同功能，基准可分为设计基准和工艺基准两类。

1. 设计基准

所谓设计基准是指设计图样上采用的基准。如图 3-1(a)所示钻套的轴线 O—O 是各外圆表面及内孔的设计基准；端面 A 是端面 B、C 的设计基准；内孔表面 D 的轴线是 ϕ40h6 mm 外圆表面的径向跳动和端面 B 的端面跳动的设计基准。同样，图 3-1(b)中的 F 面是 C 面和 E 面的设计基准，也是两孔垂直度和 C 面平行度的设计基准，A 面为 B 面的距离尺寸及平行度设计基准。

2. 工艺基准

零件在加工和装配过程中所使用的基准，称为工艺基准，如图 3-2 所示。

工艺基准根据使用场合的不同，又分为工序基准、定位基准、测量基准和装配基准四种。

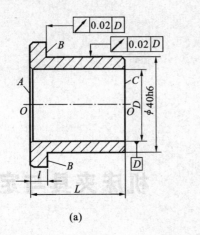
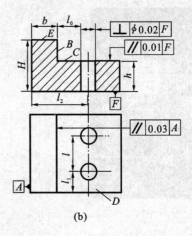

(a)   (b)

图 3-1　设计基准

(a) 钻套；(b) 定位支座

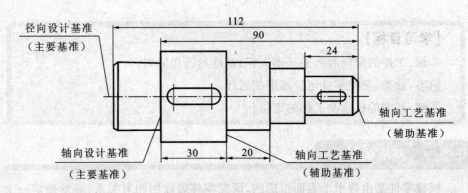

图 3-2　轴的工艺基准

（1）定位基准　在加工中,使工件在机床或夹具中占据正确位置所用的基准称为定位基准。作为定位基准的点、线、面在工件上不一定存在,但必须由相应的实际表面来体现。这些实际存在的表面称为定位基面。图 3-3 所示套筒零件的工艺基准即为定位基准。

（2）测量基准　检验零件时,测量加工面的尺寸、形状、位置等误差时所依据的基准称为测量基准。

（3）工序基准　它是在工艺文件上用于确定本工序被加工表面加工后的尺寸、形状和位置的基准。

（4）装配基准　装配时用来确定零件或部件在产品中相对位置时所用的基准称为装配基准。

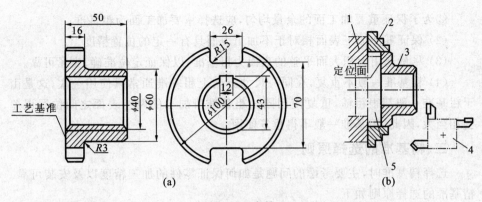

图 3-3　套筒

(a) 零件图；(b) 定位方案

1—车床卡盘；2—卡爪；3—套筒；4—方刀架；5—定位堵头

任务二　基准的选择原则

一、定位基准包括粗基准和精基准

用未加工过的表面定位，该表面为粗基准。

用已加工过的表面定位，该表面为精基准。

二、粗基准的选择原则

选择粗基准时，主要考虑的问题是如何使各道工序有足够的加工余量以及确保工件安装的稳定性。选择原则如下。

（1）为了保证加工面与不加工面之间的位置要求，应选不加工面为粗基准；若工件上有几个不需加工的表面，应选其中与加工表面间的位置精度要求较高者为粗基准，如图 3-4 所示床身加工的粗基准选择。应合理分配各加工表面的余量，主要考虑两点：

①为了保证各加工表面都有足够的加工余量，应选择毛坯余量最小的面为粗基准；

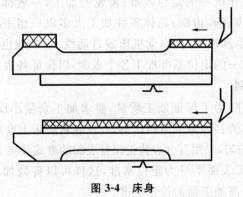

图 3-4　床身

②为了保证重要加工面的余量均匀,应选择重要加工面为粗基准。

(2) 保证零件加工表面相对于不加工表面具有一定的位置精度。

(3) 尽量选用面积大而平整的表面为粗基准,以保证定位准确、夹紧可靠。

(4) 粗基准一般不重复,在同一尺寸方向上粗基准通常只使用一次,这是由于粗基准一般都很粗糙,重复使用同一粗基准所加工的两组表面之间位置误差会相当大,因此,粗基准一般不得重复使用。

三、精基准的选择原则

选择精基准时,主要考虑的问题是如何保证零件的加工精度以及安装可靠。精基准的选择原则如下。

1. 基准重合原则

应选择设计基准作为定位基准,以避免基准不重合误差。如图 3-5(a)所示,孔与定位心轴之间不存在间隙时基准重合;如图 3-5(b)所示,孔与定位心轴之间存在间隙时,存在基准不重合误差。

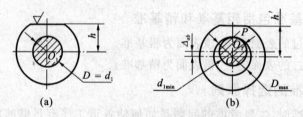

图 3-5　定位制造不正确产生误差

(a) 孔与定位心轴间无间隙;(b) 孔与定位心轴间有间隙

2. 基准统一原则

当零件上有许多表面需要进行多道工序加工时,尽可能在各工序的加工中选用同一组基准定位,称为基准统一原则。基准统一可较好地保证各个加工面的位置精度,同时各工序所用夹具定位方式统一,夹具结构相似,可减少夹具的设计、制造工作量。基准统一原则在机械加工中应用较为广泛,如阶梯轴的加工,大多采用顶尖孔作统一的定位基准;齿轮的加工,一般都以内孔和一端面作统一定位基准加工齿坯和齿廓;箱体零件加工大多以一组平面或一面两孔作统一定位基准加工孔系和端面;在自动机床或自动线上,一般也需遵循基准统一原则,即尽可能选用统一的定位基准加工各个表面,以保证各表面间的位置精度。

3. 自为基准原则

有些精加工工序,为了保证加工质量,要求加工余量小而均匀,采用加工面自身作定位基准,称为自为基准原则。例如,在导轨磨床上磨削床身导轨时,为了保证加工余量小而均匀,采用百分表找正床身表面的方式装夹工件(见图 3-6)。

实际中常用加工表面本身为定位基准,这样可以提高加工面本身的尺寸和形状精度,但不能提高加工面的位置精度。

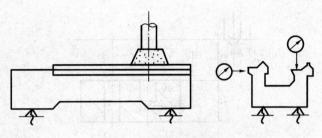

图 3-6　自身作定位基准

4. 互为基准原则

为了使加工面获得均匀的加工余量和加工面间有较高的位置精度,可使加工面互为基准,反复加工。例如,加工精度和同轴度要求高的套筒类零件,精加工时,一般先以外圆定位磨内孔,再以内孔定位磨外圆。又如,加工精密齿轮时,通常是齿面淬硬后再磨齿面及内孔。对于有位置精度要求较高的表面,采用互为基准原则反复加工,更有利于保证精度。

5. 装夹方便原则

所选定位基准应能使工件定位稳定,夹紧可靠,操作方便,夹具结构简单。

以上精基准选择的几项原则,每项原则只能说明一个方面的问题,理想的情况是,使基准既"重合"又"统一",同时还能使定位稳定、可靠,操作方便,夹具结构简单。但实际运用中往往出现相互矛盾的情况,这就要求从技术和经济两方面进行综合分析,抓住主要矛盾,进行合理选择。工件上的定位精基准,一般应是工件上具有较高精度要求的重要工作表面,但有时为了使基准统一或定位可靠、操作方便,人为地制造一种基准,在加工中起定位作用,如顶尖孔、工艺搭子等,这类基准称为辅助基准。

任务三　定位的概念及不同定位的应用

一、定位的概念

工件的定位可分为广义的和狭义的两种。在加工工件时,为保证工件的加工要求,特别是为保证本工序(本次安装)加工出的表面相对于此前已获得的表面的位置要求,必须使工件在切削成形运动(这种运动通常由机床提供)中相对于刀具处于一个正确的位置。这就是广义的工件的定位概念,如图 3-7 所示。获得这一正确位置的方法有两种:一种是根据刀具及切削成形的位置直接逐个调整被加工工件的位置,这种方法称为找正法,适用于单件小批量生产;另一种是使用夹具,这时工件不需要按刀具位置及切削成形运动方向逐件找正位置,适用于加工批量工件。

使用夹具时,为保证工件在加工过程中的正确位置,需要有两方面的措施:一是使夹具在切削成形运动相对于刀具占有正确的位置,这一措施(或过程)称

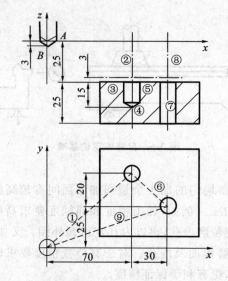

图 3-7　工件的定位

为夹具的定位；二是使工件在夹具中占有正确的位置，这一措施（或过程）称为工件的定位。这就是狭义的定位概念。

二、工件的定位原理和应用

（一）工件定位的要求

工件定位的目的是保证工件加工面与加工面的设计基准之间的位置公差（如同轴度、平行度、垂直度等）和距离尺寸精度。

（1）为了保证加工面与其设计基准间的位置公差（如同轴度、平行度、垂直度等），工件定位时应使加工表面的设计基准相对于机床占据一正确的位置，如图 3-8 所示。

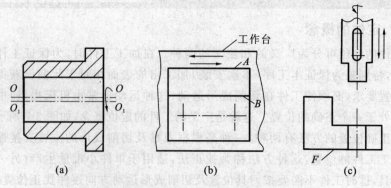

图 3-8　基准相对于机床正确的位置

（a）保证同轴度；（b）保证平行度；（c）保证垂直度

（2）为了保证加工面与其设计基准间的距离尺寸精度，工件定位时，应使加工面的设计基准相对于刀具有一定的位置。表面间尺寸精度的获得通常有两种方法：试切法和调整法。

试切法是通过试切→测量加工尺寸→调整加工位置→试切的反复过程来获得距离尺寸精度的。由于在加工过程中，通过多次试切才能获得距离尺寸精度，所以加工前工件相对于刀具的位置可不确定。试切法达到的精度可能很高，它不需要复杂的装置，但采用试切法费时（要作多次调整、试切测量、计算），效率低，要依赖工人的技术水平，质量不稳定。所以试切法多用于单件小批生产中。

（二）定位的原理

1. 自由物体

自由物体是指在空间占有任意位置的物体。工件在未放入夹具前可以看作自由物体。

2. 六个自由度

工件放入三个互相垂直的平面内，就有六个自由度，如图 3-9 所示。

$\vec{x}$：沿 x 轴移动自由度。

$\vec{y}$：沿 y 轴移动自由度。

$\vec{z}$：沿 z 轴移动自由度。

$\overset{\frown}{x}$：沿 x 轴转动自由度。

$\overset{\frown}{y}$：沿 y 轴转动自由度。

$\overset{\frown}{z}$：沿 z 轴转动自由度。

3. 定位支承点（约束点）

如图 3-10 所示：底面布置三个不共线的约束点 1、2、3，限制 $\vec{z}$、$\overset{\frown}{x}$、$\overset{\frown}{y}$ 三个自由度；侧面布置两个约束点 4、5，限制 $\vec{y}$、$\overset{\frown}{z}$ 两个自由度；端面布置一个约束点 6，限制 $\vec{x}$ 一个自由度。

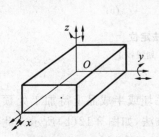

图 3-9 三个互相垂直的平面内的六个自由度   图 3-10 约束点

4. 工件的六点定位

如图 3-11 所示，工件定位表面不同，定位点的布置情况就不相同。任何一个物体在空间直角坐标系中都有六个自由度，要确定其空间位置，就需要限制其六个自由度。将六个支承抽象为六个"点",六个点限制了工件的六个自由度,这就是六点定位原理。

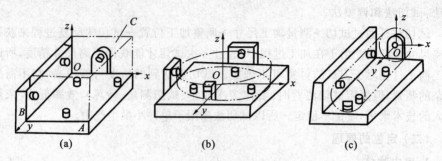

图 3-11 工件的六点定位

(a) 长方形工件;(b) 盘类工件;(c) 轴类工件

三、定位的方法

(一) 直接找正法定位

直接找正法定位是利用百分表或目测等方法在机床上直接找正工件加工面的设计基准,使工件获得正确位置的定位方法,如图 3-12 所示。若零件的外圆与内孔有很高的同轴度要求,此时可用四爪单调卡盘装夹工件(见图 3-12(a)),并在加工前用百分表等控制外圆的径向圆跳动,从而保证加工后零件外圆与内孔的同轴度要求。

这种方法的定位精度和找正的快慢取决于找正工人的水平,一般来说,此法比较费时,多用于单件小批生产或要求位置精度特别高的工件。

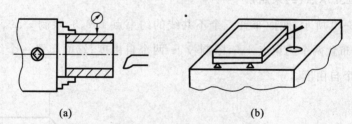

图 3-12 直接找正法定位

(a) 利用百分表找正;(b) 划线找正

(二) 划线找正法定位

划线找正法定位是在机床上使用划针在毛坯或半成品上待加工处预先划出线段,找正工件,使其获得正确的位置的定位方法,如图 3-12(b)所示。此法受划线精度和找正精度的限制,定位精度不高,主要用于批量小、毛坯精度低时,以及粗加工大型零件等不便于使用夹具的零件时。

(三) 使用夹具定位

使用夹具定位是指直接利用夹具上的定位元件使工件获得的正确位置。如

图 3-13 所示,由于夹具的定位元件与机床和刀具的相对位置均已预先调整好,故工件定位时不必再逐个调整。此法定位迅速、可靠,定位精度较高,广泛用于成批生产和大量生产中。

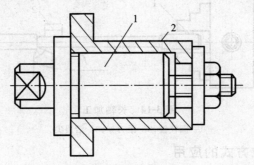

图 3-13　使用夹具定位
1—定位元件;2—工件

四、六点定位原理及应用

工件的定位采用六个支承点,限制工件全部六个自由度,使工件在夹具中占有唯一确定的位置,称为完全定位。当工件在 x、y、z 三个方向上都有尺寸精度或位置精度要求时,需采用这种完全定位方式。但是,并不是所有加工都必须设置六个支承点来限制工件的六个自由度。如在轴上铣油槽,若轴为没有键槽的光轴且油槽为通槽,则只需限制四个自由度,用长 V 形铁定位即可。在车床上加工通孔,只需限制四个自由度,用三爪自动定心卡盘装夹即可。再如在平面磨床上磨平面,当工件只有厚度和平行度要求时,工件只需限制三个自由度,工件放置在平面磨床磁力工作台上就可加工。综上所述,加工时需要限制工件的几个自由度,完全由工件的技术要求所决定。六点定位原理对于任何形状工件的定位都是适用的,如果违背这个原理,工件在夹具中的位置就不能完全确定。

根据加工要求,工件定位分为以下几种。

（一）完全定位与不完全定位

（1）完全定位　工件的六个自由度都被定位元件不重复地限制的定位,称为完全定位。

（2）不完全定位　根据工件的加工要求,并不需要限制工件的全部自由度的定位方式称为不完全定位。

（二）欠定位与过定位

（1）欠定位　按照加工要求,应该限制的自由度没有被限制的定位称为欠定位。欠定位是不允许的,因为欠定位保证不了加工要求。

（2）过定位　工件的同一个或几个自由度被不同的定位元件重复限制两次及以上的定位称为过定位。当过定位导致工件或定位元件变形,影响加工精度时,应该严禁采用。但当过定位并不影响加工精度,反而对提高加工精度有利时,应采用过定位,如图 3-14 所示长轴的定位。各类钳加工和机加工中,在有利于提高工件精度、保证元件不变形的前提下都会用到过定位。

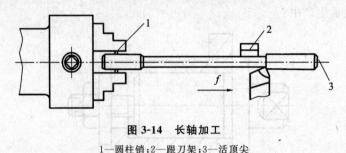

图 3-14　长轴加工

1—圆柱销;2—跟刀架;3—活顶尖

五、不同定位方式的应用

(一) 工件以平面定位

工件以平面定位时常用的定位元件有支承钉、支承板、夹具支承件,同时还可以夹具体的凸台及平面等定位。

1. 定位元件的结构

(1) 支承钉　图 3-15 所示为不同的支承钉。其中:A 型是平头支承钉;B 型是球头支承钉;C 型是齿纹顶面的支承钉。

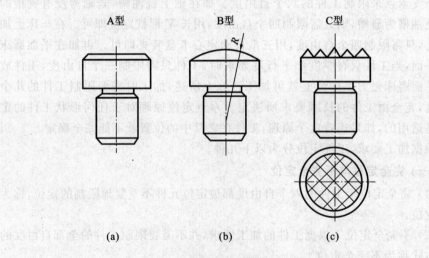

图 3-15　支承钉

(a) 平头支承钉;(b) 球头支承钉;(c) 齿纹顶面的支承钉

(2) 支承板　图 3-16 所示为 A、B 两种型号的支承板。

A 型支承板常用于侧面或顶面的定位。

B 型支承板的工作平面上开有斜槽,用于底面的定位更合适。B 型支承板应用较多。

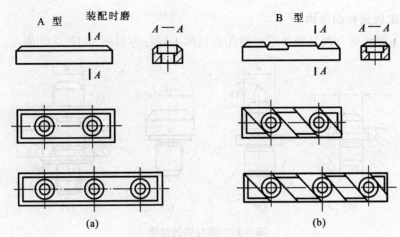

图 3-16 支承板

（a）A 型支承板；（b）B 型支承板

2. 定位情况

表 3-1 所示为以平面定位时限制的自由度情况。

表 3-1 以平面定位时限制的自由度

定位情况	一个支承钉	两个支承钉	三个支承钉
图示			
限制自由度	$\vec{x}$	$\vec{y}\ \vec{z}$	$\vec{z}\ \hat{x}\ \hat{y}$

定位情况	一块条形支撑板	两块条形支撑板	一块矩形支撑板
图示			
限制自由度	$\vec{y}\ \vec{z}$	$\vec{z}\ \hat{x}\ \hat{y}$	$\vec{z}\ \hat{x}\ \hat{y}$

（二）工件以圆孔定位

工件以圆孔定位多属于定心定位（定位基准为圆柱孔轴线）。常用定位元件是定位销和心轴。定位销有圆柱销、菱形销、圆锥销等；心轴有刚性心轴（包括过盈配合心轴、间隙配合心轴和小锥度心轴等）、弹性心轴之分。

87

1.定位元件的结构

（1）圆柱销　圆柱销按适用圆孔直径的不同分为四种,如图 3-17 所示。

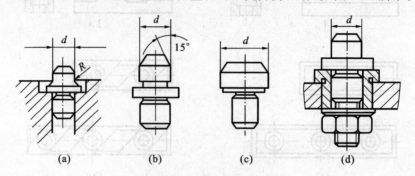

(a)　　　　(b)　　　　(c)　　　　(d)

图 3-17　圆柱销的结构

(a) $d<10$ mm;(b) $d>10\sim18$ mm;(c) $d>18$ mm;(d)$d>10$ mm

（2）菱形销　菱形销又称削边销,其结构如图 3-18 所示。

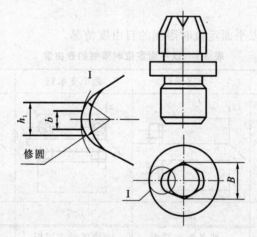

图 3-18　菱形销的结构

（3）圆锥销　圆锥销的结构如图 3-19 所示。

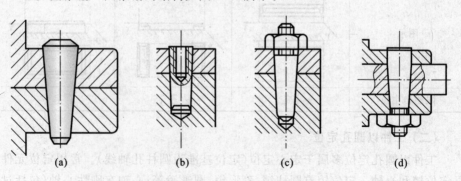

(a)　　　　(b)　　　　(c)　　　　(d)

图 3-19　圆锥销

(a)普通圆锥销;(b)内螺纹圆锥销;(c)大端带螺尾的圆锥销;(d)小端带螺尾的圆锥销

（4）定位心轴　定位心轴有三种结构，如图 3-20 所示。

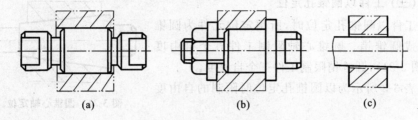

图 3-20　定位心轴的结构

2. 定位分析

表 3-2 所示为以圆孔定位时限制的自由度情况。

表 3-2　以圆孔定位时限制的自由度

定位情况	短 圆 柱 销	长 圆 柱 销	两段短圆柱销
图示			
限制自由度	$\vec{y}\,\vec{z}$	$\vec{y}\,\vec{z}\,\widehat{y}\,\widehat{z}$	$\vec{y}\,\vec{z}\,\widehat{y}\,\widehat{z}$
定位情况	菱 形 销	长销与小平面组合	短销与大平面组合
图示			
限制自由度	$\vec{z}$	$\vec{x}\,\vec{y}\,\vec{z}\,\widehat{y}\,\widehat{z}$	$\vec{x}\,\vec{y}\,\vec{z}\,\widehat{y}\,\widehat{z}$
定位情况	固定锥销	浮动锥销	固定锥销与浮动锥销组合
图示			
限制自由度	$\vec{x}\,\vec{y}\,\vec{z}$	$\vec{y}\,\vec{z}$	$\vec{x}\,\vec{y}\,\vec{z}\,\widehat{y}\,\widehat{z}$
定位情况	长圆柱心轴	短圆柱心轴	小锥度心轴
图示			
限制自由度	$\vec{x}\,\vec{z}\,\widehat{x}\,\widehat{z}$	$\vec{x}\,\vec{z}$	$\vec{x}\,\vec{z}$

（三）工件以圆锥孔定位

工件以圆锥孔定位时，所用定位元件为圆锥心轴或圆锥销。圆锥心轴限制工件五个自由度（见图 3-21），圆锥销限制工件三个自由度。

表 3-3 所示为以圆锥孔定位时限制的自由度情况。

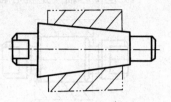

图 3-21 圆锥心轴定位

表 3-3 以圆锥孔定位时

定位情况	固 定 顶 尖	浮 动 顶 尖	锥 度 心 轴
图示			
限制自由度	$\vec{x}\,\vec{y}\,\vec{z}$	$\vec{y}\,\vec{z}$	$\vec{x}\,\vec{y}\,\vec{z}\,\hat{y}\,\hat{z}$

（四）工件以外圆柱面定位

工件以外圆柱面定位时，有两种形式：定心定位和支承定位。工件以外圆柱面定心定位的情况与工件以圆孔定位的情况相仿（用套筒和卡盘代替心轴或柱销）。采用支承定位方式时，用支承板、支承钉定位。

1. 定位元件的结构

（1）圆定位套　圆定位套有套筒、锥套等，如图 3-22 所示。

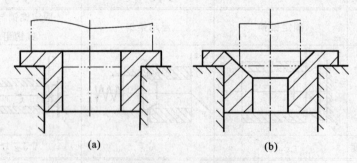

(a)　　　　　　　　(b)

图 3-22 工件外圆以套筒和锥套定位

(a) 以套筒定位；(b) 以锥套定位

（2）V 形块　V 形块是外圆定位中最常用的定位元件，用于完整的外圆柱面和非完整的外圆柱面的定位。V 形块的结构如图 3-23 所示，用 V 形块定位的方法如图 3-24 所示。

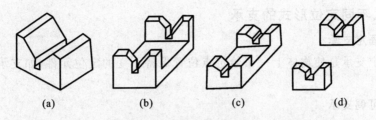

图 3-23　V 形块的结构

（a）用于较短精基准定位；（b）用于较长粗基准定位；

（c）用于较长精基准定位；（d）用于两段精基准相距较远的场合定位

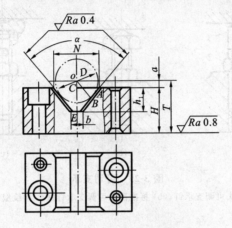

图 3-24　用 V 形块定位

2. 定位分析

表 3-4 所示为以外圆柱面定位时限制的自由度情况。

表 3-4　以外圆柱面定位时限制的自由度

定位情况	一个短定位套	两个短定位套	一个长定位套
图示			
限制自由度	$\vec{x}\ \vec{z}$	$\vec{x}\ \vec{z}\ \hat{x}\ \hat{z}$	$\vec{x}\ \vec{z}\ \hat{x}\ \hat{z}$
定位情况	一个短 V 形块	两个短 V 形块	一个长 V 形块
图示			
限制自由度	$\vec{x}\ \vec{z}$	$\vec{x}\ \vec{z}\ \hat{x}\ \hat{z}$	$\vec{x}\ \vec{z}\ \hat{x}\ \hat{z}$

六、不同定位形式的支承

1. 固定支承

固定支承是使物体上一个给定点位置保持不变的定位元件,如支承钉和支承板。

2. 可调支承

可调支承是指在夹具中定位支承点的位置可调节的定位元件,如图 3-25 所示。可调支承的顶面位置可以在一定范围内调节,一旦调定,就用螺母锁紧。

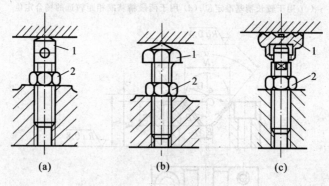

图 3-25 可调支承

(a)标准圆头可调支承钉;(b)标准圆锥可调支承钉;(c)齿纹型可调支承钉

3. 自位支承

自位支承又称浮动支承,自位支承的位置可随定位基准面位置的变化而自动调整。

4. 辅助支承

辅助支承是指在夹具中不起限制自由度作用的支承,如图 3-26 所示。它主要用于提高工件的支承刚度,防止工件因受力而产生变形。

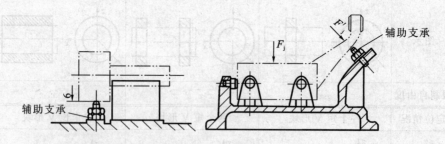

图 3-26 辅助支承

七、工件在夹具中的定位

1. 定位表面的组合

工件上常见的定位基准是以组合形式出现的,如面与面的组合,内、外圆柱面与端面的组合,圆柱孔与平行于孔轴线的平面的组合,锥面与锥面的组合(中心孔定位),两平行圆柱孔与垂直于圆柱孔轴线的平面的组合(简称一面两孔定位)等。工件以多个表面组合定位时,夹具上的定位元件也必须以组合的形式出现。如支承板与支承板的组合、定位心轴或圆定位套与支承板的组合、两个销与一个支承板的组合等。

2. 组合定位的概念及定位基准的主次之分

(1) 主要定位面　限制工件自由度数最多的定位表面,称为第一基准面或支承面。

(2) 次要定位面　限制工件自由度数多的定位面,称为第二基准面或导向面。

(3) 第三定位面　限制工件自由度数为 1 的定位面,称为第三基准面或止推面。

3. 组合定位的分析

(1) 先分析限制工件自由度数最多的那个定位元件(或定位元件的典型组合,如三个支承钉的组合、两个短 V 形块的组合等)限制工件的具体自由度,再分析限制工件自由度数多的那个定位元件限制的具体自由度。

(2) 定位元件组合时限制工件自由度的总数目,等于各个定位元件单独定位时限制工件自由度数目之和,但具体限制哪些自由度会随组合情况的不同而发生变化。

(3) 定位元件单独使用时限制移动自由度,在组合定位中常会转化成限制转动自由度。一经转化,将不再起单独定位时的作用。

(4) 通常以单个表面的定位作为组合定位分析的基本单元,这样可以简化定位分析。工件上的单个定位表面与哪些定位元件相接触,就分析这些定位元件能限制工件哪些自由度。

4. 消除过定位的措施

使定位元件在产生过定位的方向上可移动,可以消除该方向上的移动过定位。如图 3-27(a)所示,在 x 方向上存在过定位,使右端顶尖在 x 方向上可移动,消除了 x 方向的过定位(见图 3-27(b))。

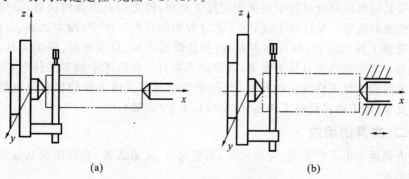

图 3-27　过定位消除方法

(a) 在 x 方向上过定位;(b) 消除过定位

改变定位元件的结构形式也可消除孔距过定位。如图3-28所示为采用菱形销来释放过定位自由度的方法。

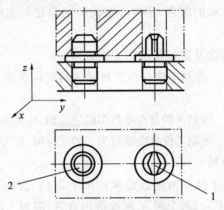

图 3-28　采用菱形销消除过定位
1—菱形销；2—圆柱销

项目二　夹具的概念及作用

【学习目标】
掌握：夹紧力的三要素，夹具的概念。
熟悉：夹紧装置的基本要求，常用夹紧机构。
了解：常用工件的几种装夹方式。

任务一　夹具的概念及组成

一、夹具的概念

夹具是机械制造过程中用来固定加工对象，使之占有正确的位置，以接受施工或检测的装置。从广义上说，在工艺过程中的任何工序中，用来迅速、方便、安全地安装工件的装置，都可称为夹具，例如焊接夹具、检验夹具、装配夹具、机床夹具等。其中机床夹具最为常见，常简称为夹具。在机床上加工工件时，为使工件的表面能达到图样规定的尺寸、几何形状以及与其他表面的相对位置精度等技术要求，加工前必须将工件装好（定位）、夹牢（夹紧）。

二、夹具的组成

夹具通常由定位元件、安装元件、调整元件、夹紧装置、夹具体及其他装置或元件组成。

1. 定位元件

定位元件是用来保证工件在夹具中的位置正确的元件。

2. 安装元件

安装元件是用来保证机床和夹具位置正确的元件。

3. 调整元件

调整元件(导向-对刀元件)是用来保证刀具和夹具获得正确位置的元件,一般专指钻套、镗套、对刀块等元件,它通过使定位元件具备正确的位置精度,直接或间接地引导刀具。

4. 夹紧装置

该装置一般由动力源、中间传力机构及夹紧元件组成,其作用是保持工件由定位所取得的确定位置,并抵抗动态下系统所受外力及其影响,使加工得以顺利实现。

5. 夹具体

夹具体用于连接夹具上各个元件或装置,使之成为一个整体。

6. 其他装置或元件

为满足设计给定条件及使用方便,夹具上有时设有分度机构(使工件在一次安装中能完成数个工位的加工,有回转分度装置和直线移动分度装置两类)、上下料机构等装置。

三、定位元件

1. 对定位元件的基本要求

(1)足够的精度;

(2)较好的耐磨性;

(3)足够的强度和刚度;

(4)较好的工艺性;

(5)便于清除切屑。

2. 常用定位元件的选用

工件以表面定位有多种形式,如以平面定位、以外圆定位、以内孔定位等。以外圆定位时,定位元件一般有 V 形块、定位套、半圆套、圆锥套等;以内孔定位时,定位元件一般有定位销、定位心轴、锥度心轴、圆锥销等。

任务二 夹紧装置和夹紧力

一、夹紧装置

夹紧是工件装夹过程的重要环节。工件定位之后必须通过夹具上的夹紧装置将其可靠地固定在正确的加工位置上,使其在承受工艺力和惯性力等的情况下正确位置不发生变化。否则,工件在加工过程中因切削力、惯性力的作用而发生位置的变化或产生振动,原有的正确定位遭到破坏,就不能保证加工要求。产生夹紧力的装置是夹紧装置。

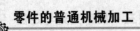

1. 夹紧装置的组成

夹紧装置由以下几个部分组成。

(1) 力源装置　它是产生夹紧力的装置。

(2) 夹紧元件　它是用于压紧工件的元件。

(3) 中间传动机构　它是处在力源装置和夹紧元件之间的机构。其作用是：改变夹紧作用力的方向,如图 3-29 所示,中间传动机构 3 将水平力变为垂直力;改变夹紧作用力的大小。

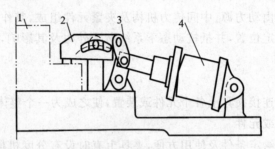

图 3-29　中间传动机构

1—工件;2—夹紧元件;3—中间传动机构;4—力源装置

(4) 夹紧力源装置　夹紧力源装置就是产生夹紧力原始作用力的装置。

2. 对夹紧装置的基本要求

对夹紧装置的基本要求如下。

(1) 夹紧可靠　夹紧时不应破坏原有的正确定位,不应使定位元件变形。

(2) 动作迅速　操作方便,安全省力,有利于提高工效、减轻工人劳动强度。

(3) 结构简单　夹具既要有足够的刚度和强度,又要有最小的尺寸、最少的零件。应尽可能地采用标准化元件。

(4) 夹紧可靠适当　夹紧机构一般要有自锁作用,保证在加工过程中不会产生松动和振动,夹紧工件时,不允许产生不适当的变形和表面损伤。

二、夹紧力

选用夹紧装置的关键是正确施加夹紧力 F_j,也就是如何确定夹紧力的大小、方向、作用点。

1. 夹紧力的大小

夹紧力必须足够大,以保证工件在加工过程中位置不发生变化。但夹紧力也不能过大,过大会造成工件变形。夹紧力的大小可以计算,但一般用经验估算的方法获得。

夹紧力的计算方法一般是将工件作为一受力体进行受力分析,根据静力平衡条件列出平衡方程,求解出保持工件平衡所需的最小夹紧力。在进行受力分析时,考虑到在工件的加工过程中,工件承受的力有切削力、夹紧力、重力、惯性力等,其中切削力是一个主要的力。计算夹紧力时,一般先根据金属切削原理的相关理论计算出加工过程中可能产生的最大切削力(或切削力矩),并找出切削力对夹紧力影响最大的状态,按静力平衡条件求出夹紧力的大小。

实际夹紧力的计算公式为

$$F_j = kF_{j0}$$

式中　　F_j——实际所需夹紧力;

　　　　F_{j0}——按静力平衡条件求出的夹紧力;

　　　　k——安全系数。

安全系数 k 值的取值范围在 $1.5\sim3.5$ 之间,视具体情况而定。加工条件好,如精加工、连续切削、切削刀具锋利时,取 $k=1.5\sim2$;加工条件差,如粗加工、断续加工、刀具刃口钝化时,取 $k=2.5\sim3.5$。

下面仅以车削为例,计算其典型加工情况下采用常见夹紧方式时的夹紧力。在车床上用三爪卡盘定位夹紧加工外圆柱面,以工件为受力单元体并且在垂直于工件轴线的平面内列力矩平衡方程(设每个卡爪的径向夹紧力为 F_{j0},则卡爪与工件之间的摩擦力为 μF_{j0}),于是有平衡方程

$$3\mu F_{j0} \cdot \frac{d_1}{2} = F_c \cdot \frac{d_2}{2}$$

解方程得

$$F_{j0} = F_c \frac{d_2}{3\mu d_1}$$

则实际夹紧力为

$$F_j = kF_c \frac{d_2}{3\mu d_1}$$

式中　　k——安全系数;

　　　　F_c——主切削力(N);

　　　　d_2——卡盘夹持端工件直径(mm);

　　　　d_1——工件切削后的直径(mm);

　　　　μ——卡爪与工件之间的摩擦因数。

μ 一般取 $0.1\sim0.3$。工件定位表面与夹具定位元件工作表面间的摩擦因数取 $0.1\sim0.2$,工件的夹紧表面与夹紧元件间的摩擦因数取 $0.2\sim0.3$。

2. 夹紧力的方向

一般情况下,夹紧力的方向应符合下列要求。

(1) 夹紧力的方向要尽可能地垂直于工件的主要定位基准面,使夹紧稳定可靠,保证加工精度。夹紧力应指向主要定位基面,如图 3-30(a)所示。所以图 3-30(b)、(c)所示夹紧力方向错误,图 3-30(d)所示夹紧力方向正确。

(2) 夹紧力的方向应尽量与切削力方向一致。夹紧力的方向应有助于定位,

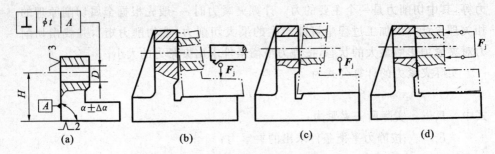

图 3-30　夹紧力指向主要定位基准面

(a) 零件图；(b)、(c) 夹紧力方向错误；(d) 夹紧力方向正确

如图 3-31 所示。图 3-31(a)所示夹紧力的方向错误；正确夹紧力的方向如图 3-31(b)所示。

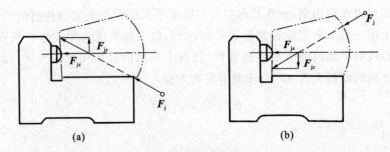

图 3-31　夹紧力的方向

(a) 夹紧力的方向错误；(b) 夹紧力的方向正确

　　(3) 夹紧力的作用方向应尽量与工件刚度高的方向相一致，以减小工件夹紧变形。

　　(4) 夹紧力的作用方向应尽可能有利于减小夹紧力，以利于夹紧装置的体积的减小。

3. 夹紧力的作用点

　　选择夹紧力的作用点时应考虑以下原则。

　　(1) 保证定位稳定可靠。夹紧力的作用点应落在定位元件的支承范围内，并靠近支承元件的几何中心。正确夹紧力的位置应是如图 3-32(a)、(d)所示的位置。如夹紧力作用在支承面之外，将导致工件的倾斜和移动，破坏工件的定位，如图 3-32(b)、(c)所示。

　　(2) 夹紧力的作用点应与支承件对应，并尽量作用在工件刚度较高的部分，以利于减小夹紧变形。尤其对一些内孔精度要求较高的薄壁工件，特别要防止夹紧变形。如精车薄壁套的内孔时，不能用三爪自定心卡盘径向夹紧，因为夹紧力径向作用在工件的薄壁上，容易引起变形，这时只能用车床夹具，用螺母端面来压紧工件，使夹紧力沿工件轴向分布，这样可防止内孔产生夹紧变形。薄壁套筒工件的轴向刚度比径向刚度高，应沿轴向施加夹紧力，如图 3-33(a)所示。夹

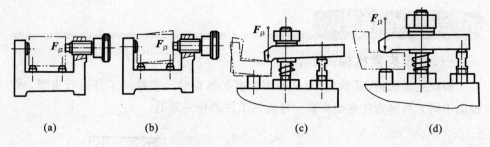

图 3-32 夹紧力作用点示意

（a）、（d）正确的夹紧力位置；（b）、（c）错误的夹紧力位置

紧图 3-33（b）所示薄壁箱体时，夹紧力应作用于刚度较高的凸边上；箱体没有凸边时，可以将单点夹紧改为三点夹紧，如图 3-33（c）所示。

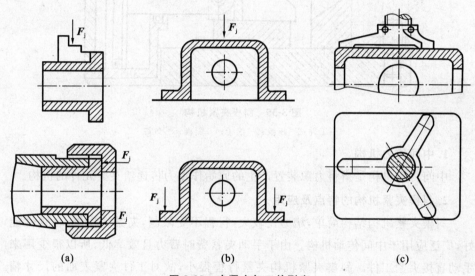

图 3-33 夹紧力与工件刚度

（a）薄壁套筒工件的夹紧；（b）薄壁箱体的夹紧；（c）没有凸边箱体的夹紧

（3）夹紧力的作用点应尽量靠近加工表面。图 3-34（a）、（c）所示的作用点合理，有利于减小振动；图 3-34（b）、（d）所示的作用点不合理，工件易产生振动。

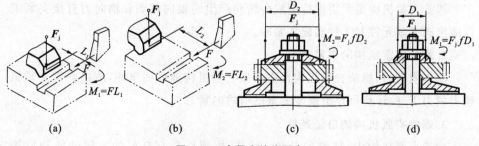

图 3-34 夹紧力的作用点

（a）、（c）作用点合理；（b）、（d）作用点不合理

任务三　常用夹紧机构

一、斜楔夹紧机构

斜楔夹紧机构（见图 3-35）是利用斜楔的轴向移动直接对工件进行夹紧，或推动中间元件将力传递给夹紧元件再对工件进行夹紧的。

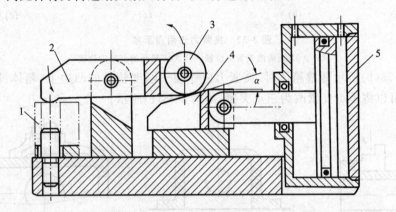

图 3-35　斜楔夹紧机构

1—工件；2—压板；3—滚子；4—斜楔；5—气缸

1. 中间传力机构

中间传力机构是指将力源装置产生的原始作用力传递给夹紧元件的机构。

2. 斜楔夹紧机构的特点及应用

斜楔夹紧机构结构简单，增力比较大，行程不受限制，夹紧动作慢，自锁性能好，广泛应用于中间传动机构。由于手动夹紧费时费力且效率低，所以很少用来手动直接夹紧工件。斜楔夹紧机构夹紧行程很小，故对工件夹紧表面的尺寸精度要求比较高，以避免发生夹不着或无法夹紧的情况。

二、螺旋夹紧机构

1. 螺旋夹紧机构的工作原理

螺旋夹紧机构是利用螺旋副配合转动产生的轴向移动和轴向力直接夹紧工件或推动夹紧元件对工件实施夹紧的。

2. 螺旋夹紧机构的夹紧力

从本质上讲，螺旋夹紧机构是由斜楔夹紧机构演变而来的，故由斜楔夹紧机构夹紧力 F_j 的计算可导出螺旋夹紧机构的夹紧力。

3. 螺旋夹紧机构的自锁条件

螺旋夹紧机构中，螺纹的升角 $\alpha \leqslant 4°$，故螺旋具有良好的自锁性能和抗振性能。

4. 螺旋夹紧机构的夹紧行程

螺旋相当于将长斜楔绕在圆柱体上,夹紧行程不受限制,增大螺旋的轴向尺寸便可获得大的夹紧行程。

5. 螺旋夹紧机构的特点、应用

螺旋夹紧机构结构简单,制造容易,操作方便,自锁性能好,增力比大,常用于手动夹紧。螺旋夹紧机构的缺点是操作缓慢,为了提高其工作速度,生产实际中常采用快速作用措施。

三、圆偏心夹紧机构

1. 圆偏心夹紧机构的工作原理

圆偏心轮夹紧的工作原理就是利用圆偏心轮回转半径的变化夹紧或松开工件。圆偏心轮也是斜楔的一种变形结构,其作用原理与斜楔的相同。

2. 圆偏心夹紧机构的自锁条件

可以利用偏心轮在工作夹紧点的升角 φ 来保证其自锁,但一般偏心轮的夹紧点并不确定,尤其是标准圆偏心机构,其夹紧点可以在某一定范围内变化;因此要保证能自锁必须使 $\alpha_{max} \leqslant \varphi$,其他各点的升角便小于摩擦角,即

$$\tan\alpha_{max} \leqslant \tan\varphi$$

而
$$\tan\varphi = \mu \quad \alpha_{max} \approx \frac{e}{r} \quad \frac{e}{r} \leqslant \mu$$

式中 μ——偏心轮与工件间的摩擦因数,一般 $\mu = 0.10 \sim 0.15$。

由此得出偏心轮的自锁条件为

$$\frac{e}{r} \leqslant \mu \quad 或 \quad \frac{2e}{d} \leqslant \mu$$

式中 d——偏心轮直径。

取
$$\frac{d}{e} \geqslant 14 \sim 20$$

$\frac{d}{e}$ 的比值称偏心轮的特性参数,表示偏心轮的工作可靠性,此值大,自锁性能好,但结构尺寸也大。

3. 圆偏心夹紧机构的特点及应用

圆偏心夹紧机构结构简单,操作方便,动作迅速,但自锁能力较差,增力比小(增力比取决于 L/ρ 的比值)。常用在切削平稳且切削力不大的场合。

四、铰链夹紧机构

1. 铰链夹紧机构的工作原理

螺旋夹紧机构和斜楔是通过机械摩擦原理进行工作的,而铰链杠杆机构是通过铰链连接元件,改变连杆的角度位置,来传递动力和得到所需行程的。

2. 夹紧力的计算

一般铰链机构都是和杠杆机构相结合夹紧工件的,这里主要分析当外力 F_Q 作用在铰链机构上时,机构上产生夹紧力 F_j 的计算方法,至于在工件上的夹紧力,则还需要通过杠杆机构计算。

夹紧力的计算式为

$$F_j = \frac{F_s}{\tan(\alpha_j + \phi') + \tan\phi'_1}$$

式中　　F_j——夹紧力(N);

　　　　F_s——原始作用力(N);

　　　　α_j——夹紧时臂的倾斜角;

　　　　ϕ'——臂两端铰链处的当量摩擦角;

　　　　ϕ'_1——滚子滚动的当量摩擦角。

其中

$$\phi' = \arctan\left(\frac{2r}{L}\tan\phi_1\right)$$

$$\phi'_1 = \arctan\left(\frac{r}{R}\tan\phi_1\right)$$

式中　　r——铰链和滚子轴承半径(mm);

　　　　L——臂上两铰链孔中心距(mm);

　　　　ϕ_1——铰链轴承与滚子轴承的摩擦角;

　　　　R——滚子半径。

3. 自锁条件

要使铰链自锁,应该使夹紧时铰链臂的倾角小于 $4°$,但此条件与保证夹紧行程(压板压紧工件的行程,根据压板的杠杆比关系求得)的最小储备量相矛盾,因此一般夹具中不应用此自锁条件,若要保证自锁,就要和其他具有自锁性能的机构组成复合夹紧机构。

4. 铰链夹紧机构应用

铰链夹紧机构动作迅速,增力比大,并易于改变力的作用方向,一般在气动夹紧装置中作增力机构用。

项目三　机 床 夹 具

【学习目标】

掌握:机床夹具的概念;机床夹具及组成。

熟悉:机床夹具在机械加工中的作用。

了解:现代机床夹具的发展方向。

任务一　机床夹具的概念

一、机床夹具的概念

机床夹具是机床上用于装夹工件和引导刀具的一种装置。它由定位元件，夹紧装置，对刀、引导元件或装置，连接元件，夹具体及其他元件及装置组成。其作用是将工件定位，以使工件获得相对于机床和刀具的正确位置，并把工件可靠地夹紧。

二、现代机床夹具的发展方向

现代机床夹具的发展方向主要表现为标准化、精密化、高效化和柔性化等四个方面。

1. 标准化

机床夹具的标准化与通用化是相互联系的两个方面。目前我国已有夹具零件及部件的国家标准以及各类通用夹具、组合夹具标准等。机床夹具的标准化，有利于夹具的商品化生产，有利于缩短生产准备周期，降低生产总成本。

2. 精密化

随着机械产品精度的日益提高，对夹具的精度要求势必相应提高。精密化夹具的结构类型很多，例如，用于精密分度的多齿盘，其分度精度可达 $\pm 0.1''$；用于精密车削的高精度三爪自定心卡盘，其定心精度为 $5 \mu m$。

3. 高效化

高效化夹具主要用来减少工件加工的基本时间和辅助时间，以提高劳动生产率，减轻工人的劳动强度。常见的高效化夹具有自动化夹具、高速化夹具和具有夹紧力装置的夹具等。例如：在铣床上使用的电动虎钳，用来装夹工件，效率可提高 5 倍左右；在车床上使用的高速三爪自定心卡盘，可保证卡爪在试验转速为 9000 r/min 的条件下仍能牢固地夹紧工件，从而使切削速度大幅度提高。目前，除了在生产流水线、自动线上配置相应的高效、自动化夹具外，在数控机床上，尤其在加工中心上也出现了各种自动装夹工件的夹具以及自动更换夹具的装置，充分发挥了数控机床的效率。

4. 柔性化

机床夹具的柔性与机床的柔性相似，它是指机床夹具通过调整、组合等方式，以适应工艺可变因素的能力。工艺的可变因素主要有：工序特征、生产批量、工件的形状和尺寸等。具有柔性特征的新型夹具种类主要有：组合夹具、通用可调夹具、成组夹具、模块化夹具、数控夹具等。为适应现代机械工业多品种、中小批量生产的需要，增大夹具的柔性化程度，改变专用夹具的不可拆结构为可拆结构，发展可调夹具结构，是当前夹具发展的主要方向。

三、机床夹具在机械加工中的作用

(1) 保证加工精度。

(2) 提高生产率,降低成本。

(3) 扩大机床的工艺范围。

(4) 减轻工人的劳动强度。

任务二 机床夹具的分类

一、按专门化程度分类

机床夹具按其通用程度,一般分为通用夹具、专用夹具、可调夹具、组合夹具和随行夹具等种类。

1. 通用夹具

通用夹具是指已经标准化的,在一定范围内可用于加工不同工件的夹具。例如,车床上的三爪卡盘和四爪单动卡盘,铣床上的平口钳、分度头和回转工作台等。这类夹具一般由专业工厂生产,常作为机床附件提供给用户。其特点是适应性广、生产效率低,主要适用于单件、小批量的生产。

2. 专用夹具

专用夹具是指专为某一工件的某道工序而专门设计的夹具。其特点是,结构紧凑,操作迅速、方便、省力,可以保证较高的加工精度和生产效率,但设计制造周期较长,制造费用也较高。当产品变更时,夹具将无法再使用而报废。专用夹具只适用于产品固定且批量较大的生产。

3. 可调夹具

可调夹具的特点是夹具的部分元件可以更换,部分装置可以调整,以适应不同零件的加工。可调夹具又可分通用可调夹具和成组夹具两种。用于相似零件的成组加工所用的夹具,称为成组夹具。通用可调夹具与成组夹具相比,加工对象不很明确,适用范围更广一些。

4. 组合夹具

组合夹具(见图 3-36)是指按零件的加工要求,由一套事先制造好的标准元件和部件组装而成的夹具。组合夹具一般由专业厂家制造,其特点是灵活多变,万能性强,制造周期短,元件能反复使用,特别适用于新产品的试制和单件小批生产。

5. 随行夹具

随行夹具是一种在自动线上使用的夹具。

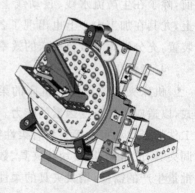

图 3-36 组合夹具

该夹具既要起到装夹工件的作用,又要与工件一起沿着自动线从一个工位移到下一个工位,进行不同工序的加工。

二、按使用方法分类

由于各类机床自身工作特点和结构形式各不相同,对所用夹具的结构也相应地提出了不同的要求。按所使用的机床不同,夹具又可分为车床夹具、铣床夹具、钻床夹具、镗床夹具、磨床夹具、齿轮机床夹具和其他机床夹具等多种。

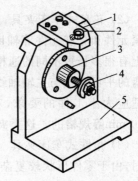

1. 钻床夹具

钻床夹具由钻模板、钻套、定位元件、夹紧装置、夹具体等组成,如图 3-37 所示。

2. 镗床夹具

镗床夹具由导向支架、镗套、定位元件、夹紧装置、夹具体等组成。

图 3-37　钻床夹具

1—钻模板;2—钻套;3—定位元件;
4—夹紧装置;5—夹具体

3. 铣床夹具

铣床夹具由定位元件、夹紧装置、对刀块、连接元件、夹具体等组成,如图 3-38 所示。

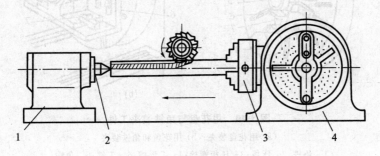

图 3-38　铣床夹具

1—连接元件;2—定位元件;3—夹紧装置;4—夹具体

4. 车床夹具

在车床上用来加工工件内、外回转面及端面的夹具称为车床夹具。车床夹具多数安装在主轴上,少数安装在床鞍或床身上。

车床夹具按工件定位方式不同,分为定心式(心轴式)、花盘式、角铁式、夹头式、卡盘式等形式的。

(1) 定心式车床夹具　如图 3-39 所示,在定心式车床夹具上,工件常以孔或外圆定位,夹具采用定心夹紧机构。

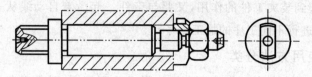

图 3-39　定心式车床夹具

（2）花盘式车床夹具　这类夹具的夹具体称为花盘，上面安装有定位元件、夹紧元件和分度元件等辅助元件，可加工形状复杂工件的外圆和内孔。它的盘面上有很多长短不同的通槽（有的是 T 形槽），用来安插各种螺钉，以紧固工件。花盘的平面必须与主轴轴线垂直，盘面平整，表面粗糙度不大于 $Ra1.6\ \mu\mathrm{m}$。为了适应大小工件的要求，花盘也有各种规格，常用的有 $\phi250\ \mathrm{mm}$、$\phi300\ \mathrm{mm}$、$\phi420\ \mathrm{mm}$ 等规格的。这类夹具不对称，要注意平衡，如图 3-40 所示。

（3）角铁式车床夹具　在车床上加工壳体、支座、杠杆、接头等零件的回转端面时，由于零件形状较复杂，难以装夹在通用卡盘上，因而须采用专用夹具。这种夹具的夹具体呈角铁状，故称为角铁式车床夹具，如图 3-40(b)所示。

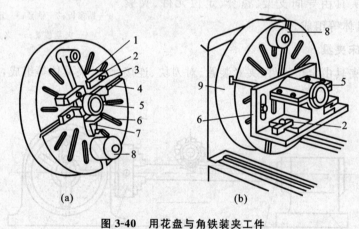

图 3-40　用花盘与角铁装夹工件

（a）用花盘装夹；（b）用花盘和角铁装夹

1—垫铁；2—压板；3—压板螺栓；4—T 形槽；5—工件；6—角铁；
7—可调螺栓；8—平衡铁；9—花盘

5. 磨床夹具

图 3-41 所示为两种磨床夹具。

三、按夹紧动力源分类

根据所采用的夹紧动力源不同，夹具可分为手动夹具、气压夹具、液压夹具、气液夹具、电动夹具、磁力夹具、真空夹具等。

四、数控加工夹具

数控机床夹具必须适应数控机床的高精度、高效率、多方向同时加工、数字程序控制及单件小批生产的特点。

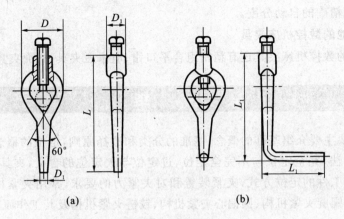

图 3-41　磨床夹具

(a) 直柄鸡心夹头；(b) 弯柄鸡心夹头

（一）数控机床夹具的发展趋势

（1）推行标准化、系列化和通用化夹具。

（2）发展组合夹具和拼装夹具，降低生产成本。

（3）提高精度。

（4）提高夹具的高效自动化水平。

（二）通用夹具的种类

1. 数控车床夹具分类

数控车床夹具包括三爪自定心卡盘、四爪单动卡盘、花盘等。

三爪自定心卡盘的优点是可自动定心，装夹方便，应用较广。缺点是夹紧力较小，不便于夹持外形不规则的工件。

四爪单动卡盘的特点是四个爪都可单独移动，安装工件时需找正，夹紧力大，适用于装夹毛坯及截面形状不规则和不对称的较重、较大的工件。其适用于单件生产，生产效率低。

2. 数控铣床夹具

数控铣床夹具包括万能组合夹具、专用铣削夹具、多工位夹具、通用铣削夹具等。

其中万能组合夹具适合小批量生产或研制产品时中小型工件在数控铣床上的铣削加工。

3. 加工中心夹具

数控回转工作台是各类数控铣床和加工中心的理想配套附件。

数控回转工作台可分为：立式工作台、卧式工作台和立卧两用回转工作台三类。

回转工作台可以用来进行各种圆弧加工或与直线坐标进给联动进行曲面加

工,及实现精确的自动分度。

4.其他的数控机床夹具

其他的数控机床夹具还有精密组合平口钳、电永磁夹具、光面夹具基座等。

小　　结

本模块主要介绍基准的概念、基准的分类和选择原则,定位的概念及定位原理、定位方法,完全定位与不完全定位、过定位与欠定位的含义,夹具的概念、夹具的组成,工件的定位方式,夹紧装置和对夹紧力的要求,常用夹紧机构如斜楔夹紧机构、螺旋夹紧机构、圆偏心夹紧机构、铰链夹紧机构及其工作原理等。

能 力 检 测

1.工件为什么要定位?

2.未定位的工件有哪几个自由度? 什么是"六点定位"?

3.什么是完全定位、欠定位和过定位?

4.什么是基准? 基准的分类主要有哪些?

5.简要说明精基准的选择原则。

6.简要说明定位的概念和六点定位原理作用。

7.常用的定位元件有哪几种? 简述夹具的组成。

8.什么是夹紧力的三要素?

9.简要说明夹紧装置的组成及基本要求。

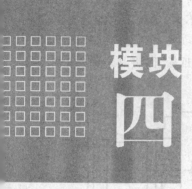

模块四

轴类零件的加工

项目一　轴类零件的装夹

【学习目标】

掌握:轴类零件在不同类型机床上的不同装夹方法。

熟悉:轴类零件的常用装夹方法。

了解:轴类零件在不同类型机床上的装夹要求。

任务一　轴类零件在车床上的装夹

在车削工件之前,必须把工件装夹在车床夹具上,经过校正、夹紧,使工件在整个加工过程中始终保持正确的位置,这一过程称为工件的安装。由于工件的形状、大小和加工数量不同,因此必须采用不同的安装方法。

一、在四爪卡盘上安装工件

(一) 四爪卡盘的构造

四爪卡盘有四个卡爪,如图 4-1 所示,其位置可以任意调整。每个卡爪的后面有半瓣内螺纹,与丝杠啮合。丝杠的一端有一方孔,用来安插扳手方榫。用扳手转动某一丝杠时,所对应的卡爪就能上下移动,以适应安装不同大小工件的需要。

(二) 在四爪卡盘上校正工件

在四爪卡盘上装夹工件,必须对工件进行校正。在四爪卡盘上校正工件的目的是要使工件的旋转中心与机床主轴的旋转中心一致。

装夹工件时,把各爪向外移动,相对的两个爪的距离稍大于工件直径。把工件装上,先用两个相对的一对爪夹紧,再用另外两个相对的爪夹紧。这时先根据卡盘端面上的多圈线痕来判断四个卡爪的位置是否差不多,然后用划针盘校正,如图4-2所示。校正时,将划针尖放在离工件表面0.2~0.5 mm处,慢慢转动卡盘,看看哪一处表面离针尖最远,就将最远点的一个卡爪松开,将其对面的一个卡爪拧紧,这样反复几次,直至工件校正为止。

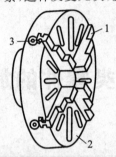

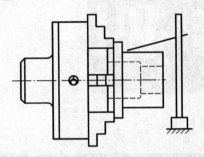

图 4-1 四爪卡盘   图 4-2 在四爪卡盘上校正外圆的方法

1—卡爪;2—卡盘体;3—方孔

校正较短的工件或薄形工件时,还要校正端面。校正时,把划针尖放在靠近端面的边缘处,如图4-3所示。慢慢转动工件,看看端面上哪一处离针尖最近,就用木槌轻轻敲击此处,直到各处距离相等为止。

装夹直径较大的工件,可采用反爪装夹或正爪反撑装夹,分别如图4-4(a)、(b)所示。

装夹长方形工件时,如图4-4(c)所示,把相对的两爪距离校正即可。

四爪卡盘夹紧力大,适用于装夹大型或形状不规则的工件,但校正比较费时。

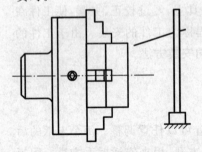

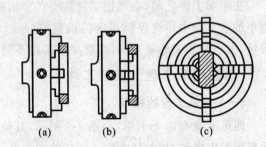

图 4-3 在四爪卡盘上校正   图 4-4 用四爪卡盘装夹工件的方法
工件端面的方法   (a)反爪装夹;(b)正爪反撑装夹;(c)装夹长方形工件

(三)在四爪卡盘上校正工件时的注意事项

(1)当工件有的外圆或平面不需要加工时,为了保证外形正确,必须校正不加工部位,对于加工部位,只要保证有一定的加工余量即可。

(2)当工件的各部位加工余量不均匀时,应着重校正余量少的部位,否则容易产生废品。

（3）一般情况下，为了校正方便，需在卡爪与工件之间垫铜片。

（4）校正前必须做好安全预防措施。在车床导轨面上放一木板，并用尾座活顶尖通过辅助工具顶住工件，防止校正时工件掉下。

二、在三爪卡盘上安装工件

（一）三爪卡盘的构造

三爪卡盘的结构形状如图 4-5 所示。当扳手方榫插入小锥齿轮 1 的方孔 3 转动时，小锥齿轮 1 就带动大锥齿轮 2 转动。大锥齿轮 2 的背面有一平面螺纹 4，三个卡爪 5 上的螺纹与平面螺纹 4 啮合，因此当平面螺纹 4 转动时，三个卡爪就同时向心或离心移动。

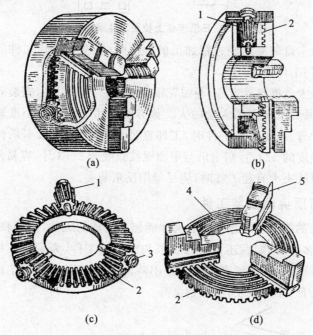

（a）　　　　　　　　　　　（b）

（c）　　　　　　　　　　　（d）

图 4-5　三爪卡盘

（a）卡盘外形；（b）卡盘内部结构；（c）大、小锥齿轮；（d）卡爪与平面螺纹

1—小锥齿轮；2—大锥齿轮；3—方孔；4—平面螺纹

（二）在三爪卡盘上校正工件

三爪卡盘能自动定心，一般不需要校正。但是在装夹稍长些的轴时，工件外端（右端）不一定位置正确，即工件中心线不一定与主轴中心线一致，所以同样要用划针盘或凭眼力校正。有时三爪卡盘因使用时间较长，失去了原有的精度，在加工同轴度要求较高的工件时，也需要逐件校正。

装夹盘形工件，特别是外圆表面已经加工的盘形工件时，装上卡盘后，工件位置也不一定正确，这时除了用划针盘或凭眼力校正之外，最好的方法是采用如图4-6所示的方法校正。即把工件装上卡盘后轻轻夹紧，在刀架上装一铜棒或硬木块,轻轻支在工件端面,然后慢速移动工件,这样很快就能把工件端面校正,校正后再把工件夹紧。

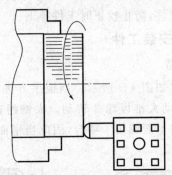

图 4-6　在三爪卡盘上校正工件端面的方法

应用三爪卡盘装夹已经过精加工的表面时,应在被夹住工件的表面包一层铜皮,以免夹伤工件表面。

应用三爪卡盘能自动定心,不需花很多时间去校正工件,安装效率比四爪卡盘的高,但夹紧力没有四爪卡盘的大。该方法适用于大批中小型规则零件的装夹。但必须注意,用正爪夹工件时,工件直径不能太大,一般卡爪伸出卡盘圆周不超过卡爪长度的 1/3,否则卡爪与平面螺纹只咬合 2～3 牙,容易使卡爪上的牙齿碎裂。所以装夹大直径工件时,应尽量用反爪装夹。

三、在两顶尖间安装工件

对于较长的或必须经过多次装夹才能加工完成的工件,如长轴、长丝杠的加工,或工序较多,在车削后还要进行铣削和磨削的工件,为了保证每次装夹时的装夹精度要求(如同轴度要求),可以采用两顶尖来安装,如图 4-7 所示。用两顶尖装夹工件方便,不需校正,安装精度高。

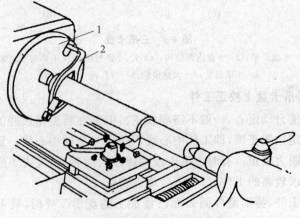

图 4-7　用两顶尖安装工件

1—拨盘;2—鸡心夹头

用两顶尖装夹工件时,必须先在工件端面钻出中心孔。

（一）中心孔的形状和作用

中心孔根据形状分有 A 型（不带护锥）、B 型（带护锥）、C 型（带螺孔）和 R 型（弧形）四种,如图 4-8 所示。中心孔的基本尺寸为圆柱孔直径 D。不同类型中心孔的深度、大小如表 4-1 至表 4-4 所示。

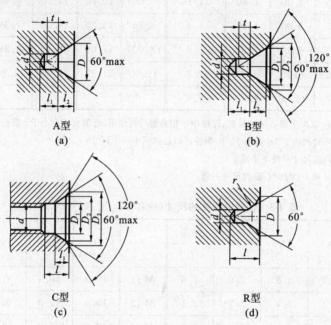

图 4-8　中心孔的形状

(a) 不带护锥;(b) 带护锥;(c) 带螺孔;(d) 弧形

表 4-1　A 型中心孔的尺寸（摘自 GB/ T 145—2001）　　　　　　　　　(mm)

d	D	l_2	参考尺寸 t	d	D	l_2	参考尺寸 t
(0.50)	1.06	0.48	0.5	2.50	5.30	2.42	2.2
(0.63)	1.32	0.60	0.6	3.15	6.70	3.07	2.8
(0.80)	1.70	0.78	0.7	4.00	8.50	3.90	3.5
1.00	2.12	0.97	0.9	(5.00)	10.60	4.85	4.4
(1.25)	2.65	1.21	1.1	6.30	13.20	5.98	5.5
1.60	3.35	1.52	1.4	(8.00)	17.00	7.79	7.0
2.00	4.25	1.95	1.8	10.00	21.20	9.70	8.7

注:①尺寸 l_1 取决于中心钻的长度,即使中心钻重磨后再使用,此值也不应小于 t 值;

②表中同时列出了 D 和 l_2 尺寸,制造厂可任选其中一个尺寸;

③括号内的尺寸尽量不采用。

表 4-2　B 型中心孔的尺寸（摘自 GB/ T 145—2001）　　　　　　　　　　　（mm）

d	D_1	D_2	l_2	参考尺寸 t	d	D_1	D_2	l_2	参考尺寸 t
1.00	2.12	3.15	1.27	0.9	1.00	8.5	12.50	5.05	3.5
(1.25)	2.65	4.00	1.60	1.1	(5.00)	10.60	16.00	6.41	4.4
1.60	3.35	5.00	1.99	1.4	6.30	13.20	18.00	7.36	5.5
2.00	4.25	6.30	2.54	1.8	(8.00)	17.00	22.40	9.36	7.0
2.50	5.30	8.00	3.20	2.2	10.00	21.20	28.00	11.66	8.7
3.15	6.70	10.00	4.03	2.8					

注：①尺寸 l_1 取决于中心钻的长度，即使中心钻重磨后再使用，此值也不应小于 t 值；
　　②表中同时列出了 D_2 和 l_2 尺寸，制造厂可任选其中一个尺寸；
　　③括号内的尺寸尽量不采用；
　　④尺寸 d 和 D_1 与中心钻的尺寸一致。

表 4-3　C 型中心孔的尺寸（摘自 GB/ T 145—2001）　　　　　　　　　　　（mm）

d	D_1	D_3	l	参考 l_1	d	D_1	D_3	l	参考 l_1
M3	3.2	5.8	2.6	1.8	M11	10.5	16.3	7.5	3.8
M4	4.3	7.4	3.2	2.1	M12	13.0	19.8	9.5	4.4
M5	5.3	8.8	4.0	2.4	M16	17.0	25.3	12.0	5.2
M6	6.4	10.5	5.0	2.8	M20	21.0	31.3	15.0	6.4
M8	8.4	13.2	6.0	3.3	M24	25.0	38.0	18.0	8.0

表 4-4　R 型中心孔的尺寸（摘自 GB/ T 145—2001）　　　　　　　　　　　（mm）

d	D_1	l_{min}	r max	r min	d	D_1	l_{min}	r max	r min
1.00	2.12	2.3	3.15	2.50	4.00	8.50	8.9	12.50	10.00
(1.25)	2.65	2.8	4.00	3.15	(5.00)	10.60	11.2	16.00	12.50
1.60	3.35	3.5	5.00	4.00	6.30	13.20	14.0	12.00	16.00
2.00	4.25	4.4	6.30	5.00	(8.00)	17.00	17.9	25.00	20.00
2.50	5.30	5.5	8.00	6.30	10.00	21.20	22.5	31.50	25.00
3.15	6.70	7.0	10.00	8.00					

1. A 型中心孔

A 型中心孔由圆锥孔和圆柱孔两部分组成。圆锥孔的圆锥角一般为 60°,它与顶尖锥面配合,起到定心作用并承受工件重量和切削力;圆柱孔可储存润滑油,并可防止顶尖头触及工件,保证顶尖锥面和中心孔配合贴切,以达到正确定心。精度要求一般的工件可采用 A 型孔。

2. B 型中心孔

B 型中心孔是在 A 型中心孔的端部再加 120°的圆锥面而形成的,用于保护60°圆锥面不致被碰毛,并使工件端面容易加工。B 型中心孔适用于精度要求较高,工序较多的工件。

3. C 型中心孔

C 型中心孔在 B 型中心孔的 60°锥孔的基础上加了一短圆柱孔(保证改制螺纹时不碰毛 60°锥孔),后面有一内螺纹。当需要将其他零件轴向固定在轴上时,可采用 C 型中心孔。

4. R 型中心孔

R 型中心孔形状与 A 型中心孔相似,只是将 A 型中心孔的 60°圆锥面改成了圆弧面。这样与顶尖锥面的配合变成线接触,在轴类工件装夹时,能自动纠正少量的位置偏差。

(二)钻中心孔的方法

直径在 6.3 mm 以下的中心孔通常用高速钢材料的中心钻直接钻出。图 4-9所示为 A、B 两种类型的中心钻。

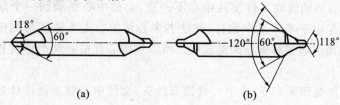

(a)   (b)

图 4-9　中心钻

(a) A 型中心钻;(b) B 型中心钻

钻中心孔的步骤如下。

(1) 将钻夹头柄擦干净后放入尾架套筒内并用力插入,使圆锥面结合。

(2) 将中心钻装入钻夹头内,伸出长度要短些,用力拧紧钻夹头,将中心钻夹紧,如图 4-10 所示。

图 4-10　装夹中心钻

(3) 移动尾座并调整套筒的伸出长度,要求中心钻靠近工件端面时,套筒的伸出长度为 50~70 mm,然后将尾架锁紧。

　　(4) 选择主轴转速。如果工件形状和装夹条件许可,钻中心孔时主轴转速要高,一般取 $n>1000$ r/min。

　　(5) 向前移动尾架套筒,如图 4-11 所示。当中心钻钻入工件端面时,速度要减慢,并保持速度均匀。加切削液,中途退出 1~2 次去除切屑。要控制圆锥大径尺寸,对于 A 型孔 $D\approx2.1d$,对于 B 型孔 $D\approx3.1d$。例如,钻 $\phi2$ mm 中心孔, A 型孔圆锥大端直径约为 4.2 mm,B 型孔圆锥大端直径约为 6.2 mm。可根据 GB/T 145—2001 确定中心孔的尺寸。当中心孔钻到规定尺寸时,先停止进给,再停机,利用主轴惯性将中心孔表面修圆整。A 型和 B 型中心孔的钻削方法完全一样。

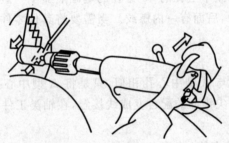

图 4-11　钻中心孔

（三）中心钻折断的原因及预防方法

　　(1) 中心钻轴线和工件旋转中心不一致,会使中心钻受到一个附加力而折断。这往往是由于车床尾座偏移,或装夹中心钻的钻夹头锥柄与尾座套筒锥孔配合不准确而引起偏移等原因造成的。所以钻中心孔前必须严格找正中心钻的位置。

　　(2) 工件端面未车平,或中心处留有凸头,会使中心钻不能准确地定心而折断。所以,钻中心孔处的端面必须车平。

　　(3) 切削用量选用不当,如工件转速太低而中心钻进给太快,会使中心钻折断。中心钻直径很小,即使选用较高的工件转速,切削速度仍然很低。如果用低的切削速度钻中心孔,由于手摇尾座手轮的速度和高速钻中心孔时的速度相差不大,这样相对的进给量就大了,会使中心钻折断。因此钻中心孔时应采用较高的转速。

　　(4) 中心钻磨损后强行钻入工件也容易折断。因此,中心钻磨损后应及时调换或修磨。

　　(5) 没有浇注充分的切削液和清除切屑,会导致切屑堵塞在中心孔内而挤断中心钻。所以钻中心孔时必须浇注充分的切削液,并及时清除切屑。

　　若中心钻折断了,就必须将折断的部分从中心孔内取出,并修整中心孔后才能继续加工。

（四）顶尖

顶尖的作用是定心、承受工件重量和切削力。顶尖分前顶尖和后顶尖两种。

（1）前顶尖 前顶尖插在主轴锥孔内与主轴一起旋转，如图 4-12（a）所示。有时为了准确和方便，也可以在卡盘上夹一段钢料，车成 60° 锥角来代替前顶尖，如图 4-12（b）所示。这种代用顶尖在卡盘上拆下后，再次使用时，必须在锥面车一刀，以保证顶尖锥面旋转轴线与车床主轴旋转轴线重合。

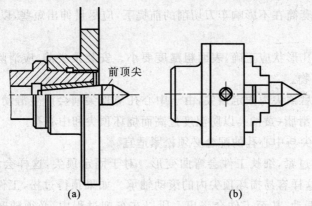

（a）   （b）

图 4-12 前顶尖

（2）后顶尖 后顶尖有固定顶尖和回转顶尖两种，分别如图 4-13 和图 4-14所示。

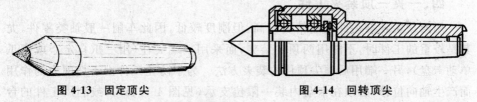

图 4-13 固定顶尖   **图 4-14 回转顶尖**

固定顶尖刚度高，定心准确，但因与中心孔间产生滑动摩擦而发热过多，容易将中心孔或顶尖"烧坏"。因此只适用于以低速加工精度要求较高的工件的场合。

回转顶尖是将顶尖与中心孔间的滑动摩擦改成顶尖内部轴承的滚动摩擦而形成的，能在很高的转速下正常工作，克服了固定顶尖的缺点，因此应用很广泛。但回转顶尖存在一定的装配累积误差，而且当滚动轴承磨损后，顶尖会产生跳动，从而降低加工精度。

（五）拨盘和鸡心夹头

前、后顶尖是不能直接带动工件转动的，必须通过拨盘和鸡心夹头带动工件旋转。鸡心夹头（图 4-7 中的件 2）的鸡心孔用来夹紧工件；拨盘（图 4-7 中的件1）的后端有内螺纹与主轴配合，盘面 U 形槽用来插入鸡心夹头弯尾部分并带动工件一起转动。

（六）在两顶尖间安装工件时应注意的事项

（1）前、后顶尖的连线应与主轴轴线同轴，否则车出的工件会产生锥度。

调整时，可先把尾座推向车头，使前、后顶尖接触，检查它们是否对准。然后装上工件，车一刀后再测量工件两端的直径，根据直径的差别来调整尾座的横向位移。如果工件右端直径大、左端直径小，那么尾座应向操作者的方向偏移；反之，应向背离操作者的方向偏移。位移量应为两端直径之差的一半，可使用百分表测量尾座的横向位移量。

（2）尾座套筒在不影响车刀切削的前提下，应尽量伸出短些，以提高刚度、减小振动。

（3）中心孔形状应正确，表面粗糙度要小。安装顶尖前，应清除中心孔内的切屑或其他异物。

（4）如果后顶尖为固定顶尖，由于中心孔与顶尖间会产生滑动摩擦，应在中心孔内填充润滑脂（黄油），以防温度过高而烧坏顶尖和中心孔。

（5）两顶尖与中心孔的配合必须松紧适宜。

如果顶得过紧，细长工件会弯曲变形。对于固定顶尖，这样会增加摩擦；对于回转顶尖，这样容易损坏顶尖内的滚动轴承。如果顶得过松，工件不能正确定心，车削时易振动，甚至工件会飞出。所以在车削过程中，必须随时注意顶尖及靠近顶尖的工件部分摩擦发热的情况。当发现温度过高时，必须加黄油或机械油进行润滑，并及时调整配合的松紧程度。

四、一夹一顶装夹工件

用两顶尖装夹工件虽然精度较高，但刚度较低，因此车削一般轴类零件，尤其是较重的工件时，不能用两顶尖装夹，而采用一端夹住（用三爪自定心或四爪单动卡盘），另一端用后顶尖顶住的装夹方法。为了防止工件由于切削力的作用而产生轴向位移，必须在卡盘内装一限位支承（见图 4-15（a）），或利用工件的台阶限位（见图 4-15（b））。一夹一顶的装夹方法比较安全，能承受较大的进给力，因此应用很广泛。

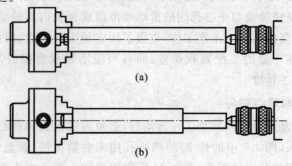

(a)

(b)

图 4-15　一夹一顶装夹工件
（a）用限位装置限位；（b）用工件台阶限位

五、中心架和跟刀架的应用

(一) 中心架的应用

中心架一般有以下几种用法。

1. 车削长轴

如图 4-16 所示，把中心架直接安放在工件中间，可以提高长轴的刚度。在工件装上中心架之前，必须在毛坯中间车一段安放中心架支承爪的沟槽。槽的直径比工件最后尺寸略大些（以便精车），宽度比支承爪宽些。在调整中心架三个支承爪中心位置时，应先调整下面两个爪，然后把盖子盖好固定，最后调上面一个爪。车削时，支承爪与工件接触处应经常加润滑油，并注意接触松紧程度，以防工件拉毛及摩擦发热。

2. 车端面和钻中心孔

对于大而长的工件，只用卡盘夹住在车床上车端面和钻中心孔是不稳当的，而必须用一端夹住、另一端搭中心架的方法装夹，如图 4-17 所示。但必须注意，在调整三个支承爪之前应先把工件的旋转轴线找正到与车床主轴旋转轴线一致，否则在车端面或钻中心孔时，中心钻会折断。严重时工件会从卡盘上掉下，并使工件端部表面损坏。

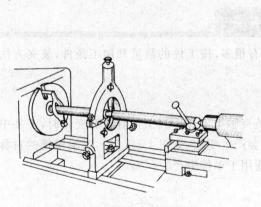

图 4-16 应用中心架车长轴

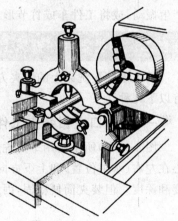

图 4-17 应用中心架车端面

3. 车孔或钻孔

车削较长套筒类工件的内孔（或钻孔）或内螺纹时，单靠卡盘夹紧也是不够牢固的。因此，也普遍使用中心架。

(二) 跟刀架的应用

跟刀架是固定在车床床鞍上跟着车刀一起移动的装置，如图 4-18 所示。跟刀架一般只有两个支承爪，而另一个支承爪被车刀所代替。使用跟刀架是防止工件由于背向力而弯曲变形的有效措施。

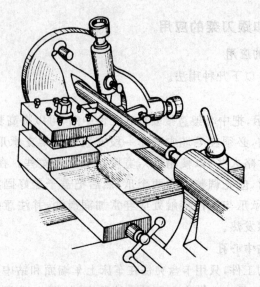

图 4-18 跟刀架的应用

跟刀架主要用来车削不允许接刀的细长工件,例如,车床上的光杠和精度要求较高的长丝杠等。使用跟刀架时,先要在工件端部车一段安装跟刀架卡爪的外圆。调整跟刀架卡爪压力时,必须注意与工件的接触松紧程度,否则车削时会产生振动,或将工件车成竹节形或螺旋形。

任务二 轴类零件在铣床上的装夹

轴类零件在铣床上的装夹方法有很多,按工件的数量和加工条件,装夹方法有以下几种。

一、用平口虎钳装夹工件

图 4-19(a)所示为用平口虎钳装夹轴类零件。当工件直径有变化时,工件中心在左右(水平位置)和上下方向都会产生变动(见图 4-19(b)),影响键槽的对称度和深度。但装夹简便稳固,因此适用于单件生产。

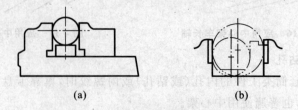

(a)   (b)

图 4-19 用平口虎钳装夹轴类零件
(a)装夹方式;(b)工件直径变化对中心位置的影响

对于轴的直径已精加工过的工件,由于一批工件的轴的直径变化很小,用平口虎钳装夹时,各轴的中心位置变动很小,在此条件下,可采用平口虎钳装夹,进行批量生产。

二、用 V 形块装夹

把圆柱形工件放在 V 形块内,并用压板紧固装夹来铣削键槽,是铣床上常用的方法之一。其特点是工件中心只在 V 形面的角平分线上,随直径的变化而变动。因此,当键槽铣刀的中心对准 V 形面的角平分线时,能保证一批工件上键槽的对称度。铣削时铣削深度虽会改变,但变化量一般不会超过槽深的尺寸公差,如图 4-20(a)所示。在卧式铣床上用键槽铣刀铣削,若用图 4-20(b)所示的装夹方法,则当工件直径有变化时,键槽的对称度会受影响,故该方法只适用于单件生产。

直径在 20～60 mm 内的长轴,可直接装夹在工作台的 T 形槽口上。此时,T 形槽口的倒角起到 V 形槽的作用,如图 4-20(c)所示。

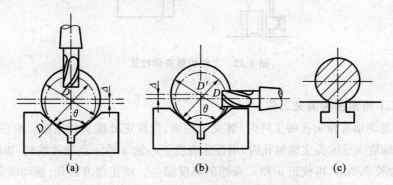

图 4-20　用 V 形块和 T 形槽装夹工件铣键槽
(a)、(b) 用 V 形块装夹工件;(c) 用 T 形槽装夹工件

三、用轴用虎钳装夹

如图 4-21 所示,用轴用虎钳装夹轴类零件时,具有用虎钳和 V 形块装夹的优点,装夹简便迅速。轴用虎钳的 V 形槽能两面使用,其夹角大小可调整,以适应直径的变化。

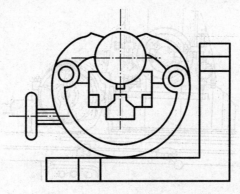

图 4-21　用轴用虎钳装夹轴类零件

四、用万能分度头及附件装夹工件

（一）用三爪卡盘装夹工件的校正

加工轴套类工件时,可直接用三爪卡盘装夹,用百分表校正工件外圆,必要时在卡爪内垫铜皮,如图 4-22 所示,使外圆跳动符合要求。用百分表校正端面时,将最高点用铜锤轻轻敲击,使端面跳动符合要求。

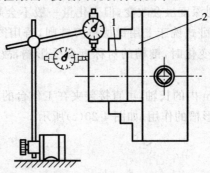

图 4-22　工件的装夹和校正

1—铜皮;2—卡爪

（二）用两顶尖装夹工件

铣削两端有顶尖孔的工件时,装夹工件前,先校正分度头和尾座。校正时,取锥度心轴放入分度头主轴锥孔内,用百分表校正心轴 a 和 a' 点处的跳动,如图 4-23 所示,如符合要求,再校正 a 和 a' 点处的高度误差。校正的方法是:摇动纵向和横向工作台,使百分表通过心轴上母线,测出 a 和 a' 点处的高度误差,并通过调整分度头主轴角度,使 a 和 a' 两点的高度符合要求,则分度头主轴上母线平行于工作台面。

校正分度头主轴侧母线与纵向工作台进给方向平行度,如图 4-24 所示,校正方法是:将百分表置于心轴侧母线上,摇动纵向工作台,用百分表测出 b 和 b' 两点处的高度差,并调整分度头,使两点的高度差符合要求。再顶上后顶尖检测,如不符合要求,调整尾座顶尖,使之符合要求,如图 4-25、图 4-26 所示。

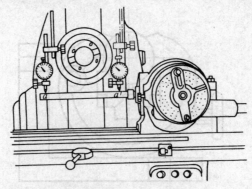

图 4-23　校正分度头主轴上母线

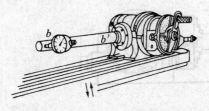

图 4-24　校正分度头主轴侧母线

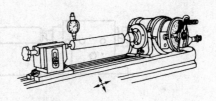

图 4-25　校正尾座上母线

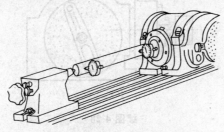

图 4-26　校正尾座侧母线

（三）一夹一顶装夹工件

在较长的轴类工件上铣削时，可用一夹一顶的方法装夹工件。装夹工件前，应先校正分度头主轴上的母线、侧母线。校正的方法是：在三爪卡盘上夹持一标准心轴，如图 4-27 所示，校正 a 点处的圆跳动至符合要求，然后用同样的方法将上母线与侧母线校正至符合要求；然后安装尾座，将标准心轴一夹一顶，重复以上校正内容。校正数值不变，说明尾座与分度头主轴同轴；校正数值有变化，只需调整尾座顶尖，达到第一次校正的数值即可。

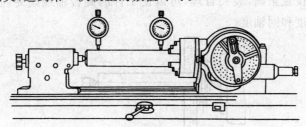

图 4-27　一夹一顶装夹工件的校正

（四）用分度头及尾座装夹工件

用分度头及尾座装夹工件的方式如图 4-28 所示。

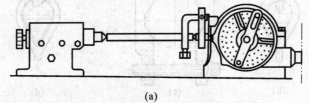

(a)

图 4-28　用分度头及尾座装夹工件的方式

(a) 用两顶尖装夹；(b) 用三爪卡盘一夹一顶装夹；(c) 用三爪卡盘装夹

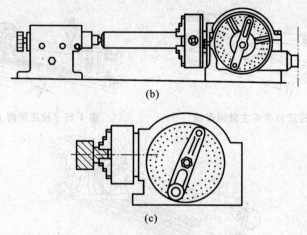

(b)

(c)

续图 4-28

任务三　轴类零件在磨床上的装夹

一、用两顶尖装夹工件

图 4-29(a)所示是磨削时装夹工件最常用的方法。这种方法的特点是装夹方便,定位精度高。装夹时,利用工件两端中心孔的锥面,支承在顶尖的锥面上,形成工件的旋转轴线。由头架的拨盘和拨杆带动夹头旋转,从而带动工件旋转。磨床采用的顶尖都是固定在头架和尾座的锥孔中的(不旋转),故只要中心孔和顶尖的形状和位置正确,装夹合理,可以使工件的旋转轴线始终固定不变,从而获得很高的圆度和同轴度。

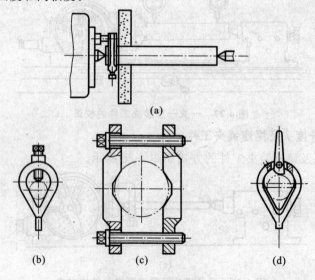

(a)

(b)　　　　(c)　　　　(d)

图 4-29　工件的装夹

(a)工件用两顶尖装夹;(b)鸡心夹头;(c)方形夹头;(d)自由夹头

工件上的夹头起传动作用,常用的几种夹头如图 4-29(b)、(c)、(d)所示。其中:鸡心夹头(见图 4-29(b))用于中小型工件的装夹;方形夹头(见图 4-29(c))用于大型工件的装夹;自动夹头(见图 4-29(d))的夹头由偏心杆自动夹紧。夹持精密的表面时则应衬以铜片。当工件端面有槽时,工件可由专用拨销直接传动,如图 4-30 所示。

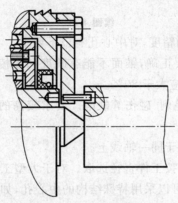

图 4-30　工件由拨销直接传动

磨削前要选择合适的顶尖,并检查清理或修研工件的中心孔。

(一) 中心孔

中心孔的分类和结构参见本项目的任务一。

中心孔是工件的定位基准,因此它在外圆磨削中非常重要。中心孔的形状误差和其他缺陷,如碰伤、拉毛等都会影响工件的加工精度。当中心孔为椭圆形时,工件也会被磨成椭圆形的,如图 4-31(a)所示;中心孔钻得太深(见图 4-31(b))或太浅(见图 4-31(c))都会使顶尖与中心孔接触不良,从而影响定位精度;中心孔钻偏(见图 4-31(d))或两端中心孔不同轴,也会影响顶尖与中心孔的接触位置;通常对中心孔的锥角也有一定要求,要防止出现锥角误差(见图 4-31(e)、(f))。

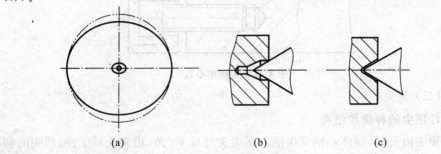

(a)	(b)	(c)

图 4-31　中心孔的误差

(a)中心孔为椭圆形;(b)中心孔太深;(c)中心孔太浅;(d)中心孔钻偏;

(e)、(f)锥角有误差

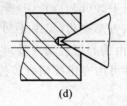

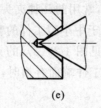

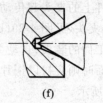

(d)	(e)	(f)

续图 4-31

为了保证工件的磨削精度,对中心孔有以下要求。

(1) 60°锥面的锥角要正确,锥面不能有圆度和多棱形误差。中心孔用涂色法检验,与顶尖的接触面应大于 80%。

(2) 60°锥面不能有毛刺、碰伤等缺陷。要求较高的中心孔取表面粗糙度为 $Ra\ 0.4\ \mu m$。

(3) 两端中心孔应处于同一轴线上。

(4) 中心孔的尺寸可按工件直径选取。对于大型工件,取较大中心孔。

(5) 对于特殊零件,可以采用特殊结构的中心孔,如图 4-32 所示。例如磨削大型精密转子,其圆度公差为 $0.00125\ mm$,由于转子两端为硬度较低的材料,磨削时不能承受较大的压力,而产生变形。特殊中心孔用淬硬钢制成,并用螺纹装入工件轴的两端。

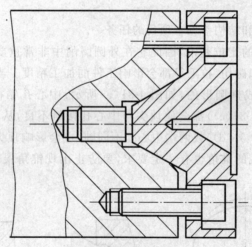

图 4-32　特殊中心孔

(二) 顶尖

1. 顶尖的种类和结构

顶尖由头部、颈部和柄部组成。顶尖头部成 60°角,用来支承工件;顶尖的柄部制成一定的莫氏锥体,以便与机床连接。如机床主轴为 3 号莫氏锥孔,则顶尖也为 3 号莫氏顶尖。图 4-33 所示为各种顶尖,可适合不同工件的装夹。其中,凹顶尖用于装夹凸顶尖工件,大头顶尖用于大孔工件的装夹。由于顶尖与中心孔间的摩擦力,顶尖也容易磨损。故在高精度磨削时,已广泛使用硬质合金顶尖,使用时需注意防止硬质合金焊接缝的松动和产生裂纹。

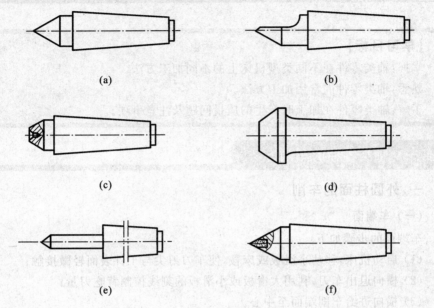

(a)   (b)

(c)   (d)

(e)   (f)

图 4-33 顶尖

(a) 普通顶尖;(b) 半顶尖;(c) 凹顶尖;(d) 大头顶尖;

(e) 长颈顶尖;(f) 硬质合金顶尖

2. 对顶尖的技术要求

顶尖的 60°锥角用量规检查,接触面应大于 80%;表面粗糙度一般为 $Ra\ 0.1\ \mu m$,表面无毛刺和压痕,磨耗的顶尖需及时修磨;莫氏圆锥用量块检查,接触面也应大于 80%;顶尖的头部和柄部的同轴度公差在 0.005 mm 以内。

(三) 用两顶尖装夹工件应注意的事项

(1) 两顶尖装入机床后,要检查头架顶尖与尾座顶尖对正情况。

(2) 注意清理中心孔内的残留杂物,防止用硬物撞击中心孔端部。

(3) 磨削时,中心孔内应加润滑油;大型工件则可加润滑脂。

(4) 使用半顶尖时,要防止削扁部分刮伤中心孔。

(5) 合理调节预紧力。尾座顶尖的顶紧力太大,会引起细长工件的弯曲变形,并且会加快中心孔磨损;磨削大型工件时,则需要较大预紧力。磨削时须将尾座套筒锁紧。磨削一批工件时,需逐渐调整顶紧力。

(6) 要注意夹头偏重对加工的影响,防止将工件磨成不规则的心形零件。

二、其他装夹方法

有时需要采用其他方法来装夹工件,如用三爪自定心卡盘装夹没有中心孔的圆柱形工件,用四爪单动卡盘用于装夹没有中心孔或外形不规则的工件。

项目二　轴类零件的加工

【学习目标】

掌握:轴类零件在不同类型机床上的不同加工方法。

熟悉:轴类零件的常用加工方法。

了解:轴类零件在加工时产生的质量问题及注意事项。

任务一　轴类零件的车削方法

一、外圆柱面的车削

(一) 车端面

车端面的步骤如下:

(1) 启动机床,移动小滑板或床鞍,使车刀刀尖与工件表面轻微接触;

(2) 横向退出车刀,利用大滑板或小滑板的刻线控制背吃刀量;

(3) 横向进给车削端面至中心。

车端面可以由工件外向中心或从工件中心向外车削,如图 4-34 所示。

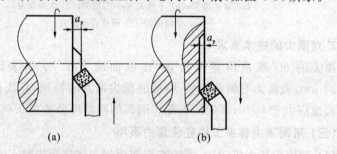

图 4-34　横向进给车端面

(a) 由工件外向中心车削;(b) 由工件中心向外车削

(二) 车外圆

车外圆要准确地控制背吃刀量,这样才能保证外圆的尺寸公差。通常采用试切削方法来控制背吃刀量,步骤如图 4-35 所示。

(1) 启动机床,移动床鞍和中滑板,使车刀刀尖与工件表面轻微接触(见图 4-35(a)),然后移动床鞍,退出车刀(见图 4-35(b))。

(2) 转动中滑板刻度圈,使零位对准后,横向进给时就可利用刻度值控制背吃刀量,如图 4-35(c)所示。

(3) 移动床鞍试切外圆,试切长度约 2 mm,如图 4-35(d)所示。

(4) 向右移动床鞍,退出车刀,进行测量,如图 4-35(e)所示。

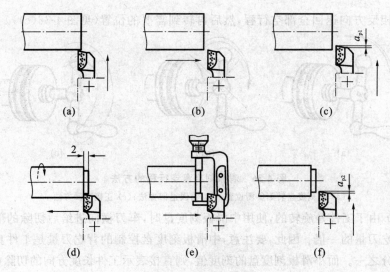

图 4-35　试切的步骤

(a) 刀尖接触工件外圆；(b) 车刀纵向退出；(c) 调整背吃刀量；

(d) 试切 2 mm 左右外圆；(e) 退出后测量；(f) 根据测量情况调整背吃刀量

(5) 根据测量尺寸调整背吃刀量，如图 4-35(f) 所示。

图 4-35(a)～(e) 所示是试切的一个循环。如果试切尺寸不符合要求，按第 (5) 步重新进行试切，尺寸符合要求后，就可纵向进给车外圆。试切尺寸、粗车可用游标卡尺测量，精车用千分尺测量。

(三) 刻度盘的原理及应用

在车削工件，为了正确和迅速地掌握背吃刀量，通常利用中滑板或小滑板上的刻度盘进行操纵。

中滑板的刻度盘装在横向进给丝杠上，当摇动横向进给丝杠转一圈时，刻度盘也转了一圈，这时固定在中滑板上的螺母就带动中滑板、车刀移动一个螺距。如果横向进给丝杠螺距为 5 mm，刻度盘分为 100 格，当摇动横向进给丝杠转一圈时，中滑板就移动 5 mm，当刻度盘转过进给丝杠转过一格时，中滑板移动了 5/100＝0.05 mm，所以中、小滑板刻度盘每转过一格车刀移动的距离为

$$a = \frac{P}{n} \tag{4-1}$$

式中　a——刻度盘转过一格车刀移动的距离 (mm)；

P——横向进给丝杠螺距 (mm)；

n——刻度盘圆周上等分的格数。

应用中、小滑板刻度盘时，必须注意：

(1) 由于螺杆和螺母之间配合往往存在间隙，因此转动时会产生空行程(即刻度盘转动而滑板并未移动)，因此使用时要把刻度盘慢慢转到所需要的位置，如图 4-36(a) 所示。若多转过几格，绝对不能简单地直接退回多转的格数(见图 4-36(b))，

必须向相反方向退回全部空行程,然后再转到需要的位置(见图 4-36(c))。

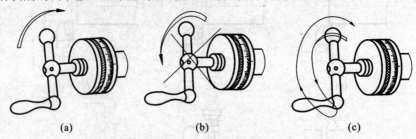

（a）　　　　　　　　　（b）　　　　　　　　　（c）

图 4-36　消除刻度盘空行程的方法

（a）把刻度盘转到所需位置；（b）错误退回方法；（c）正确退回方法

（2）由于工件是旋转的,使用中滑板刻度盘时,车刀横向进给后切除的部分刚好是背吃刀量的一倍。因此,要注意,中滑板刻度盘控制的背吃刀量是工件直径余量的二分之一。而小滑板刻度盘的刻度值,则直接表示工件长度方向的切除量。

（四）控制台阶长度

低台阶用 90°车刀直接车出,高台阶用 75°车刀先粗车,再用 90°车刀将台阶车成直角。确定台阶的车削长度常用的方法有两种：一种是刻线痕法,另一种是床鞍刻度盘控制法。两种方法都有一定误差,刻线或用床鞍刻度值应比所需长度略短 0.5~1 mm,以留有余地。

（1）刻线痕法　以已加工面为基准,用钢直尺量出台阶长度尺寸,开车,用刀尖刻出线痕,如图 4-37(a)所示。

（2）床鞍刻度盘控制法　移动床鞍和中滑板,使刀尖靠近工件端面,开机,移动小滑板,使刀尖与工件端面相擦,车刀横向快速退出,将床鞍刻度调到零位,如图 4-37(b)所示。车削时就可利用刻度值来控制台阶的车削长度。如利用刻度值先在工件上刻出台阶长度的线痕,操作时使车刀靠近线痕再看刻度值,这样就方便多了。

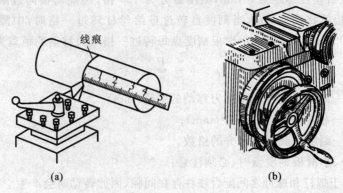

（a）　　　　　　　　　　（b）

图 4-37　控制台阶长度

（a）刻线痕法；（b）用床鞍刻度盘控制法车台阶

（五）车削台阶

粗车台阶外圆的步骤如图 4-38 所示。

（1）调整背吃刀量进行试切削　具体方法与车外圆相同。

（2）移动床鞍，刀尖靠近工件时合上机动进给手柄，当车刀刀尖距离退刀位置 1～2 mm 时停止机动进给，改为手动进给。车至所需长度时将车刀横向退出，床鞍回到起始位置。然后再开始第二次工作行程。台阶外圆和长度粗车各留精车余量 0.5～1 mm。

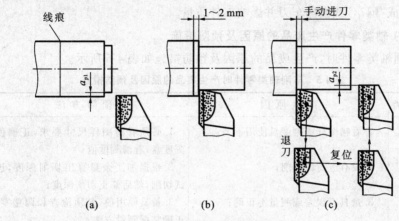

图 4-38　粗车台阶外圆

（a）试切；（b）机动进给停止；（c）手动进给→退刀→床鞍复位

（六）锥度找正

在用两顶尖装夹工件和一夹一顶装夹工件时，由于尾座会产生偏移，使工件产生锥度，根据轴类零件尺寸精度要求，必须对尾座进行校正。具体校正过程为：粗车外圆，测量工件两端直径，然后选择顺锥或倒锥。顺锥时右端直径小，左端直径大，尾座应向远离操作者方向校正；倒锥时右端直径大，左端直径小，尾座应向操作者方向校正。

（七）轴类零件车削时的注意事项

（1）粗车时选择切削用量，应首先考虑背吃刀量，其次是进给量，最后是切削速度。而精车时如果使用硬质合金车刀，为了减小表面粗糙度和提高生产率，应尽量提高切削速度。

（2）粗车前，必须检查车床各部分的间隙，并进行适当的调整，以充分发挥车床的效能。对床鞍和中、小滑板的塞铁，也须进行检查、调整，以防松动。此外，摩擦离合器及主轴箱传动带的松紧也要适当调整，以免在车削中发生"闷车"（由于负荷过大而使主轴停转）现象。

（3）粗车锻件和铸件时，因为表层较硬或有型砂等，为减少车刀磨损，最好先将工件倒一个角，然后选择较大的背吃刀量。

（4）粗车时，工件必须装夹牢固（一般应有限位支承），顶尖要顶住。在切削过程中应随时检查，以防工件位移。

（5）车削前，必须看清图样。车削时，及时测量，首先必须进行检验，保证加工质量，避免成批报废。

（6）车削台阶轴时，要兼顾外圆的直径尺寸和台阶的长度尺寸。尤其是对多台阶，必须按图样找出正确的测量基准，以便准确地控制台阶的长度尺寸。

（7）车削中发现车刀磨损，应及时刃磨或换刀，否则刃口磨钝，切削力大大增加，会造成"闷车"或损坏车刀并影响工件质量。

（八）轴类零件产生废品的原因及预防措施

车削轴类零件时，产生废品的原因及预防措施如表 4-5 所示。

表 4-5　车削轴类零件时产生废品的原因及预防措施

废品种类	产 生 原 因	预 防 方 法
尺寸精度达不到要求	1.看错图样或刻度盘使用不当；	1.必须看清图样尺寸要求，正确使用刻度盘，看清刻度值；
	2.没有进行试切削；	2.根据加工余量算出切削深度，进行试切削，然后修正切削深度；
	3.量具有误差或测量不正确；	3.量具使用前，必须检查和调整零位，正确掌握测量方法；
	4.由于切削热的影响，工件尺寸发生了变化；	4.不能在工件温度较高时测量，如在温度较高时测量，应掌握工件的收缩情况，或浇注切削液，降低工件温度；
	5.没及时停止机动进给，使车刀进给长度超过台阶长度；	5.注意及时停止机动进给，或提前停止机动进给，手动进给到长度尺寸；
	6.车槽时车槽刀主切削刃太宽或太窄，使槽宽不正确；	6.根据槽宽刃磨车槽刀主切削刃宽度；
	7.尺寸计算错误，使槽深度不正确	7.对留有磨削余量的工件，车槽时应考虑磨削余量
产生锥度	1.用一夹一顶或两顶尖装夹工件时，后顶尖轴线不在主轴轴线上；	1.车削前必须找正锥度；
	2.用小滑板车外圆时产生锥度是由于小滑板的位置不正，即小滑板刻线跟中滑板的刻线没有对准"0"刻度线；	2.必须事先检查小滑板的刻线是否与中滑板的"0"刻度线对准；
	3.用卡盘装夹工件纵向进给车削时由于车床床身导轨跟主轴轴线不平行而产生锥度；	3.调整车床主轴与床身导轨的平行度；
	4.工件装夹时悬伸较长，车削时因切削力影响使前端让开，产生锥度；	4.尽量减少工件的伸出长度，或另一端用顶尖支顶，增加装夹刚度；
	5.车刀中途逐渐磨损	5.选用合适的刀具材料，或适当降低切削速度

废品种类	产　生　原　因	预　防　方　法
圆度超差	1. 车床主轴间隙太大； 2. 毛坯余量不均匀,切削过程中切削深度发生变化； 3. 工件用两顶尖装夹时,中心孔接触不良,或后顶尖顶得不紧,或前、后顶尖产生径向圆跳动	1. 车削前检查主轴间隙,并调整合适。如主轴轴承磨损太多,则需更换轴承； 2. 分开粗、精车； 3. 工件用两顶尖装夹必须松紧适当,若回转顶尖产生径向圆跳动,须及时修理或更换
表面粗糙度达不到要求	1. 车床刚度不足,如滑板塞铁太松,传动零件(如带轮)不平衡或主轴太松引起振动； 2. 车刀刚度不足或伸出太长引起振动； 3. 工件刚度不足引起振动； 4. 车刀几何参数不合理,如选用过小的前角、后角和主偏角； 5. 切削用量选用不当	1. 消除或防止由于车床刚度不足而引起的振动(如调整车床各部分的间隙)； 2. 增加车刀刚度和正确装夹车刀； 3. 增加工件的装夹刚度； 4. 选择合理的车刀角度(如适当增大前角,选择合理的后角和主偏角)； 5. 进给量不宜太大,精车余量和切削速度应选择恰当

二、沟槽的车削

(一)切断刀的装夹

装夹切断刀时应注意以下几点:

(1)切断刀伸出不宜过长,刀头中心线必须装得与工件轴线垂直,以保证两副偏角相等；

(2)切断实心工件时,切断刀必须装得与工件轴线等高,否则不仅不能切到中心,而且容易使切断刀折断；

(3)切断刀底面应平整,否则会使两副后角不对称。

(二)切断和车沟槽时的切削用量的选择

1. 背吃刀量(a_p)

切断和车沟槽时的背吃刀量等于切断刀的主切削刃宽度。

2. 进给量(f)

由于切断刀和车槽刀的刀头强度比其他车刀差,进给量太大,容易使切断刀折断；但进给量太小,又会使切断刀后刀面与工件产生强烈摩擦而引起振动。生产中常根据工件材料和刀具材料来选择进给量。

(1)对于高速钢切断刀:车削钢料时 $f=0.05\sim0.1$ mm/r；车削铸铁时 $f=0.1\sim0.2$ mm/r。

(2) 对于硬质合金切断刀:车削钢料时 $f=0.1\sim0.2$ mm/r;车削铸铁时 $f=0.15\sim0.25$ mm/r。

3. 切削速度(v_c)

(1) 对于高速钢切断刀:车削钢料时 $v_c=30\sim40$ m/min;车削铸铁时 $v_c=15\sim25$ m/min。

(2) 对于硬质合金切断刀:车削钢料时 $v_c=80\sim120$ m/min;车削铸铁时 $v_c=60\sim80$ m/min。

(三) 切断刀折断的原因和防止切断时产生振动的方法

1. 切断刀折断的原因

切断刀刀头强度较差,很容易折断,折断的原因有以下一些。

(1) 切断刀的几何形状刃磨得不正确。例如,副偏角和副后角太大、卷屑槽过深、主切削刃太窄、刀头过长等,都会大大削弱刀头强度。若刀头歪斜,切断时两边受力不均,也会使切断刀折断。

(2) 切断刀装夹时与工件轴线不垂直,使两副偏角不相等,或没有对准工件轴线。

(3) 进给量太大。

(4) 切断刀前角太大,中滑板松动,切断时容易引起"扎刀",从而导致切断刀折断。

为了防止切断刀折断,在操作时应针对上述原因预先检查并纠正。

2. 防止切断时振动的方法

切断时,往往容易产生振动,使切削无法正常进行,甚至可能损坏刀具。为了防止振动,可采用下述方法。

(1) 适当增大切断刀前角,以降低切削力。

(2) 在切断刀的主切削刃中间磨圆弧半径 R 为 0.8 mm 左右的凹槽(消振槽)。这样既能消除振动,还能起导向作用,保证切断面的平直。

(3) 大直径工件采用反向切断法,能防止振动,并使排屑顺利。

(4) 选用合适的主切削刃宽度。

(5) 在切断刀伸入工件部分的刀杆下面制出"鱼肚形"或圆弧形加强肋等,以减少因刀杆刚度低而引起的振动。

(6) 切断工件时,应尽可能靠近卡盘。

(7) 适当调整车床主轴间隙,中、小滑板间隙。

(8) 适当减慢车床的主轴转速。

一、键槽的铣削

（一）调整铣刀位置（对刀）

为了使键槽对称于轴线，必须使键槽铣刀的中心线或盘形铣刀的对称线通过工件的轴线（俗称对中）。调整铣刀位置（又称对刀）的方法很多，现介绍如下几种。

1. 擦侧面调整铣刀位置

用立铣刀或用较大直径的圆盘铣刀加工直径较小的工件时，可在工件侧面贴一层薄纸，然后使铣刀旋转，当立铣刀的圆柱面刀刃或三面刃铣刀的侧面刀刃刚擦到薄纸时，降低工作台，将横向工作台移动一个距离 A（mm），如图 4-39 所示，A 可用下式计算。

$$A = \frac{D + d_0}{2} + \delta \tag{4-2}$$

或

$$A = \frac{D + B}{2} + \delta \tag{4-3}$$

式中　D——工件直径（mm）；

　　　d_0——铣刀直径（mm）；

　　　δ——纸厚（mm）；

　　　B——铣刀宽度（mm）。

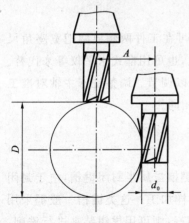

图 4-39　擦侧面调整铣刀位置

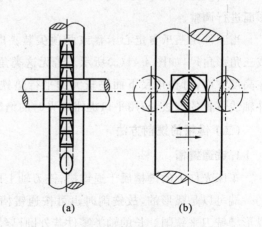

(a)　　　　　　　(b)

图 4-40　切痕对刀法

(a) 盘形铣刀的切痕对刀法；(b) 键槽铣刀的切痕对刀法

2. 按切痕调整铣刀位置

这种方法使用简便，虽精度不高，但是最常用的一种方法。

（1）盘形槽铣刀或三面刃铣刀的调整方法　如图 4-40（a）所示，先把工件粗调整到铣刀的对称位置上，开动机床，在工件表面上切出一个接近于铣刀宽度的椭圆形刀痕，然后移动横向工作台，使铣刀落在椭圆的中间位置。

（2）键槽铣刀的调整方法　如图 4-40（b）所示，键槽铣刀的切痕是一个边长等于铣刀直径的矩形小平面。调整时，使铣刀两刀刃在旋转时落在小平面的中间位置即可。

3. 利用百分表调整铣刀位置

用平口虎钳装夹工件时，如图 4-41（a）所示，先把工件夹紧，把百分表固定在铣床主轴上，用手转动主轴，观察百分表在钳口两侧的读数，并调整横向工作台，使百分表在钳口两侧的读数相等。

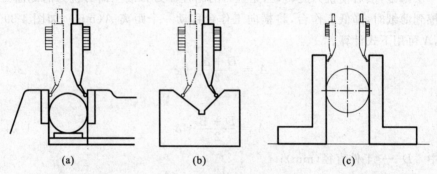

（a）　　　　　　　　　（b）　　　　　　　　　（c）

图 4-41　用百分表对刀

（a）用平口虎钳装夹工件；（b）用 V 形块装夹工件；（c）用三爪自定心卡盘或两顶尖装夹工件

当用工件 V 形块装夹时，如图 4-41（b）所示，先不装工件，并用百分表接触 V 形面进行调整。

当工件用三爪自定心卡盘或两顶尖装夹时，可在工件两侧放两把宽座角尺或三角形角尺，如图 4-41（c）所示。若无这类角尺，也可用框式水平仪等来代替。在高度方面，可在角尺下面垫较大的平行垫铁加以调节。调整铣床主轴对准工件轴线位置的方法，与用平口虎钳装夹时的情况相同。

（二）键槽的铣削方法

1. 铣通键槽

车床光杠上的键槽属于通键槽；铣刀轴上的键槽虽属半封闭键槽，由于封闭的一端可以是弧形的，故铣削时也可按通键槽一样加工。这类键槽一般都采用盘形槽铣刀来铣削。长的轴类零件若外圆已经磨好，则可用虎钳装夹进行铣削，如图 4-42（a）所示。为了避免因工件伸出钳口太多而产生振动和弯曲，可在伸出端用千斤顶来支承。若工件外圆只经过粗加工，则应采用三爪卡盘加后顶尖来装夹，中间还应采用千斤顶来支承。

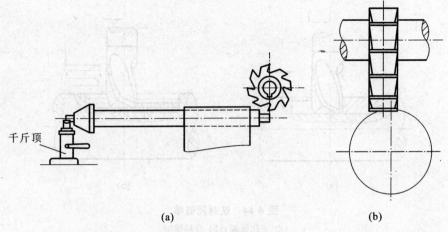

(a) (b)

图 4-42 铣通键槽

(a) 用虎钳装夹进行铣削;(b) 铣刀没有对准中心

当工件装夹完毕,并将中心对好以后,接着是调整铣削层深度。调整时先使旋转的刀刃和圆柱面接触,然后退出工件,再把工作台上升到键槽的深度,即可开始铣削。当铣刀开始切到工件时,应慢慢移动工作台(手动,而且不浇注切削液),仔细观察在铣削宽度接近铣刀宽度时,轴的一侧是否有先出现台阶的现象。如图 4-42(b)所示的情况,铣刀没有对准中心,这样铣削时工件中心右侧将产生台阶。此时铣刀应向台阶的一侧移动一段距离,一直到对准为止。

2. 铣封闭键槽

以图 4-43 所示的传动轴为例,介绍其加工方法和步骤。

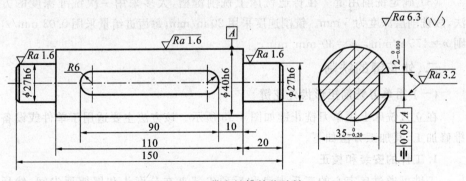

图 4-43 带有键槽的传动轴

(1) 铣削方法 铣封闭键槽的方法有两种。

①一次铣准键槽深度的铣削方法 一次铣准键槽深度的铣削方法如图 4-44(a)所示。这种加工方法对铣刀的使用较不利,因为铣刀在用钝时,其刀刃上的磨损长度等于键槽的深度。若刃磨圆柱面刀刃,则因铣刀直径磨小而不能再做精加工。因此,以磨去端面一段较为合理。但对刃磨过的铣刀直径,在使用之前需用千分尺进行检查。

137

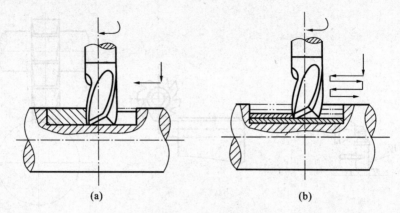

图 4-44 铣封闭键槽

（a）一次铣准；（b）分层铣削

②分层铣削法 如图 4-44(b)所示,每次铣削层深度只有 0.5 mm 左右,以较快的进给量往复进行铣削,直至切到预定的深度为止,这种加工方法称为分层铣削法。

这种加工方法的特点是:需在键槽铣床上加工,铣刀用钝后只需磨端面刃(磨削不到 1 mm),铣刀直径不受影响,在铣削时也不会产生让刀现象。但在普通铣床上进行加工,则操作不方便,生产效率低。对直径小的(如 5 mm)键槽铣刀,可避免让刀和防止折断。

（2）铣刀的选择 根据键槽宽度及极限偏差和公差,选择直径为 $\phi12$ mm、精度等级为 e8 的键槽铣刀加工。铣刀安装到主轴上时,应用百分表检查径向跳动量,若超过允差,则需重装。

（3）确定铣削用量 在普通铣床上铣削键槽,大多采用一次铣准深度的方法,故铣削层深度为 5 mm。铣削速度采用 20 m/min,每齿进给量采用 0.03 mm/z,则 $n=475$ r/min,$v_{\mathrm{f}}=30$ mm/min。

二、外花键的铣削

（一）用单刀铣削矩形齿外花键

在立式铣床上用单刀铣花键如图 4-45 所示。该方法主要适用于单件或设备维修加工,其加工方法如下。

1. 工件的安装和校正

工件可通过自定心的三爪卡盘和后顶尖装夹在分度头和尾架顶尖间,然后用百分表按下列三个方面进行校正,如图 4-46 所示。

（1）工件两端的径向圆跳动量。

（2）工件的上母线相对于工作台面的平行度。

（3）工件的侧母线相对于纵向工作台移动方向的平行度。

对细长的花键轴,在校正之后还应在工件长度的中间位置下面用千斤顶支承。

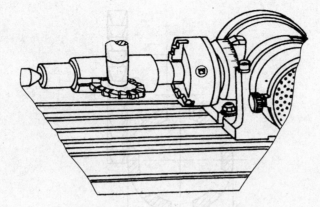

图 4-45　在立式铣床上用单刀铣花键

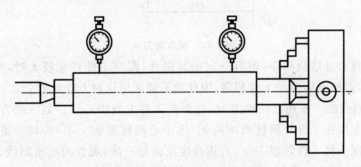

图 4-46　外花键铣削前工件的校正

2. 铣刀的选择和安装

花键两侧面的表面粗糙度一般都要求在 $Ra\ 1.6\sim3.2\ \mu m$,可选用三面刃铣刀,外径应尽可能小些,以减少铣刀的端面跳动量,保证键侧的表面粗糙度。

花键的槽底圆弧面可用厚度为 $2\sim3\ mm$ 的细齿锯片来粗铣,再用成形刀头精铣。

3. 对刀

对刀时,必须使三面刃铣刀的侧面刀刃和花键侧重合,以保证花键在宽度方向上及键侧的对称性。对刀的方法很多,常用的有以下几种。

(1) 侧面对刀法　先使铣刀侧面刀刃微微接触工件外圆表面,如图 4-47 所示,然后竖直向下退出工件,再使横向工作台朝铣刀方向移动一个距离 S,有

$$S = \frac{D-b}{2} \tag{4-4}$$

式中　S——工作台横向移动距离(mm);

　　　D——工件外径(mm);

　　　b——花键键宽(mm)。

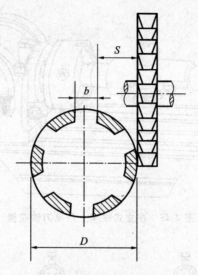

图 4-47   侧面对刀法

这种对刀方法虽简单,但有一定的局限性,即当工件外径较大时,受铣刀直径的限制,刀杆可能会和工件相碰,因此就不能采用这种方法对刀。

(2) 划线法   采用此法对刀时,先要在工件上划中心线。划线的方法是:用高度游标卡尺在工件外圆柱面的两侧(比中心高键宽的一半)各划一条中线,然后通过分度头将工件转过 180°,再用高度尺试划一次,观察两次所划线之间的宽度是否等于键宽,如不等,应调整高度尺的高度重划,直到划出正确的宽度为止。尺寸线划好后,再通过分度头将工件转过 90°,使划线部分外圆朝上,并用高度尺在工件端面划出花键的深度线(比实际深度深 0.5 mm 左右)。

在铣削时,只要使铣刀的侧面刀刃对准键侧线,圆周刀刃对准花键深度线,就可正确铣出花键。

(3) 试切法   试切法可在上述两种对刀方法的基础上进一步提高对刀精度。其具体的做法是:在分度头的三爪卡盘与尾座之间装夹一根直径与工件大致相同的试件,先用上述任一种对刀法初步对刀,并在试件上铣出适当长度的花键键侧 1,退出工件,经过 180°分度,再铣出键侧 2,如图 4-48(a)所示;接着移动横向工作台,铣出另一键侧 3,如图 4-48(b)所示;然后退出工件,使工件转过 90°,用杠杆百分表比较测量键侧 1、3 的高度,如图 4-48(c)所示,若高度一致,说明花键的对称性很好,如高度不一致,则可根据键侧 1、3 的高度差的一半,重新调整横向工作台位置,并使工件转过一个齿距,继续试切、测量,直到花键对称性达到要求为止。在校正花键对称性的同时,还应测量控制键侧 2、3 之间的宽度 b 是否合格。当对称性及键宽 b 都符合图样要求后,即对刀完毕,可正式换上工件进行铣削。

图 4-48(c)所示的比较测量法,一般也作为花键对称性的测量方法。

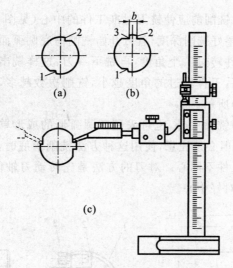

图 4-48　试切法对刀的步骤

（a）铣键侧 1 及 2；（b）铣键侧 3；（c）比较测量键侧 1 及 3 的高度

4. 铣键侧和槽底

花键的铣削顺序如图 4-49 所示。

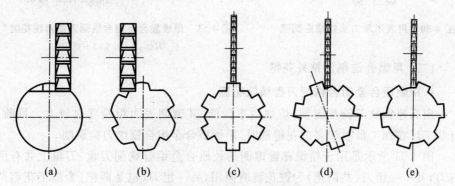

图 4-49　花键的铣削顺序

（a）铣花键右侧；（b）铣花键左侧；（c）锯片铣刀对中心
（d）开始铣槽底圆弧面；（e）槽底圆弧面铣毕

（1）铣键侧　对刀之后，可以先依次铣完花键的一侧，如图 4-49（a）所示，然后再移动横向工作台，依次铣花键的另一侧，如图 4-49（b）所示。工作台应向铣刀方向移动，移动的距离 S 可按下式计算：

$$S = B + b \tag{4-5}$$

式中　B——铣刀宽度（mm）；

　　　b——花键键宽（mm）。

在铣削花键的另一侧时，应在铣削第一条花键一小段后，测量一下键宽尺寸是否符合图样要求。

（2）铣槽底圆弧面　键侧铣好以后，槽底的凸起余量就用装在同一根刀杆上的锯片铣刀铣掉。铣削前应使铣刀对准工件的中心(见图 4-49(c)),然后使工件转过一个角度,调整好铣削深度,就可开始铣削槽底圆弧面(见图 4-49(d)),每铣好一刀后,应使工件转过一个角度,再铣下一刀,这样铣出的槽底是呈多边形的。因此,每铣一刀后工件转过的角度越小,铣削次数越多,槽底轮廓就越接近圆弧形,如图 4-49(e)所示。

除了用锯片铣刀铣槽底外,也可采用凹圆弧形的成形单刀头将槽底一次铣出,如图 4-50 所示。但必须注意,使用这种方法铣削槽底时,对刀不准会使铣出的槽底圆弧中心和工件不同心。对刀的方法是先转动刀轴使铣刀处于最下方,圆弧处缝隙一致,即对好中心。

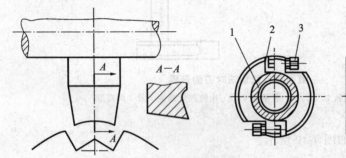

图 4-50 用成形单刀头铣槽底圆弧   图 4-51 用硬质合金组合铣削刀盘精铣花键

1—刀体;2—刀头;3—螺钉

(二)用组合铣削法铣外花键

1.用硬质合金组合铣削刀盘精铣花键

用高速钢铣刀铣花键轴,切削效率较低,其键侧表面粗糙度也较大。目前,有些工厂在加工数量较多的花键轴时,用硬质合金组合铣削刀盘铣削。

图 4-51 所示是用于精铣花键键侧的硬质合金组合铣削刀盘,刀盘上共有两组刀,其中一组刀(共两把)为铣花键两侧用,另一组刀(也是两把)为加工花键两侧倒角用。每组刀的左、右刀齿间的距离均可根据键宽或花键倒角的大小随意调整。使用这种刀盘精铣花键时,切削速度可达 120 m/min 以上,进给速度可达 375 mm/min,每侧的精铣余量一般为 0.15~0.20 mm。经精铣后的花键侧面表面粗糙度为 Ra 1.60~0.80 μm。这种精铣方法在一定程度上代替了花键磨床加工方法,如果加工时再配合自动分度头,还可减轻操作者的劳动强度。

2.用两把三面刃铣刀组合铣削花键

当工件数量较多时,可采用组合铣削法铣外花键,即在刀杆上安装两把三面刃铣刀,将外花键的左、右键侧同时铣出。这样不仅可提高生产率,还可简化操作步骤。

用组合铣削法铣外花键时,工件的安装、调整与用单刀铣花键时相同,但在选择和安装铣刀时,应注意下列几点:

（1）两把铣刀的直径必须相同；

（2）两把铣刀的间距应等于花键键宽，这可以由调整铣刀之间的垫圈或垫片的厚度来保证；

（3）对中心的方法是在工件上划出键宽线，使组合铣刀的内侧刃与键宽线对正，并铣出两个小刀痕，用肉眼观察两刀痕大小相同，并与键侧两边宽度一致，刀位对正，如图 4-52 所示。

对刀结束后，紧固横向工作台，换上工件，调整好铣削深度，即可开始铣削。采用组合铣削法铣花键、键侧和槽底时，

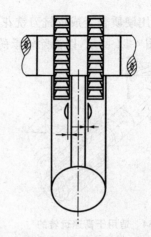

图 4-52 用组合铣刀铣花键时切痕对中心

可将工件两次安装分别铣削，这样可避免每铣一根花键轴都要移动横向工作台和调整铣削深度的麻烦。

（三）用成形铣刀铣花键

对于大批量的花键轴，可采用刀齿形状与花键槽形一致的成形铣刀一次铣出花键槽。与用单刀或组合铣削法铣花键相比，用成形铣刀铣花键的方法具有生产效率高、操作简单的特点。

目前生产中多数是使用铲齿的成形铣刀，如图 4-53（a）所示，它能保证沿刀齿前面重磨后，刀齿形状不变。如果没有铲齿铣刀，可将三面刃铣刀改磨成尖齿成形铣刀，如图 4-53（b）所示。镶硬质合金的铣刀和尖齿成形铣刀分别如图 4-53（c）、（d）所示，其可大幅度地提高生产效率，在生产上使用也日益普遍。

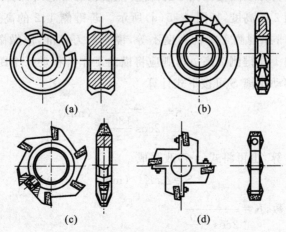

(a)　　　　　　　(b)

(c)　　　　　　　(d)

图 4-53 外花键成形铣刀

（a）使用铲齿的成形铣刀；（b）三面刃铣刀改磨成的尖齿成形铣刀；

（c）镶硬质合金的铣刀；（d）尖齿成形铣刀

采用硬质合金成形铣刀铣花键时,铣刀转速极高,应将挂架轴承改成滚动轴承,如图 4-54 所示,以消除轴承的间隙及防止高速运转时轴承咬死。

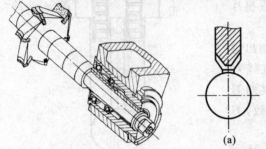

图 4-54　适用于高速运转的
滚动轴承挂架

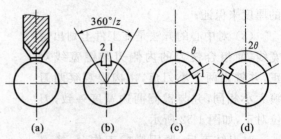

图 4-55　成形外花键铣刀的对刀步骤
(a) 铣刀接触工件外圆表面;(b) 铣一刀;
(c) 工件转动 θ 角;(d) 工件转动 2θ 角

成形铣刀的对刀方法较简单,可先目测使铣刀尽量对准工件中心,然后开动机床,逐渐升高工作台。通常移动横向工作台,使成形铣刀的两尖角同时接触工件外圆表面,如图 4-55(a) 所示;按花键的深度的四分之三铣一刀,如图 4-55(b) 所示,退出工件,检查花键的对称性。

检查的方法是:使工件沿顺时针方向转动一个角度 θ,如图 4-55(c) 所示,θ 角计算如下:

$$\theta = 90° - \frac{180°}{z} \tag{4-6}$$

式中　z——花键的齿数。

接着用杠杆百分表测量键侧 1 的高度,然后将工件逆时针转过 2θ 角,用杠杆百分表测量键侧 2 的高度,如图 4-55(d) 所示。若键侧 1、2 的高度一致,说明花键的对称性很好;如键侧 1、2 的高度不等,说明对刀不准,应做微量调整。若测量的结果是键侧 1 比键侧 2 高 Δx,则应将横向工作台移动一个距离 S,使键侧 1 向铣刀靠拢。移动距离 S 可按下式计算

$$S = \frac{\Delta x}{2\cos\frac{180°}{z}} \quad (\text{mm}) \tag{4-7}$$

为了便于计算,也可将式(4-7)改写成

$$S = \Delta x K \quad (\text{mm}) \tag{4-8}$$

式中　K——系数,$K = \dfrac{1}{2\cos\frac{180°}{z}}$。

为方便起见,可根据花键齿数 z 在表 4-6 中查出 K 值。在实际生产中,只要记住 K 值,就可迅速地算出横向工作台的移动距离 S。

表 4-6　成形铣刀铣花键的系数 K

花键齿数 z	3	4	6	8	10	16
系数 K	1	0.707	0.577	0.540	0.526	0.501

例 4-1　用成形铣刀铣 $z=4$ 的矩形齿花键,在用百分表测量花键的对称性时,两键侧的高度差 $\Delta x=0.10$ mm,求横向工作台的移动距离 S。

解　由表 4-6,当 $z=4$ 时,$K=0.707$。代入式(4-8)得

$$S=\Delta x K=0.10\times0.707 \text{ mm}=0.07 \text{ mm}$$

即横向工作台应移动 0.07 mm。

当用上述方式将花键两键侧铣至等高后,就可将横向工作台紧固,并按花键的深度调整好切削深度,然后就可开始铣削。

(四) 花键的质量分析

在铣床上用三面刃铣刀或成形铣刀铣花键时,要认真地对待每一道加工步骤,以加工出合格的工件。但在实际操作中,由于操作者的疏忽大意,或未掌握要领,难免会出现一些质量问题。其中较突出的和经常遇到的是键侧产生波纹、表面粗糙度大、花键的对称度超差等问题。这些弊病发生的原因及防止方法如表 4-7 所示。

表 4-7　花键铣削时常见的弊病及防止方法

铣刀类型	质量问题	产生原因	现　象	防止方法
成形铣刀	键侧产生波纹	刀轴与挂架轴承配合间隙过松,并缺少润滑油	铣削时挂架轴承部分发出不正常声音	调整间隙,加注润滑油或改装滚动轴承挂架
成形铣刀或三面刃铣刀	花键轴中段产生波纹	花键轴太细长,刚度低	铣至中段时工件发生振动	花键轴中段用千斤顶支承
成形铣刀	键侧及槽底有深啃现象	铣削时中途停刀		中途不能停止自动进给
成形铣刀或三面刃铣刀	花键的两端底径不一致	工件的上母线与工作台面不平行		重新校正工件上母线相对于工作台面的平行度

铣刀类型	质量问题	产生原因	现　　象	防止方法
成形铣刀或三面刃铣刀	花键对称度超差	对刀不准		重新对刀
三面刃铣刀或成形铣刀	花键键侧两端不平行	工件侧母线与纵向工作台走刀方向不平行		重新校正工件侧母线相对于纵向工作台走刀方向的平行度
成形铣刀	键宽超差及两端不一致	分度头尾架顶尖松紧不一致;分度头摇动时有间隙		保持尾架顶尖松紧一致;摇分度手柄时注意间隙
三面刃铣刀	键宽超差	单刀铣削时横向未摇准及垫圈不平造成刀具侧面摆动误差	铣刀盘两侧有晃动	横向尺寸要计算,并摇准位置,调换平行垫圈
成形铣刀或三面刃铣刀	花键等距超差	花键轴同心度未校正;分度头位置摇错		花键轴同心度重新校正;摇分度头时要细心
成形铣刀或三面刃铣刀	键侧表面粗糙度大	刀轴弯曲或刀轴垫圈不平行,引起铣刀轴向摆动	刀削不平稳	校直刀轴,修整垫圈平行度

任务三　轴类零件的磨削方法

一、粗磨和精磨

为了进行加工,工件加工表面应留有适当的余量。车削加工是工件外圆磨削前的工序,车削工序留下的并要在磨削中磨除的余量,称为磨削总量。它是工件在磨削前后的直径之差。当轴的直径小于 80 mm,长度与直径比值大于 10 时,余量一般为 0.3~0.5 mm;淬硬的细长轴磨削余量应较多,否则可取少些。磨削的总余量一般可由粗磨和精磨切除;加工要求较高的轴,总余量可由粗磨、半精磨、精磨加以切除,如图 4-56 所示。

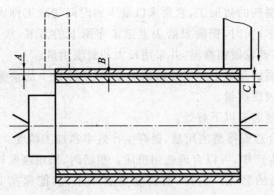

图 4-56　磨削余量

A—1/2 粗磨余量；B—1/2 半精磨余量；C—1/2 精磨余量

粗磨和精磨的余量如表 4-8 所示。

表 4-8　外圆的磨削余量(直径余量)　　　　　　　　　　　　　　　　(mm)

工件直径	余量限度	磨　削　前								粗磨后精磨前	精磨后研磨前
		未经热处理的轴				经热处理的轴					
		轴 的 长 度									
		100以下	101~200	201~400	401~700	100以下	101~300	301~600	601~1000		
≤10	最大	0.20	—	—	—	0.25	—	—	—	0.020	0.008
	最小	0.10	—	—	—	0.15	—	—	—	0.015	0.005
11~18	最大	0.25	0.30	—	—	0.30	0.35	—	—	0.025	0.008
	最小	0.15	0.20	—	—	0.20	0.25	—	—	0.020	0.006
19~30	最大	0.30	0.35	0.40	—	0.35	0.40	0.45	—	0.030	0.010
	最小	0.20	0.25	0.30	—	0.25	0.30	0.35	—	0.025	0.007
31~50	最大	0.30	0.35	0.40	0.45	0.40	0.50	0.55	0.70	0.035	0.010
	最小	0.20	0.25	0.30	0.35	0.25	0.35	0.40	0.50	0.028	0.008
51~80	最大	0.35	0.40	0.45	0.55	0.45	0.55	0.65	0.75	0.035	0.012
	最小	0.20	0.25	0.30	0.35	0.30	0.45	0.45	0.50	0.028	0.008
81~120	最大	0.45	0.50	0.55	0.60	0.55	0.60	0.70	0.80	0.040	0.014
	最小	0.25	0.35	0.35	0.40	0.35	0.40	0.45	0.45	0.032	0.010
121~180	最大	0.50	0.55	0.60	—	0.60	0.70	0.80	—	0.045	0.016
	最小	0.30	0.35	0.40	—	0.40	0.50	0.55	—	0.038	0.012
181~260	最大	0.60	0.60	0.65	—	0.70	0.75	0.85	—	0.050	0.020
	最小	0.40	0.40	0.45	—	0.50	0.55	0.60	—	0.040	0.015

粗磨是工件磨削的初加工,它要求以最少的时间切除工件大部分余量,这样可以提高生产效率;同时,粗磨要磨去上道工序留下的刀痕,从而为精磨创造条件。粗磨时,须将砂轮做粗修整,并采用较大的磨削用量。

精磨是在粗磨的基础上对工件做精加工,只切除极少的余量,进一步提高工件的加工精度和表面质量。

划分粗磨和精磨有以下好处。

(1) 有利于合理安排磨削用量,提高生产效率和加工精度。

(2) 在成批生产中,可以合理选用机床。粗磨时,采用刚度较高的磨床;精磨时,采用精度较高的磨床。这样,对高精度磨床来说,能保持其精度的长期稳定性。

(3) 精磨时,工件的应力和变形基本上完全消除,因此,有利于达到稳定的加工精度。

(4) 有利于合理选用砂轮。

二、磨床工作台的调整

为了获得精确的圆柱表面,必须把磨床工件台调整到正确的位置。工作台的位置正确是指工件的旋转中心与工作台纵向导轨平行,如图 4-57(a)所示。调整时,松开压板螺钉 5,转动螺杆 1,使上工作台 2 相对下工作台回转一个角度,如图 4-57(c)所示。在支座 6 上安装百分表,可较正确地控制调整量。常见的调整方法有以下几种。

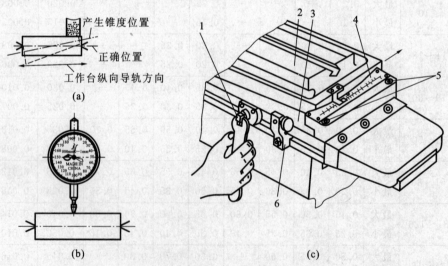

图 4-57 工作台的调整

(a) 工作台的正确位置;(b) 用百分表样棒调整工作台;(c) 调整方法

1—螺杆;2—上工作台;3—下工作台;4—刻度板;5—螺钉;6—支座

（一）粗磨找正

先测量工件磨削余量和原有锥度，在工作台基本正确的情况下，粗磨工件，测出工件全长上两端的直径差值，即可对工作台做适当调整。这种调整需要操作者有经验，且调整比较费时。

（二）对刀找正

用切入法分别在工件全长的两端对刀，根据两端出现火花时横向进给手轮刻度的读数值，即可判断工作台偏斜的情况。这种方法适用于较长的工件，调整简便，但调整不很精确。

（三）用百分表和样棒调整

如图 4-57（b）所示，将标准的样棒安装在两顶尖之间，移动工作台，按百分表读数进行调整。这种方法调整精确，但样棒长度应与工件相等。

三、外圆磨削的方法

常用的外圆磨削方法有纵向磨削法、切入磨削法、分段磨削法和深度磨削法等四种，磨削时可根据工件形状、尺寸、磨削余量和加工要求选择合适的方法。

（一）纵向磨削法

工作台行程终了（双行程或单行程）时，砂轮做周期性横向进给。每次吃刀量较小，磨削余量要在多次往复行程中磨去，如图 4-58（a）所示，砂轮超越工件两端的长度一般为$(1/3 \sim 1/2)B$（B 为砂轮宽度）。磨削台肩旁外圆时，要调整好挡铁位置，并控制工作台停留时间，以防止出现凸缘，如图 4-58（b）所示。

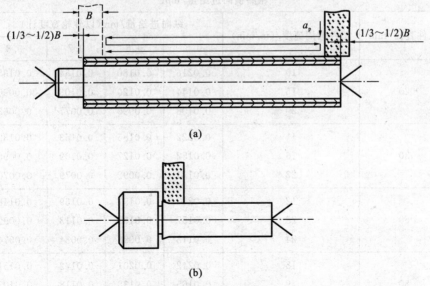

图 4-58　纵向磨削法

（a）磨削行程；（b）出现凸缘

纵向磨削法的特点如下。

(1) 在砂轮整个宽度上,磨粒的工作情况不同:砂轮的两个尖角磨削量较小,而砂轮宽度上的磨粒负担减小表面粗糙度的作用。纵向磨削法产生的磨削力和磨削热较小,用于精磨可获得较小的表面粗糙度和较高的加工精度。如适当增加"光磨"时间,可进一步提高加工质量。

(2) 由于吃刀量小,工作台往复时间长,故生产效率较低。

纵向磨削法的磨削用量如下。

(1) 背吃刀量 a_p 粗磨时 $a_p = 0.01 \sim 0.04$ mm,精磨时 $a_p \leqslant 0.01$ mm。

(2) 纵向进给量 f 粗磨时 $f = (0.4 \sim 0.8)\dfrac{B}{r}$,精磨时 $f = (0.2 \sim 0.4)\dfrac{B}{r}$。

(3) 工件圆周速度 v_w 一般取 $v_w = 13 \sim 20$ m/min。

表 4-9 所示为外圆磨削用量,可供磨削时参考。

表 4-9 外圆磨削用量

	工件直径/mm	20	30	50	80	120	200	300
粗磨	工件圆周速度/(m/min)	10~20	11~22	12~24	13~26	14~28	15~30	17~34
	工件转速/(r/min)	161~232	117~234	77~154	52~104	37~74	24~48	18~36
精磨	工件圆周速度/(m/min)	20~30	22~35	25~40	30~50	35~60	40~70	50~80
	工件转速/(r/min)	320~478	243~382	159~254	120~200	93~159	64~112	53~85

粗磨横向进给量/mm

工件直径/mm	工件圆周速度/(m/min)	纵向进给量/mm(以砂轮宽度计)			
		0.5	0.6	0.7	0.8
20	10	0.0216	0.0180	0.0154	0.0135
	15	0.0144	0.0120	0.0103	0.0090
	20	0.0108	0.0090	0.0077	0.0068
30	11	0.0222	0.0185	0.0153	0.0139
	16	0.0152	0.0127	0.0109	0.0096
	22	0.0111	0.0092	0.0079	0.0070
50	12	0.0237	0.0197	0.0169	0.0148
	28	0.0157	0.0132	0.0113	0.0099
	24	0.0118	0.0098	0.0084	0.0074
80	13	0.0242	0.0201	0.0172	0.0151
	19	0.0165	0.0138	0.0118	0.0103
	26	0.0126	0.0101	0.0086	0.0076

工件直径/mm	工件圆周速度/(m/min)	纵向进给量/mm(以砂轮宽度计)			
		0.5	0.6	0.7	0.8
120	14	0.0264	0.0220	0.0189	0.0165
	21	0.0176	0.0147	0.0126	0.0110
	28	0.0132	0.0110	0.0095	0.0083
200	15	0.0287	0.0239	0.0205	0.0180
	22	0.0196	0.0164	0.0140	0.0122
	30	0.0144	0.0120	0.0103	0.0090
300	17	0.0287	0.0239	0.0205	0.0179
	25	0.0195	0.0162	0.0139	0.0121
	34	0.0143	0.0119	0.0102	0.0089

（二）切入磨削法

切入磨削法又称横向磨削法。如图 4-59 所示,当砂轮宽度大于工件长度时,砂轮可连续横向切入磨削,磨去全部加工余量。粗磨时可用较高速度切入,但砂轮压力不宜过高,精磨时切入速度要低。磨削时无纵向进给运动。

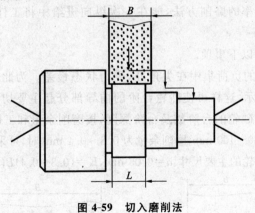

图 4-59 切入磨削法

切入磨削法的特点如下。

（1）整个砂轮宽度上磨粒的工作情况相同,且磨削作用良好,同时由于可连续做横向进给,故生产效率较高。

（2）磨削时产生较大的磨削力和磨削热,工件易产生变形,严重时会发生烧伤现象。

（3）由于无纵向进给运动,砂轮表面的形态(修整痕迹)会复印到工件表面上,影响工件的表面粗糙度。

（4）因受到砂轮宽度限制,切入法只适用于磨削长度较短的外圆表面。

(三）分段磨削法

分段磨削法又称综合磨削法，是切入法和纵向法的综合：先用切入法将工件分段进行粗磨（见图 4-60(a)），留精磨余量 0.03～0.04 mm；然后再用纵向法精磨工件至尺寸，如图 4-60(b)所示。这种方法利用了切入法生产效率高的优点，又有纵向法加工精度高的优点。分段时，相邻两段间应有 5～15 mm 的重叠。这种磨削方法适用于磨削余量大且刚度较高的工件，不适合长度过长的工件。通常以能分 2～3 段为最合适。

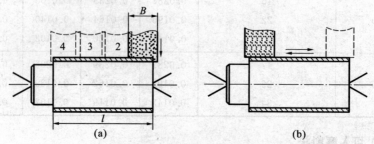

图 4-60　分段磨削法

（a）分段切入；(b)纵向精磨

(四）深度磨削法

这是一种高效率的磨削方法，能在一次纵向进给中将工件的全部磨削余量切除。

磨削时应注意以下事项。

(1) 由于磨削的负荷集中在尖角处，受力状态最差。为此，可将砂轮修成阶梯形，如图 4-61 所示，这样可使砂轮台阶的前导部分起主要切削作用，台阶后部起精磨作用。阶梯砂轮的台阶数及台阶深度，按磨削余量和工件长度确定。

工件长度 $L \geq 80～100$ mm，磨削余量为 0.3～0.4 mm 时，可采用双阶梯砂轮，如图 4-61(a)所示。砂轮的主要尺寸：$a = 0.05$ mm，$K = (0.3～0.4)B$（B 为砂轮宽度）。

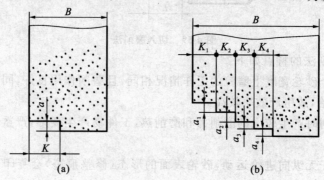

图 4-61　深度磨削法

（a）双阶梯砂轮；(b)五阶梯砂轮

当工件长度 $L \geqslant 100 \sim 150$ mm,磨削余量大于 0.5 mm 时,则采用五阶梯砂轮,如图 4-61(b)所示。砂轮的主要尺寸:$a_1 = a_2 = a_3 = a_4 = 0.05$ mm,$K_1 = K_2 = K_3 = K_4 = 0.6B$。显然,阶梯砂轮改善了砂轮的受力状态,可使磨削精度稳定地达到 IT7 级,表面粗糙度为 0.8 μm 左右。

（2）机床应具有较高的刚度,较大的功率。

（3）选用较小的纵向进给量。

（4）磨削时,要锁紧尾座套筒,防止工件脱落。

（5）磨削时注意充分冷却。

四、轴肩的磨削方法

工件上轴肩的形状如图 4-62 所示,其中:图 4-62(a)、(b)所示为带退刀槽的轴肩,一般用于端面对外圆轴线有垂直度要求的零件;图 4-62(c)所示为带圆角的轴肩,常用于强度要求较高的零件。

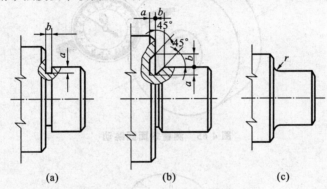

(a)   (b)   (c)

图 4-62　轴肩的形状

(a)、(b) 带退刀槽的轴肩;(c) 带圆角的轴肩

(一) 带退刀槽轴肩的磨削

磨削时,将砂轮退离外圆表面 0.1 mm 左右,用工作台纵向手轮来控制工作台纵向进给,如图 4-63 所示。间断均匀地进给,进给量要小。可观察火花来控制进给量。

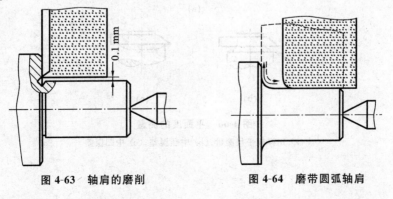

图 4-63　轴肩的磨削   图 4-64　磨带圆弧轴肩

（二）带圆弧轴肩的磨削

磨削这种轴肩时，应将砂轮一尖角修成圆弧面。外圆面的长度较短时，可先用切入法磨外圆，留 0.03～0.05 mm 余量，接着把砂轮靠近端面，再切入圆角和外圆，将外圆磨至尺寸，如图 4-64 所示。上述操作可使圆弧连接光滑。

（三）工件端面的测量

工件端面的测量包括两方面内容：平面度的测量和端面圆跳动的测量。

图 4-65 所示为测量端面圆跳动的方法。测量时，将百分表量杆垂直于端面放置，转动工件，百分表的读数差即为平面和圆跳动误差。图 4-66 所示为用样板平尺测量平面度的方法。端面的误差根据光隙的大小确定。端面的平面度误差有中凹和中凸两种。一般允许中凹，不允许中凸。

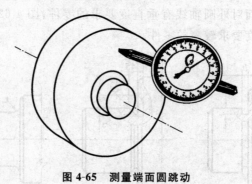

图 4-65　测量端面圆跳动

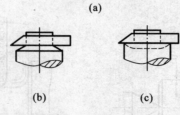

(a)

(b)　　　　　(c)

图 4-66　平面度的测量

(a) 用样板平尺测量；(b) 中凸误差；(c) 中凹误差

五、外圆磨削产生废品的原因及预防方法

表 4-10　外圆磨削中常见缺陷的产生原因及预防方法

缺 陷 名 称	产 生 原 因	预 防 方 法
工件表面出现直波形误差	1.砂轮不平衡 2.砂轮硬度太高 3.砂轮钝化后没有及时修整 4.砂轮修得过细,或金刚钻尖角已磨平,修出的砂轮不锋利 5.工件圆周速度过大,工件中心孔有多角形 6.工件直径、质量过大,不符合机床规格 7.砂轮主轴轴承磨损,配合间隙过大产生径向跳动 8.头架主轴轴承松动	1.注意保持砂轮平衡 (1)新砂轮需经过两次静平衡 (2)砂轮使用一段时期后,如果又出现不平衡,需要再进行静平衡 (3)砂轮停车前,先关掉切削液,使砂轮空转进行脱水,以免切削液聚集在下部而引起不平衡 2.根据工件材料性质,选择合适的砂轮硬度 3.及时修整砂轮 4.合理选择修整用量或翻身重焊金刚石,或将金刚石琢磨修尖 5.适当降低工作转速,修研中心孔 6.改在规格较大的磨床上磨削。如受设备条件限制而不能这样做,可降低磨削深度和纵向进给量及把砂轮修得锋利些 7.按机床说明书规定调整轴承间隙 8.调整头架主轴轴承间隙
工件表面有螺旋形痕迹	1.砂轮硬度高,修得过细,而磨削深度过大 2.纵向进给量太大 3.砂轮磨损,素线不直 4.金刚钻在修整器中未夹紧或金刚石在刀杆上焊接不牢,有松动现象,使修出的砂轮凹凸不平 5.切削液太少或浓度太小 6.工作台导轨润滑油浮力过大使工作台漂起,在运动中产生摆动 7.工作台运行时有爬行现象 8.砂轮主轴有轴向窜动	1.合理选择砂轮硬度和修整用量,适当减小磨削深度 2.适当降低纵向进给量 3.修整砂轮 4.把金刚钻装夹牢固,如金刚石有松动,需重新焊接 5.添加切削液或加大切削液浓度 6.调整导轨润滑油压力 7.打开放气阀,排除液压系统中的空气或检修机床 8.检修机床

缺陷名称	产生原因	预防方法
工件表面有烧伤现象	1. 砂轮太硬或粒度太细 2. 砂轮修得过细,不锋利 3. 砂轮太钝 4. 磨削深度、纵向进给量过大,或工件的圆周速度过低 5. 切削液不充足	1. 合理选择砂轮 2. 合理选择砂轮修整用量 3. 修整砂轮 4. 适当减小磨削深度和纵向进给量或增大工件的转速 5. 加大切削液浓度
工件有圆度误差	1. 中心孔形状不正确或中心孔内有污垢、铁屑、尘埃等 2. 中心孔或顶尖因润滑不良而磨损 3. 工件顶得过松或过紧 4. 顶尖在主轴和尾架套筒锥孔内贴合不紧密 5. 砂轮过钝 6. 切削液不充分或供应不及时 7. 工件刚度较低而毛坯形状误差又大,磨削时余量不均匀而引起磨削深度变化,使工件弹性变形,发生相应变化,结果磨削后的工件表面部分地保留着毛坯形状误差 8. 工件有不平衡质量 9. 砂轮主轴轴承间隙过大 10. 用卡盘装夹磨削外圆时,头架主轴径向跳动过大	1. 根据具体情况可重新修整中心孔,重打中心孔或把中心孔擦净 2. 注意润滑,如已磨损需重新修整中心孔或修磨顶尖 3. 重新调节尾架顶尖压力 4. 把顶尖卸下,擦净后重新装上 5. 修整砂轮 6. 保证充足的切削液 7. 磨削深度不能太大,并应随着余量减少而逐步减小,最后多做几次光磨 8. 磨削前事先加以平衡 9. 调整主轴轴承间隙 10. 调整头架、主轴轴承间隙
工件有圆柱度误差	1. 工作台未调整好 2. 工件和机床存在弹性变形 3. 工作台导轨润滑油浮力过大,运行中产生摆动 4. 头架和尾座顶尖的中心线不重合	1. 仔细找正工作台 2. 应在砂轮锋利的情况下仔细找正工作台。每个工件在精磨时,砂轮的锋利程度,磨削用量和光磨次数应与找正工作台时的情况基本保持一致,否则需要通过不均匀走刀加以消除 3. 调整导轨润滑油压力 4. 擦干净工作台和尾座的接触面。如果接触面磨损,则可在尾架底下垫上一层纸垫或薄铜皮,使前、后顶尖中心线重合

续表

缺 陷 名 称	产 生 原 因	预 防 方 法
工件呈鼓形	1.工件刚度低,磨削时产生弹性弯曲变形 2.中心架调整不适当	1.减少工件的弹性变形 (1)减小磨削深度,最后多做几次光磨 (2)及时修整砂轮,使其经常保持良好的切削性能 (3)工件很长时,使用适当数量的中心架 2.正确调整支承爪和支块对工件的压力
工件弯曲	1.磨削用量太大 2.切削液不充分,加入不及时	1.适当减小磨削深度 2.保持充足的切削液
工件两端尺寸较大,呈鞍形	1.砂轮超出工件端面太少 2.工作台换向时停留时间太短 3.磨细长轴时,顶尖顶得过紧 4.中心架支承爪压力过大	1.正确调整工作台上换向撞块位置,使砂轮越出工作端面为(1/3～1/2)砂轮宽度 2.正确调整停留时间 3.调整顶尖压力 4.调整中心架支承爪位置
轴肩旁外圆尺寸较大	1.换向时工作台停留时间太短 2.砂轮磨损,靠轴肩旁外角变圆或母线不直	1.延长停留时间 2.修整砂轮
台肩端面圆跳动误差	1.吃刀过大,退刀过快 2.切削液不充足 3.工件顶得过紧或过松 4.砂轮主轴有轴向窜动 5.头架主轴止推轴承间隙过大 6.用卡盘装夹磨削端面时头架主轴轴向窜动过大	1.吃刀时纵向摇动工作台要慢而均匀,光磨时间要充足 2.加大切削液 3.调节尾架顶尖压力 4.检修机床 5.调整止推轴承间隙
台肩端面中凸	1.进刀太快,光磨时间不够 2.砂轮与工件接触面积大,磨削压力大 3.砂轮主轴中心线与工作台运动方向不平行	1.进刀要慢而均匀,并光磨至没有火花为止 2.把砂轮端面修成内凹形,使工作面尽量狭窄,同时先把砂轮退出一段距离后吃刀,然后逐渐摇进砂轮,磨出整个端面 3.调整砂轮架位置

缺 陷 名 称	产 生 原 因	预 防 方 法
阶梯轴各外圆有径向圆跳动误差	1. 圆度误差原因与前面介绍的相同 2. 磨削用量太大或光磨次数不够 3. 磨削步骤安排不当 4. 用卡盘装夹有误差,或头架主轴径向跳动太大	1. 与前面介绍的消除圆度误差方法相同 2. 精磨时减少吃刀量并多做几次光磨 3. 划分粗磨、精磨,减少装夹次数 4. 仔细找正工件基准面,或调整头架主轴轴承精度

项目三　轴类零件加工实例

【学习目标】

掌握:轴类零件在不同类型机床上的加工工艺。

熟悉:轴类零件的常用加工工艺。

了解:轴类零件在加工中安全注意事项。

任务一　轴类零件车削加工

一、多台阶外圆的车削

(一) 操作准备

(1) 加工练习图样:图 4-67 所示的多台阶轴零件图。

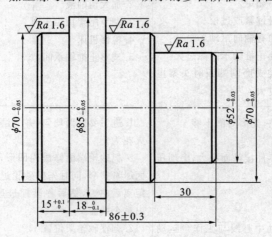

技术要求
未注倒角为C1。

图 4-67　多台阶轴零件图

（2）设备：C6140 型车床。

（3）量具：50～75 mm、75～100 mm 外径千分尺；0～150 mm 游标卡尺。

（4）刀具：90°外圆车刀、45°弯头车刀。

（5）辅助工具：划针盘、床护板、木槌等。

（6）毛坯：材料为 HT200，尺寸为 $\phi90$ mm×90 mm。

（二）操作步骤

（1）用四爪单动卡盘夹住外圆长 20 mm 左右，找正并夹紧。

（2）粗、精车端面（车出即可）。

（3）粗车 $\phi85.3$～$\phi85.5$ mm 外圆，长度车至靠近卡爪处；粗车 $\phi70.3$～$\phi70.5$ mm 外圆，长 14.8 mm。

（4）精车 $\phi85_{-0.05}^{0}$ mm 外圆；精车 $\phi70_{-0.05}^{0}$ mm 外圆，长 $15_{0}^{+0.1}$ mm。

（5）外圆倒角 $C1$。

（6）检查各外圆直径、长度尺寸，合格后拆下工件。完成图如图 4-68(a)所示。

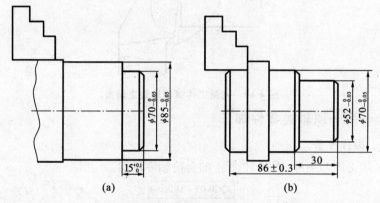

图 4-68　分步加工图

（7）将工件调头，用铜皮包住 $\phi70_{-0.05}^{0}$ mm 外圆，长 14 mm 左右，夹住，找正近卡爪处外圆和左侧平面并夹紧。

（8）粗、精车总长至 86±0.3 mm。

（9）粗车 $\phi70.3$～$\phi70.5$ mm 外圆，长 52.5 mm；粗车 $\phi52.3$～$\phi52.5$ mm 外圆，长 29.8 mm。

（10）精车外圆至 $\phi70_{-0.05}^{0}$ mm，并控制台阶长度 $15_{0}^{+0.1}$ mm；精车 $\phi52_{-0.03}^{0}$ mm 外圆，并控制台阶长度 30 mm。

（11）外圆倒角 $C1$。

（12）检查各外圆直径、长度尺寸及表面粗糙度，合格后拆下工件。完成图如图 4-68(b)所示。

（三）注意事项

（1）装夹工件时应注意是否夹紧并注意安全。

（2）注意车刀的正确安装，并进行试切削。

（3）加工过程中，应注意切削是否顺利，防止产生崩刃。

（4）在机动车削过程中注意力要集中，防止碰撞。

（5）车削台阶外圆时应注意端面与外圆相交处要清角，并注意保证平面平直。

（6）机床未停稳时，不允许使用量具测量工件。

特别提示：

台阶外圆车削时，要使台阶平面相交处垂直清角，在装夹 90°车刀时主偏角应略大于 90°，装夹时将主切削刃紧贴在工件的已加工表面上，要求刀尖与端面接触，切削刃与端面有很小的倾斜间隙，如图 4-69 所示。用手大致拧紧刀架螺钉，然后移动床鞍使车刀离开端面，最后再紧固。

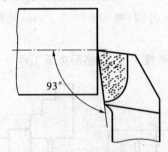

图 4-69　利用工件端面检查主偏角

二、一夹一顶轴类零件加工

（一）操作准备

（1）加工练习图样：图 4-70 所示的台阶轴零件图。

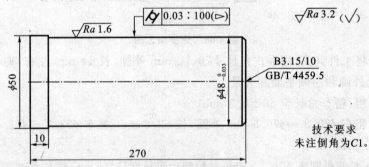

图 4-70　台阶轴零件图

$\boxed{\textcolor{gray}{/\!\!\diagup} \ 0.03{:}100(\triangleright)}$ 表示圆柱度误差且工件只允许顺锥，即在 100 mm 内左端的尺寸比右端的尺寸大 0.03 mm 以内。

（2）设备：C6140 型车床。

（3）量具：25～50 mm 外径千分尺、0～150 mm 游标卡尺。

（4）刀具：90°外圆车刀、45°弯头车刀、ϕ3.15 mm 的 B 型中心钻。

(5) 辅助工具:后顶尖、内六角扳手、钻夹头(莫氏 5 号)等。

(6) 毛坯:材料为 45 钢,尺寸为 $\phi 55$ mm×275 mm。

(二) 操作步骤

(1) 用三爪自定心卡盘夹住工件,尽可能伸出短些。

(2) 车端面(车出即可),钻 $\phi 3.15$ mm 的中心孔。

(3) 伸出工件,夹住 10 mm 长左右,另一端中心孔用后顶尖支顶。

(4) 粗车 $\phi 48.3 \sim \phi 48.5$ mm 外圆,长 260 mm,并把产生的锥度找正(在车削过程中,通过校正尾座来调整机床的锥度)。

(5) 精车 $\phi 48_{-0.033}^{0}$ mm 外圆,长 260 mm。

(6) 倒角 $C1$。

(7) 将工件调头并垫好铜皮,夹住工件 $\phi 48_{-0.033}^{0}$ mm 外圆,伸出端长 30 mm。

(8) 车端面,并保证总长 270 mm。

(9) 车 $\phi 50$ mm 外圆至要求,锐边倒钝。

(10) 检查各外圆直径、长度尺寸及表面粗糙度,合格后拆下工件。

(三) 注意事项

(1) 钻中心孔时尾座手柄转动不宜太快,以防止中心钻断裂。

(2) 切削前,应左右移动床鞍至全行程,观察床鞍有无碰撞现象。

(3) 为了保证切削时的刚度,在条件许可时尾座套筒不宜伸出过长。

(4) 车削前应检查工件是否夹紧,防止工件在轴向切削力的作用下产生移动,使后顶尖松动,导致事故发生。

(5) 加工过程中,应注意采用专用切屑钩清除切屑。

三、外沟槽车削

(一) 操作准备

(1) 加工练习图样:图 4-71 所示的外沟槽零件图。

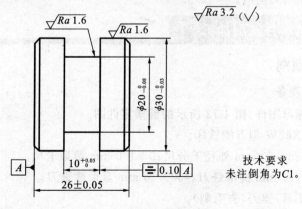

技术要求
未注倒角为$C1$。

图 4-71 外沟槽零件图

（2）设备：C6140 型车床。

（3）量具：0～25 mm、25～50 mm 外径千分尺；0～150 mm 游标卡尺；10 mm 塞规或量块。

（4）刀具：90°外圆车刀、45°弯头车刀、外沟槽车刀。

（5）辅助工具：锉刀（去毛刺）。

（6）毛坯：材料为 45 钢，尺寸为 $\phi 35$ mm×100 mm。

（二）操作步骤

（1）夹紧毛坯外圆，工件伸出长度为 35～40 mm，车端面，车出即可。

（2）粗加工、精加工外圆至 $\phi 30_{-0.03}^{0}$ mm，控制加工长度大于 30 mm。

（3）粗加工沟槽，控制右端外圆长度为 8.5 mm，槽宽为 9 mm，槽底车至 $\phi 20.5$ mm，留精加工余量。

（4）精加工沟槽，控制右端外圆长度为 $8_{-0.05}^{0}$ mm，沟槽宽度为 $10_{0}^{+0.05}$ mm。

（5）精加工沟槽底径至 $\phi 20_{-0.08}^{0}$ mm，槽底两侧清角。

在车槽底时可用塞规或块规检查，观察通端是否能塞至槽底，避免梯形槽产生，保证槽底清角。

（6）外圆倒角，沟槽两侧去毛刺。

（7）检查各项尺寸，合格后切断工件，保证工件长度 26±0.05 mm。

切断一夹一顶装夹的工件时，工件不能全部切断，否则会造成意外。可切至中心留 3～5 mm，停车后用木槌敲断。

（三）注意事项

（1）车槽刀主切削刃和主轴轴线平行。

（2）槽壁与槽底要垂直清角，防止产生小台阶。

（3）合理选择切削速度和进给量。

（4）正确使用游标卡尺、样板、塞规测量沟槽。

（5）正确使用切削液。

任务二　轴类零件铣削加工

一、键槽铣削

（一）操作准备

（1）加工练习图样：图 4-72 所示的键槽零件图。

（2）设备：X62W 型万能铣床。

（3）量具：25～50 mm 外径千分尺；0～150 mm 游标卡尺。

（4）刀具：$\phi 10$ mm 键槽铣刀、$\phi 60×10$ mm 盘形槽铣刀。

（5）辅助工具：锉刀（去毛刺）。

（6）毛坯：材料为 45 钢，尺寸为 $\phi 35$ mm×220 mm。

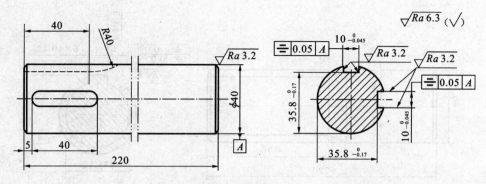

图 4-72 键槽零件图

（二）操作步骤

1. 铣封闭槽

（1）安装平口钳，校正固定钳口与工作台纵向进给方向平行。

（2）安装钻夹头和铣刀。

（3）调整切削用量（取 $n = 475$ r/min，每次进给时的切削深度 $a_p = 0.2 \sim 0.3$ mm），手动进给铣削工件。

（4）试铣并检查铣刀尺寸。

（5）安装并校正工件。

（6）划出键槽位置线。

（7）对刀，铣削。

（8）检查合格，拆下工件。

2. 铣半通键槽

（1）安装铣刀。

（2）调整切削用量（取 $n = 95$ r/min、$f = 47.5$ mm/min，一次铣到深度）。

（3）试铣检查铣刀尺寸。

（4）安装并校正工件。

（5）划出键槽长度尺寸线。

（6）对中心铣削。

（7）检查合格，拆下工件。

二、花键轴铣削

（一）操作准备

（1）加工练习图样：图 4-73 所示的花键轴零件图。

（2）设备：X62W 型万能铣床。

（3）量具：$25 \sim 50$ mm 外径千分尺；$0 \sim 150$ mm 游标卡尺。

（4）刀具：$\phi 90 \times 12$ mm 三面刃铣刀。

（5）辅助工具：锉刀（去毛刺）。

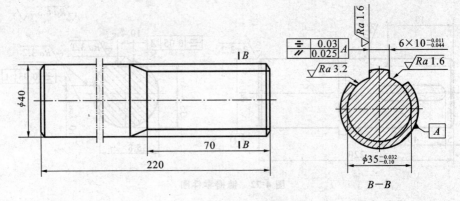

图 4-73　花键轴零件图

（6）毛坯：材料为 45 钢，尺寸为 $\phi40$ mm×220 mm。

（二）操作步骤

（1）安装 $\phi90$ mm×12 mm 三面刃铣刀。

（2）安装分度头及尾座并进行校正，安装三爪卡盘。

（3）采用一夹一顶方法装夹工件，校正工件圆跳动在 0.03 mm 内，校正工件上母线与工作台面的平行度以及工件侧母线与工作台进给方向的平行度在 0.025 mm 内。

（4）划出工件中心线及键宽线。

（5）键宽留有加工余量，试切调整好中心位置，并确定工作台偏移量。

（6）紧固横向进给锁紧装置，铣出各键的同一个侧面。

（7）松开横向进给锁紧装置，偏移工作台，铣出各键的另一个侧面，保证键宽尺寸。

（8）安装成形圆弧铣刀，将分度手柄摇 $3\frac{1}{3}$ 转，使其中一个键的小径圆弧部分处于上方。

（9）对刀调整中心位置，试铣确定小径尺寸。

（10）一次分度铣出小径圆弧。

（11）检查合格，拆下工件。

（三）常见问题、产生原因及注意事项

（1）花键键宽尺寸超差。原因是分度有误差或组合铣刀尺寸组合不正确。应注意铣削时将横向进给手柄紧固。用组合铣刀铣削时，应试铣检查，并注意中间抽查。

（2）花键两端键宽尺寸不相等。原因是工件在铣削中松动或铣削时分度头主轴紧固手柄没有紧固。

（3）花键等分超差。原因是分度手柄摇错或分度手柄摇过，没有消除分度

164

间隙。

（4）键侧与工件轴线不平行，小径两端面不平行。原因是上母线和侧母线没有校正好。

（5）小径圆周面与工件外圆周面不同轴。原因是工件圆周面的跳动没有校正好。

（6）表面粗糙度不符合要求。原因是铣刀变钝，刀杆弯曲，挂架轴承间隙大，铣削中存在振动或进给速度过快，铣削较长工件时中间没有支承等。

任务三　轴类零件磨削加工

(一) 操作准备

（1）加工练习图样：图 4-74 所示的接刀轴零件图。

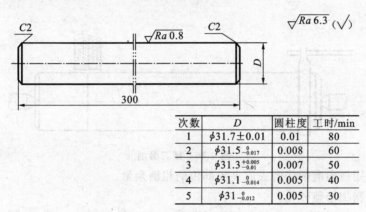

次数	D	圆柱度	工时/min
1	$\phi 31.7 \pm 0.01$	0.01	80
2	$\phi 31.5_{-0.017}^{0}$	0.008	60
3	$\phi 31.3_{-0.01}^{+0.005}$	0.007	50
4	$\phi 31.1_{-0.014}^{0}$	0.005	40
5	$\phi 31_{-0.012}^{0}$	0.005	30

图 4-74　接刀轴零件图

（2）设备：M1420 型万能外圆磨床。

（3）量具：25～50 mm 外径千分尺；0～150 mm 游标卡尺。

（4）刀具：外圆砂轮。

（5）辅助工具：扳手。

（6）毛坯：材料为 45 钢，尺寸为 $\phi 32$ mm×300 mm。

(二) 操作步骤

（1）在接刀轴任意一端外圆上装上夹头，根据接刀轴的长度调整头架、尾座间的距离。

（2）调整工作台纵向行程挡铁的位置。在近头架处使砂轮离轴端 30～50 mm 处换向，如图 4-75 所示。

（3）调整拨杆位置，使拨杆能带动工件旋转。

（4）粗修整砂轮。

（5）磨削外圆，找正工件圆柱度，使近头架端外圆尺寸比近尾座端外圆尺寸大约 0.005 mm。

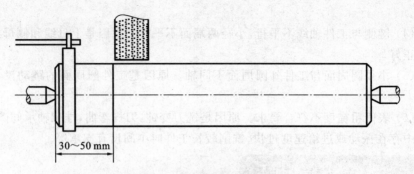

图 4-75　左端挡铁的调整位置

（6）粗磨外圆，留 0.03～0.05 mm 精磨余量。

（7）将工件取下调头，夹头装在刚磨好的外圆上，再装上机床，如图 4-76 所示。

图 4-76　接刀磨削

（8）用横向磨削法磨去原夹头部位的粗磨余量。

（9）精细修整砂轮。

（10）精磨外圆，消除砂轮精修后可能产生的圆柱度误差，并磨去精磨余量，控制工件尺寸和表面粗糙度，使其符合图样要求（工件尺寸最好控制在上偏差之内）。

（11）调头接刀，用纵向磨削法磨削接刀处外圆，控制横向进给量在 0.005 mm 之内。在磨削剩下的 0.03～0.05 mm 时，横向进给量减少，最后以无横向进给的光磨接平两外圆。

（三）注意事项

（1）磨削前注意检查中心孔的质量，保证被磨工件圆度小于 0.003 mm，以免接刀时产生接刀痕。

（2）调头接刀时，注意在外圆表面和夹头螺钉间垫上铜皮，避免工件表面留下被夹印痕。

（3）接刀磨削时，动作需协调，耐心细致地做好横向进给与纵向进给的配合，克服急躁情绪，避免进给过头。

（4）磨削时，注意浇注充分的切削液，避免工件产生烧伤的痕迹。

小　结

　　本模块内容是操作加工的基础部分,也可称为是入门,从轴类零件在不同机床上的装夹方法到加工方法,从理论到实践都进行了介绍。具体讲述了加工时的切削用量及各类零件的具体加工方法并附有实例讲解,并对零件在不同机床上加工时的注意事项及产生的不同问题进行了分析。

能 力 检 测

一、知识能力检测

　　1.车削轴类工件时,常用的工件装夹方法有_____、_____、_____、
_____四种。

　　2.用键槽铣刀铣削轴上键槽,常用的方法有_____和_____。

　　3.外圆磨削主要方法有_____、_____、_____、_____。

　　4.如何使工件轴心对准铣刀中心?

二、技术能力检测

　　1.根据图 4-77 完成双向台阶零件车削加工。

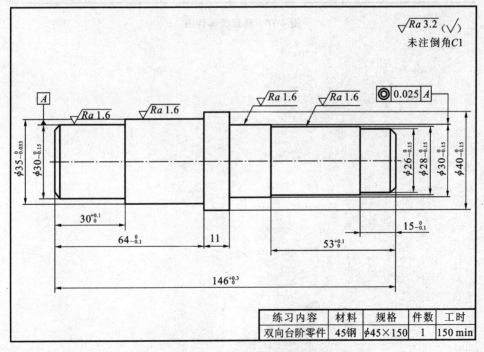

练习内容	材料	规格	件数	工时
双向台阶零件	45钢	$\phi45\times150$	1	150 min

图 4-77　双向台阶零件图

2. 根据图 4-78 完成环形槽铣削加工。

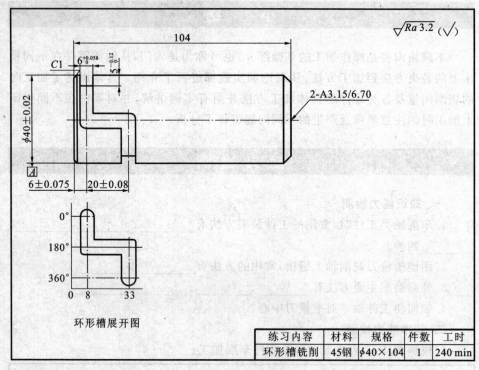

环形槽展开图

练习内容	材料	规格	件数	工时
环形槽铣削	45钢	$\phi 40 \times 104$	1	240 min

图 4-78　环形槽零件图

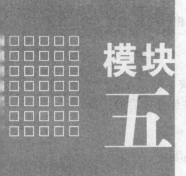

模块 五

套类零件的加工

项目一　套类零件的装夹

【学习目标】

掌握：套类零件在不同类型机床上的不同装夹方法。

熟悉：套类零件的常用装夹方法。

了解：套类零件在不同类型机床上的装夹要求。

任务一　套类零件在车床上的装夹

由于套类零件有各种不同形状和尺寸，精度要求也不尽相同，所以也有各种不同的安装方法（钻孔时工件的安装方法与车外圆时相同）。

一、车削套类零件的端面

要保证套类零件的两个端面的平行度和与内孔的垂直度，可以采用下面几种方法安装（前提是一个端面和内孔已经加工过，而需要车另一端面）。

（一）用三爪卡盘装夹

把工件与三爪卡盘卡爪台阶面贴平，如图 5-1（a）所示。

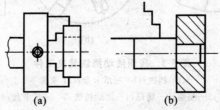

(a)　　　　　　　　　(b)

图 5-1　车端面时工件的装夹方法

(a) 用三爪卡盘装夹；(b) 用心轴装夹

（二）用心轴装夹

把工件套在心轴上，先车一根直径与工件孔径尺寸相同略带锥度的轴，与内孔紧配合，再车端面，如图 5-1(b) 所示。

（三）用端面挡铁装夹

如图 5-2 所示，将挡铁的一端插在主轴的锥孔中装夹。如果在工件上还要镗孔，那么可在挡铁端面上钻一个孔，孔的直径应大于工件镗好以后的孔径。

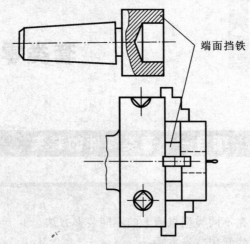

端面挡铁

图 5-2　应用端面挡铁

也可应用活动挡铁，就是在三爪卡盘上制出三只螺孔，将如图 5-3(a) 所示的挡铁安装在三爪卡盘上（见图 5-3(b)。挡铁的位置根据工件直径来确定，要保证工件端面能靠平。挡铁装好后，把需要与工件接触的螺钉平面精车一刀，然后将工件装上，贴平，按如图 5-3(c) 所示方式夹紧即可。但必须注意，三爪卡盘的三个爪的工作面必须和主轴轴线平行。

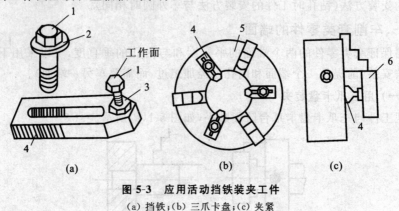

工作面

(a)　　　　　　　　(b)　　　　　　　　(c)

图 5-3　应用活动挡铁装夹工件

(a) 挡铁；(b) 三爪卡盘；(c) 夹紧

1—螺钉；2—垫圈；3—螺母；4—活动挡铁；5—三爪卡盘；6—工件

应用这种挡铁比较方便，当螺钉厚度车完后，只要调换一只螺钉就可以了，并且直径大小可以任意调节。

（四）用软卡爪装夹

软卡爪是用未经淬火的钢料（45 钢）制成的。这种卡爪可以自己制造，就是将原来的硬卡爪前半部拆下，如图 5-4（a）所示，然后换上软卡爪，用两只螺钉紧固在硬卡爪的下半部上，然后把软卡爪车成所需要的形状，工件就可夹在上面。如果卡爪是整体式的，在旧卡爪的前端焊上一块钢料也可制成软卡爪，如图 5-4（b）所示。

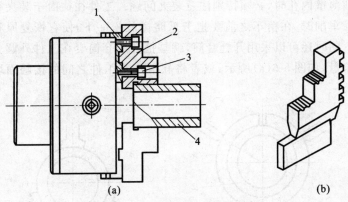

图 5-4　用软卡爪盘装夹工件

（a）装配式软卡爪；（b）焊接式软卡爪

1—硬卡爪的下半部；2—软卡爪；3—螺钉；4—工件

软卡爪的最大特点是工件虽经几次装夹，仍能保持一定的相互位置精度（一般在 0.05 mm 以内），可减少大量的装夹找正时间。此外，当装夹已加工表面或软金属零件时，不易夹伤零件表面，又可根据工件的特殊形状相应地车制软爪，以装夹工件。软卡爪在工厂中已得到越来越广泛的使用。

如果工件的外圆已经过精加工，只要加工内孔，并要求内、外圆同轴，这时也可以应用软卡爪夹住外圆来车内孔。

车削软爪时，为了消除间隙，必须在卡爪内或卡爪外放一适当直径的定位圆柱或圆环。定位圆柱或圆环的安放位置应与零件的装夹方向一致，如图 5-5所示。

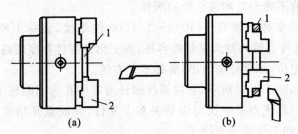

图 5-5　用软卡爪装夹

（a）软卡爪夹紧工件；（b）软卡爪以工件内孔胀紧

1—定位圆环；2—软卡爪

当软卡爪夹紧工件时,定位圆柱应放在卡爪的里面,用卡爪底部夹紧,如图 5-5(a)所示。

当软卡爪以工件内孔胀紧时,定位圆环应放在卡爪的外面,如图 5-5(b)所示。

二、车削薄壁套筒的内孔

在车削薄壁内孔时,必须特别注意装夹问题。工件往往由于装夹得不好,而发生变形。车削时,在精车之前要把卡爪略微放松一下,使它恢复原状,然后再轻轻夹紧。同时还可以采用开缝套筒,就是把开缝套筒套在工件外圆上,并一起夹住三爪卡盘,如图 5-6(a)所示;或者将软卡爪与工件之间的接触面增大,如图 5-6(b)所示。

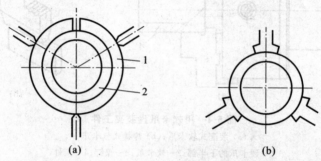

(a)   (b)

图 5-6 薄壁套工件的装夹方法
(a) 采用开缝套筒;(b) 增大接触面
1—套筒;2—工件

三、工件以内孔定位

中小型的套、带轮、齿轮等零件,一般可用心轴,以内孔作为定位基准来保证工件的同轴度和垂直度。心轴由于制造容易,使用方便,因此在工厂中应用得很广泛。常用的心轴有下列几种。

(一)实体心轴

实体心轴有不带台阶和带台阶的两种。

不带台阶的实体心轴有 1:1000～1:5000 的锥度,又称小锥度心轴,如图 5-7(a)所示。这种心轴的特点是制造容易,加工出的零件精度较高。其缺点是长度方向上无法定位,承受切削力小,装卸不太方便。

台阶心轴如图 5-7(b)所示,它的圆柱部分与零件孔为间隙较小的配合,工件靠螺母来压紧。其优点是一次可以装夹多个零件,其缺点是精度较低。如果装上快换垫圈,装卸工件就很方便了。

(二)胀力心轴

胀力心轴依靠材料弹性变形所产生的胀力来固定工件,由于装卸方便,精度较高,应用很广泛。

可装在机床主轴孔中的胀力心轴如图 5-7(c)所示。根据经验,胀力心轴塞的锥角最好为 30°左右,最薄部分壁厚 3～6 mm。为了使胀力保持均匀,可在圆周上做三个等分槽,如图 5-7(d)所示。临时使用的胀力心轴可用铸件做成,长期使用的胀力心轴可用弹簧钢(如 65Mn)制成。这种心轴使用最方便,得到了广泛采用。

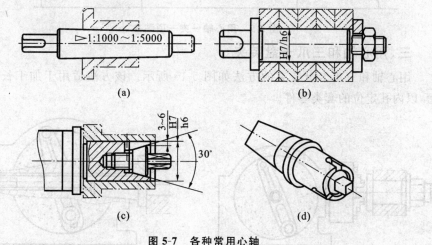

(a)　　　　　　　　　　　　　(b)

(c)　　　　　　　　　　　　　(d)

图 5-7　各种常用心轴

(a) 小锥度心轴;(b) 台阶心轴;(c) 胀力心轴;(d) 胀力心轴上开等分槽

用心轴装夹是一种以工件内孔为基准来达到相互位置精度的方法,其特点是,设计制造简单,装卸方便,比较容易达到技术要求。

任务二　套类零件在铣床上的装夹

一、用心轴在两顶尖间装夹

如图 5-8 所示,用两顶尖装夹能加工长度较长的套类零件,在多次安装后仍能保证零件位置精度,同时装拆方便,易于保证零件在加工时的尺寸精度。但缺点是切削力不能过大,容易引起工件振动,影响工件表面粗糙度及位置精度。

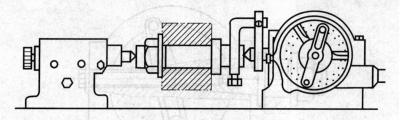

图 5-8　用心轴在两顶尖间装夹

二、用心轴一夹一顶装夹

如图 5-9 所示,相对于用两顶尖装夹工件,一夹一顶装夹方法装拆方便,加工切削力大,从而缩短加工时间,并能得到较高的表面粗糙度。

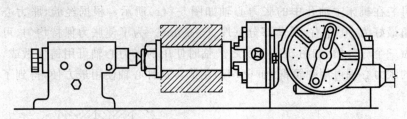

图 5-9　用心轴一夹一顶装夹

三、用心轴和三爪卡盘装夹

用心轴和三爪卡盘装夹的方法如图 5-10 所示。该方法适用于加工长度较短，以内孔定位的套类零件。

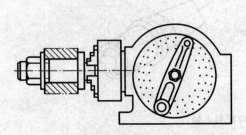

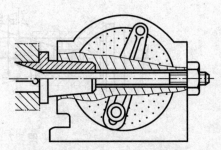

图 5-10　用心轴和三爪卡盘装夹　　　　图 5-11　用胀力心轴装夹

四、用胀力心轴装夹

用胀力心轴装夹的方法如图 5-11 所示。该方法适用于加工以内孔及端面同时定位的套类零件，其优点是装拆方便、定位准确。

五、用锥度心轴装夹

用锥度心轴装夹如图 5-12 所示。该方法适用于加工长度较短的零件，中心定位精度比用胀力心轴和用心轴和三爪卡盘装夹的高，且装拆方便，不影响零件的位置精度。

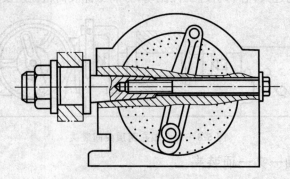

图 5-12　用锥度心轴装夹

任务三　套类零件在磨床上的装夹

一、用三爪自定心卡盘装夹工件

三爪自定心卡盘的精度较低,工件夹紧后的径向跳动量为 0.08 mm 左右。

三爪自定心卡盘是通过过渡盘装到磨床主轴上的,过渡盘的结构随磨床主轴结构不同而不同。带锥柄的过渡盘如图 5-13 所示,它的锥柄与主轴前端内锥孔配合,并用通过主轴贯穿孔的拉杆拉紧过渡盘,这种连接方法常用于万能外圆磨床。带内锥孔的过渡盘如图 5-14 所示。它的内锥孔与主轴的锥面配合,先用螺钉把过渡盘紧固在主轴前端上,再用百分表检查它的端面跳动量,校正跳动量(不大于 0.015 mm),然后把卡盘安装在过渡盘上即可。

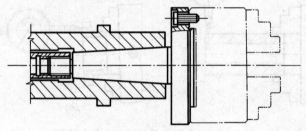

图 5-13　带锥柄的过渡盘

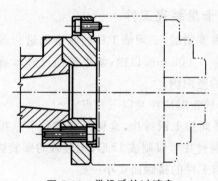

图 5-14　带锥孔的过渡盘

使用三爪自定心卡盘时应注意以下几点。

(1) 经常保持平面螺纹与卡爪啮合处的清洁。使用一段时间后,可以将三个卡爪拆下来,以便清除丝盘上的磨屑,使卡爪移动灵活。

(2) 每个卡爪都有一个固定位置,在卡盘体径向槽处和每个卡爪上分别刻有编号 1、2、3,装卡爪时必须对号装入。

(3) 卡爪的夹持部分要注意保护,校正时不能敲击卡爪。卡爪夹持表面严重"塌角"时,允许做适当修磨。

(4) 卡盘本身的定心精度一般较低,对于成批磨削、径向跳动量要求较严格的工件,可以采用调整卡盘的方法来提高工件的定心精度。可以把装卡盘的过渡盘上的定心台阶的外圆直径磨小 0.4~0.5 mm,使之与卡盘的配合孔之间有较大间隙,卡盘有可能在径向有较大的位移量,便于调整。调整时,用百分表测出工件外圆的跳动量,并用铜棒轻轻敲击卡盘体外圆,直到工件径向跳动量达到规定的要求为止。

(5) 装夹较长的工件时,工件轴线容易发生偏斜,工件外端的径向跳动量往往较大,需要进行校正,如图 5-15(a)所示;另外,对于盘形工件,其端面容易倾斜,也需要校正,如图 5-15(b)所示。校正时,先测量出工件外端或工件端面的跳动量,然后用铜棒敲击工件有关部位,直到跳动量符合要求为止。

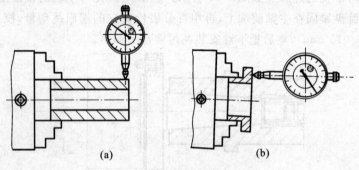

(a)　　　　　　　　　　(b)

图 5-15　工件在三爪自定心卡盘上校正

(a) 套类零件校正;(b) 盘类零件校正

二、用四爪单动卡盘装夹工件

工件在卡盘上大致夹紧后,必须依工件的基准面进行校正。用百分表,可以将基面的跳动量校正在 0.005 mm 以内,如果基面尺寸本身留有余量,则跳动量可以在磨削余量 1/3 的范围内。

用卡盘装夹工件,校正时应注意以下几点。

(1) 在卡爪和工件间垫上铜衬片,这样既能避免卡爪损伤工件外圆,又利于工件的校正。较好的铜衬片可以制成 U 形,用较软的螺旋弹簧固定在卡爪上,如图 5-16 所示,铜衬片与工件的接触面要小一些。

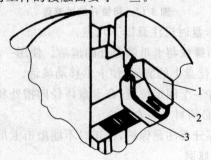

图 5-16　铜衬片结构

1—卡爪;2—软弹簧;3—铜衬片

（2）装夹较长的工件时，工件夹持部分不要过长（夹持10～15 mm）。先校正靠近卡爪的一端，再校正另一端，如图5-17所示。校正靠近卡爪的一端时，可调整两个对称卡爪的松紧；校正远离卡爪的一端时，不能调整卡爪的松紧，只能用铜棒在工件的最高处轻轻敲击校正，最后再重新检查靠近卡爪的一端。经过反复校正，直到工件的径向圆跳动量在规定数值以内为止。按照工件的要求，校正时可以分别使用划针盘或百分表。用百分表校正精度可达0.005 mm。

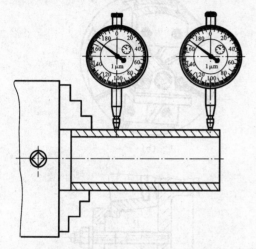

图5-17　工件在四爪单动卡盘上校正　　　图5-18　盘形工件在四爪单动卡盘上校正

（3）盘形零件一般以外圆和端面作为校正基准，如图5-18所示。这类工件校正时，需先校正端面，然后校正外圆。校正端面时，按百分表读数，端面哪一点高，就用铜棒敲击哪一点。校正外圆时仍可调节卡爪的松紧程度。经反复校正后即可达到预定的要求。

（4）磨齿轮孔时，须先用百分表校正工件端面，然后校正齿圈（分度圆）。校正端面时，用铜棒敲击端面跳动值大的部位；校正齿圈时，先把量棒（直径≥1.7倍齿轮模数）放在齿槽中，并用松紧带缚住，使量棒的圆柱表面与齿槽两侧紧密接触，然后用百分表校正。须用量棒调整四个卡爪的位置，如图5-19所示。

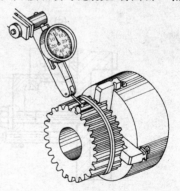

图5-19　齿轮在四爪单动卡盘上校正

三、用花盘装夹工件

花盘是一种铸铁圆盘，在花盘的盘面上有很多径向分布的T形槽，可以安插各种螺栓，以夹紧工件。工件可以用压板和螺栓直接装夹在花盘上（见图5-20（a）），也可以通过精密角铁装夹在花盘上（见图5-20（b））。

花盘主要用于安装各种外形比较复杂的工件,如铣刀、支架、连杆等。

用花盘安装时,应注意以下几点。

(1) 用几个压板压紧工件时,夹紧力要均匀,压板要放平整,夹紧力方向应垂直于工件的定位基准面,如图 5-20(c)所示。图 5-20(d)～(f)所示为几种压板使用不当的情况,在装夹时要避免。

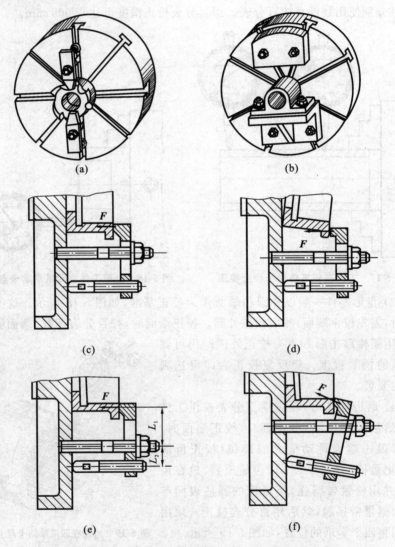

图 5-20　用花盘安装工件

(a) 用压板和螺栓装夹工件;(b) 通过精密角铁装夹工件;
(c)、(d)、(e)、(f) 用压板压紧工件

(2) 用花盘装夹不对称工件时,应在花盘上加一平衡块,并适当调整它的位置,使花盘保持平衡。

四、用卡盘和中心架装夹工件

磨削较长的轴套类零件内孔时,可以采用卡盘和中心架组合安装的方法,如图 5-21 所示,以提高工件安装的稳定性。

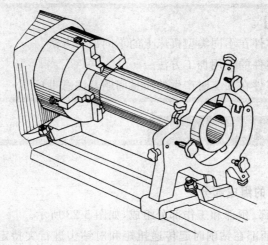

图 5-21 用卡盘和中心架装夹工件

内圆磨削用的中心架为闭式中心架,如图 5-22 所示。

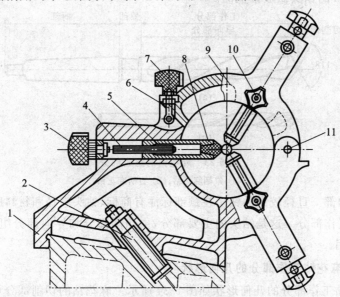

图 5-22 闭式中心架

1—架体;2—螺钉;3—捏手;4—螺杆;5—支承;6—螺钉;
7—螺母;8—爪;9—卡盖;10—夹紧捏手;11—铰链

项目二 套类零件的加工

任务一 套类零件的车削方法

一、麻花钻

(一)麻花钻的组成部分

麻花钻由柄部、颈部和工作部分组成，如图 5-23 所示。

(1)柄部 柄部在钻削时起传递扭矩和对钻头进行夹持定心的作用。麻花钻的柄部有直柄和莫氏锥柄两种：一般直径小于 13 mm 的钻头做成直柄的；直径大于 13 mm 的钻头做成锥柄的。

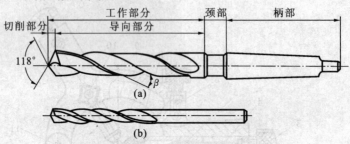

图 5-23 麻花钻的组成部分

(a)锥柄麻花钻；(b)直柄麻花钻

(2)颈部 直径较大的钻头在颈部标注有商标、钻头直径和材料牌号。

(3)工作部分 这是钻头的主要部分，由切削部分和导向部分组成，起切削和导向作用。

(二)麻花钻工作部分的几何形状

麻花钻工作部分的几何形状如图 5-24 所示。麻花钻的切削部分可看作正反的两把车刀，所以它的几何角度的概念与车刀的基本相同，但也有其特殊性。

(1)螺旋槽 钻头的工作部分有两条螺旋槽，它的作用是构成切削刃、排出切屑和通切削液。

螺旋角 β 是螺旋槽上最外缘的螺旋线展开成直线后与轴线之间的夹角。由于同一个钻头的螺旋槽导程是一定的，所以不同直径处的螺旋角是不同的，越近

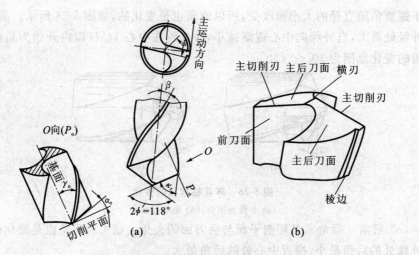

图 5-24 麻花钻的几何形状
(a)麻花钻的角度;(b)外形图

中心处的螺旋角越小,反之越大。钻头上的名义螺旋角是指外缘处的螺旋角,如图 5-24 所示。标准麻花钻的螺旋角在 18°~30°之间。

(2)前刀面 麻花钻的前刀面指螺旋槽面。

(3)主后刀面 麻花钻的主后刀面指钻顶的两个螺旋圆锥面。

(4)顶角 钻头两主切削刃之间的夹角称为顶角(2ϕ)。顶角大、主切削刃短、定心差,钻出的孔容易扩大。但顶角大,前角也增大,切削省力,顶角小则反之。一般标准麻花钻的顶角为 118°±2°。

当麻花钻顶角为 118°时,两主切削刃为直线形的;如果顶角不等于 118°,主切削刃就变为曲线形的,如图 5-25 所示。

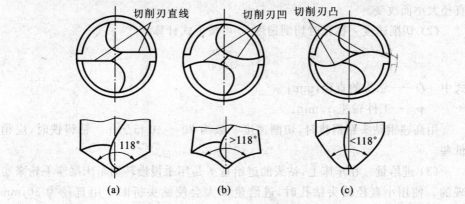

图 5-25 麻花钻顶角大小对切削刃的影响
(a) $2\phi = 118°$;(b) $2\phi > 118°$;(c) $2\phi < 118°$

(5)前角 前角 γ_o 是基面与前刀面的夹角。麻花钻前角的大小与螺旋角、顶角、钻心直径等有关,而其中影响最大的是螺旋角。螺旋角越大,前角也越大。

由于螺旋角随直径的大小而改变,所以前角也是变化的,如图 5-26 所示。前角靠近外缘处最大,自外缘向中心逐渐减小,并且约在中心 1/3D 以内开始为负前角。前角的变化范围为 $30° \sim -30°$。

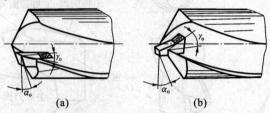

图 5-26　麻花钻前角的变化

(a) 外缘处前角;(b) 钻心处前角

(6) 后角　后角 α_o 是切削平面与后刀面的夹角。钻头的后角也是变化的,靠近外缘处的后角最小,接近中心处的后角最大。

(7) 横刃　横刃是钻头两主切削刃的连接线,也就是两个主后刀面的交线。横刃太短会影响麻花钻钻尖强度;横刃太长会使进给力增大,对钻削不利。

(8) 横刃斜角　横刃斜角 ψ 是在垂直于钻头轴线的端面投影图中,横刃与主切削刃之间的夹角。它的大小由后角的大小决定。后角大时,横刃斜角就减小,横刃变长,钻削时进给力增大,后角小时情况相反。横刃斜角一般为 $55°$。

(9) 棱边和倒锥　麻花钻的导向部分的作用是在切削过程中保持钻削方向,修光孔壁以及作为切削部分的后备部分。但在切削过程中,为了减少与孔壁之间的摩擦,在麻花钻上特地制出两条倒锥形的刃带(即棱边)。

(三) 麻花钻钻孔时的切削用量选择

(1) 背吃刀量　钻孔时的背吃刀量 a_p 是钻头直径的一半,因此它随着钻头直径大小而改变。

(2) 切削速度　钻孔时切削速度 v_c 可按下式计算:

$$v_c = \frac{\pi D n}{1000}$$

式中　D——钻头的直径,mm;

　　　n——工件转速,r/min。

用高速钢钻头钻钢料时,切削速度一般为 $20 \sim 40$ m/min。钻铸铁时,应稍低些。

(3) 进给量　在车床上,钻头的进给量 f 是用手慢慢转动车床尾座手轮来实现的。使用小直径钻头钻孔时,进给量太大会使钻头折断。用直径为 30 mm 的钻头钻削钢料时,进给量选 0.1~0.35 mm/r;钻铸铁时,进给量选 0.15~0.4 mm/r。

(4) 切削液　钻削钢料时,为了不使钻头过热,必须加注充足的切削液。钻削铝时,可以用煤油;钻削铸铁、黄铜、青铜时,一般不用切削液,如果需要,也可用乳化液；钻削镁合金时，切忌用切削液，因为用切削液后会起氧化作用（助燃）而引起燃烧，甚至爆炸，只能用压缩空气来排屑和降温。

由于在车床上钻孔时，切削液很难深入到切削区，所以在加工过程中应经常退出钻头，以利排屑和冷却钻头。

二、扩孔和锪孔

用扩孔工具扩大工件孔径的加工方法称为扩孔。常用的扩孔刀具有麻花钻、扩孔钻等。一般工件的扩孔，可用麻花钻。对孔的半精加工，可用扩孔钻。

（一）用麻花钻扩孔

在实体材料上钻孔时，小孔径孔可一次钻出。如果孔径大，钻头直径也大，由于横刃长，进给力大，钻削时很费力，这时可分两次钻削。例如钻 50 mm 直径的孔，可先用 25 mm 直径的麻花钻钻孔，然后再用 50 mm 直径的麻花钻将孔扩大。

扩孔时，由于钻头横刃不参加工作，进给力减小，进给省力，但因钻头外缘处的前角大，容易把钻头拉进去，使钻头在尾架套筒内打滑。因此，在扩孔时，应把钻头外缘处的前角修磨得小些，并对进给量加以适当控制，决不要因为钻削轻松而加大进给量。

（二）用扩孔钻扩孔

扩孔钻有高速钢扩孔钻和硬质合金扩孔钻两种，如图 5-27 所示。扩孔钻在自动机床和镗床上用得较多，它的主要特点如下。

（1）切削刃不必自外缘一直延伸到中心，这样就避免了横刃所引起的不良影响。

（2）由于背吃刀量小，切屑少，钻芯粗，刚度高，且排屑容易，可提高切削用量。

（3）由于切屑少，容屑槽可以做得小些，因此扩孔钻的刃齿比麻花钻多（一般有 3～4 齿），导向性比麻花钻好，因此，可提高生产效率，改善加工质量。

扩孔精度一般可达公差等级 IT9～IT10，表面粗糙度可达 $Ra25～6.3\ \mu m$。

（三）锪孔

用锪削方法加工平底或锥形沉孔，称为锪孔。车工常用的是圆锥形锪钻。

有些零件钻孔后需要在孔口倒角，有些零件要用顶尖顶住孔口加工外圆，这时可用锥形锪钻在孔口锪出锥孔，如图 5-28 所示。

圆锥形锪钻有 60°、75°、90°、120°的等几种。60°和 120°锪钻的工作情况如图 5-28(c)所示。75°锪钻用于锪埋头铆钉孔，90°锪钻用于锪埋头螺钉孔。

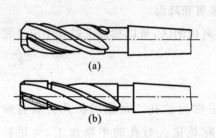

图 5-27 扩孔钻

(a) 高速钢扩孔钻；(b) 硬质合金扩孔钻

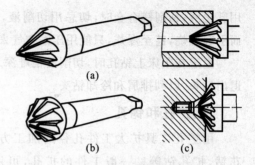

图 5-28 圆锥形锪钻

(a) 60°锪钻；(b) 120°锪钻；
(c) 60°和120°锪钻的工作情况

三、车孔的关键技术

车孔的关键技术是解决内孔车刀的刚度和排屑这两个问题。

（一）增加内孔车刀的刚度

主要采取以下两项措施来增加内孔车刀的刚度。

（1）尽量增加刀杆的截面积。一般的内孔车刀有一个缺点，刀杆的截面积小于孔截面积的四分之一，如果让内孔车刀的刀尖位于刀杆的中心线上，这样刀杆的截面积就可以达到最大程度。

（2）刀杆的伸出长度尽可能缩短。如果刀杆伸出太长，就会降低刀杆刚度，容易引起振动。因此，为了增加刀杆刚度，刀杆伸出长度只要略大于孔深即可。而且，要求刀杆的伸长能根据孔深加以调节。

（二）解决排屑问题

主要是控制切屑流出方向来解决排屑问题。精车孔时要求切屑流向待加工表面（前排屑）。前排屑主要是采用正刃倾角车孔刀。

（三）内孔深度的控制方法

如图 5-29 所示，粗车时通常采用在刀杆上刻线做记号或安放限位铜片的方法来控制车孔长度，还可以用床鞍刻度盘的刻线来控制。精车时要用深度游标卡尺等量具测量控制尺寸。

四、铰刀

铰孔是精加工孔的主要方法之一，在成批生产中已被广泛采用。铰刀是一种尺寸精确的多刃刀具，由于铰刀切下的切屑很薄，并且孔壁要经过它的圆柱部分修光，所以铰出的孔尺寸精确、表面粗糙度小。同时铰刀的刚度比内孔车刀好，因此更适合加工小深孔。铰孔的精度可达 IT7～IT9，表面粗糙度一般可达 $Ra\ 1.6～3.2\ \mu m$，甚至更小。

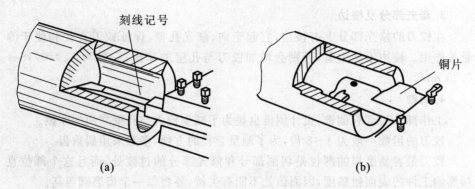

图 5-29 控制车孔长度的方法

(a) 在刀杆上刻线做记号；(b) 安放限位铜片

（一）铰刀的几何形状

铰刀由工作部分、颈部及柄部组成，如图 5-30 所示。柄部用来装夹和传递扭矩，有圆柱形、圆锥形和圆柄方榫形的三种。工作部分由引导部分（l_1）、切削部分（l_2）、修光部分（l_3）和倒锥（l_4）组成。

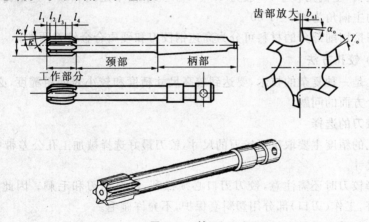

图 5-30 铰刀

1. 引导部分

引导部分是指铰刀头部进入内孔的导向部分，其导向角 κ 一般为 45°。

2. 切削部分

切削部分是铰刀主要参加切削的部位。切削部分的参数有以下几个。

（1）前角 前角 γ_o 一般磨成 0°。铰削要求孔的表面粗糙度较小的铸件时，前角可采用 $-5° \sim 0°$；加工塑性材料时，前角可增大到 $5° \sim 10°$。

（2）后角 后角 α_o 的作用是减少铰刀与孔壁的摩擦，后角一般为 $6° \sim 10°$。

（3）主偏角 主偏角 κ_r 一般为 $3° \sim 15°$。加工铸件时，κ_r 取 $3° \sim 5°$；加工钢件时，κ_r 取 $12° \sim 15°$。主偏角大，则定心差，切屑厚而窄；主偏角小，则定心好，切屑薄而宽。

3. 修光部分及棱边

在铰刀的修光部分上有棱边,它起定向、修光孔壁、保证铰刀直径和便于测量等作用。棱边不能太宽,否则会增加铰刀与孔壁的摩擦,一般为 $b_{a1} = 0.15 \sim 0.25$ mm。

4. 倒锥

工作部分后部有倒锥,设计倒锥也是为了减少铰刀与孔壁之间的摩擦。

铰刀的齿数一般为 4~8 齿,为了测量直径的方便,多数采用偶数齿。

铰刀最容易磨损的部位是切削部分和修光部分的过渡处,而且这个部位直接影响工件的表面粗糙度,因而该处不能有尖棱,要将每一个齿磨到等高。

(二)铰刀的种类

铰刀按用途可分为机用铰刀和手用铰刀。

机用铰刀的柄为圆柱形或圆锥形的,工作部分较短,主偏角较大。标准机用铰刀的主偏角为 15°,这是由于已有车床尾架定向,因此不必做出很长的导向部分。

手用铰刀的柄部做成方榫形,以便套入扳手,用手转动铰刀来铰孔。它的工作部分较长,主偏角较小,一般为 $40' \sim 4°$。为了便于定向和减小进给力,标准手用铰刀的主偏角为 $40' \sim 1°30'$。

铰刀按切削部分的材料可分为高速钢铰刀和硬质合金铰刀两种。

(三)铰孔方法

铰孔是一种复杂的技术,要达到较高尺寸精度和较小表面粗糙度,必须注意以下几个方面的问题。

1. 铰刀的选择

铰孔的精度主要取决于铰刀的尺寸,铰刀最好选择被加工孔公差带中间 1/3 左右的尺寸。

选择铰刀时还需注意,铰刀刃口必须锋利,没有崩刃和毛刺。因此,铰刀必须保管好,工作(刃口)部分用塑料套保护,不允许碰毛。

2. 调整尾座轴线和使用浮动套筒

铰孔前必须调整尾座套筒轴线,使之与主轴轴线重合,同轴度最好找正在 0.02 mm 之内。但是,一般车床要求主轴与尾座轴线非常精确地在同一轴线上是比较困难的,因而铰孔时最好用浮动套筒。

3. 选择合理的铰削用量

铰削时,切削速度愈低,表面粗糙度愈小,一般切削速度最好小于 5 m/min。进给量取 0.2~1 min/r。

4. 合理选用切削液

铰孔时,切削液对孔的扩胀量与孔的表面粗糙度有一定的关系。实践证明,在干切削和采用非水溶性切削液铰削时,铰出的孔径比铰刀的实际直径稍微大一些,干切削时铰出的孔径最大。而用水溶性切削液(如乳化液)时,铰出的孔稍微小一些。因此,当使用新铰刀铰削钢料时,可选用 10%～15% 的乳化液,这样孔不容易扩大。铰刀磨损到一定的程度,可用油类切削液,使孔稍微扩大一些。

铰孔实验证明,用水溶性切削液时所加工孔的表面粗糙度较小,用非水溶性切削液时所加工孔的表面粗糙度次之,干切削时的最大。因此,铰孔时必须加注充分的切削液。

铰削铸件时,可采用煤油作为切削液。铰削青铜或铝合金时,可用 2 号锭子油或煤油。

5. 铰孔前对孔的要求

铰孔前,孔的表面粗糙度要小于 $Ra\ 3.2\ \mu m$。另外,特别要注意,铰孔不能修正孔的直线度,因此铰孔前一般都需经过车孔,这样才能修正钻孔的直线度。如果铰削直径小于 10 mm 的孔径,由于孔小,车孔非常困难,一般先用中心钻定位,然后钻孔、扩孔,最后铰孔,这样才能保证孔的直线度和同轴度。

铰孔之前,一般先经过车孔或扩孔,留些余量铰孔。铰孔余量的大小直接影响铰孔质量。余量太小,往往不能把前道工序所留下的加工痕迹铰去。余量太大,切屑挤满在铰刀的齿槽中,使切削液不能进入切削区,将严重影响表面精度,或使切削刃负荷过大而迅速磨损,甚至崩刃。

铰孔余量一般对于高速钢铰刀为 0.08～0.12 mm,对于硬质合金铰刀为0.15～0.2 mm。

五、车削套类零件的质量分析

车削套类零件时,常见的问题及其原因和预防措施如表 5-1 所示。

表 5-1　车削套类零件时常见问题及其原因和预防措施

问　题	产　生　原　因	预　防　措　施
孔的尺寸大	(1) 车孔时,没有仔细测量 (2) 铰孔时,铰刀尺寸大于要求,尾座偏位	(1) 仔细测量和进行试切削 (2) 检查铰刀尺寸,校正尾座,采用浮动套筒
孔有锥度	(1) 车孔时,内孔车刀磨损,车床主轴轴线歪斜,床身导轨严重磨损 (2) 铰孔时,孔口扩大,主要原因是尾座偏位	(1) 修磨内孔车刀,校正车床,大修车床 (2) 校正尾座,采用浮动套筒
孔表面粗糙度大	(1) 车孔时,内孔车刀磨损,刀杆产生振动 (2) 铰孔时,铰刀磨损或切削刃上有崩口、毛刺 (3) 切削速度选择不当,产生积屑瘤	(1) 修磨内孔车刀,采用刚度较高的刀杆 (2) 修磨铰刀,刃磨后保管好,不许碰毛 (3) 铰孔时,采用 5 m/min 以下的切削速度,加注切削液

问　　题	产 生 原 因	预 防 措 施
同轴度、垂直度超差	（1）用一次安装方法车削时，工件移位或机床精度不高	（1）装夹牢固，减小切削用量，调整机床精度
	（2）用心轴装夹时，心轴中心孔有毛刺，或心轴本身同轴度超差	（2）心轴中心孔应保护好，如碰毛，可研修中心孔，如心轴弯曲则可校直或重制
	（3）用软卡爪装夹时，软卡爪没有车好	（3）软卡爪应在本机床上车出，直径与工件装夹尺寸基本相同（+0.1 mm）

任务二　套类零件的铣削方法

一、镗刀

镗孔用的刀具称镗刀。镗刀的种类很多，一般可分为单刃镗刀和双刃镗刀两大类。按刀头装夹形式可分为机械固定式和浮动式的两种。

（一）机械固定式镗刀

这种镗刀由镗刀头和镗杆组成，一般由镗杆上的紧固螺钉将刀头紧固在方孔内，故称机械固定式镗刀，如图 5-31(a)所示。单刃镗刀结构简单，制造方便，通用性大，刃部几何角度可看图 5-31(b)、(c)及表 5-2。

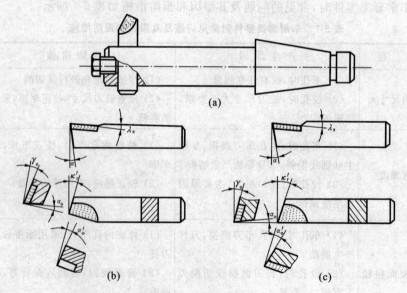

(a)

(b)　　　　　　　　　　　　(c)

图 5-31　机械固定式镗刀

(a) 机械固定式镗刀；(b) 镗通孔用镗刀；(c) 镗不通孔用镗刀

表 5-2　镗刀几何角度选取表

工件材料	前角 $\gamma_。$	后角 $\alpha_。$	刃倾角 λ_s	主偏角 κ_r	副偏角 κ'_r	刀尖圆弧半径 R
铸铁	$5°\sim10°$	$6°\sim12°$	一般情况下 λ_s 取 $0°\sim5°$ 通孔精镗时取 $\lambda_s=-(5°\sim15°)$	镗通孔时 κ_r 取 $60°\sim75°$ 镗台阶孔时 $\kappa_r=90°$	一般取 $\kappa'_r=15°$	粗镗孔时 R 取 $0.5\sim1$ mm 精镗孔时 R 取 0.3 mm
40Cr	$10°$	粗镗时取小值 精镗时取大值				
45	$10°\sim15°$					
1Cr18Ni9Ti	$15°\sim20°$	孔径大时取小值				
铝合金	$25°\sim30°$	孔径小时取大值				

为了提高调整精度,也可采用图 5-32 所示的微调镗刀,镗杆 4 装有刀块 2,其上装有可转位的刀片 3。刀块尾部的两个导向键 5,可防止刀块活动。转动精调螺母 1,可将镗刀调到所需的尺寸。

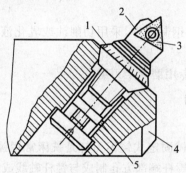

图 5-32　微调镗刀
1—精调螺母;2—刀块;3—刀片;4—镗杆;5—导向键

(二)浮动式镗刀

因镗刀两端都有切削刃,浮动式镗刀也称双刃镗刀。它是精镗孔的刀具,与浮动镗杆配套使用。刀块装于镗杆孔中,采用浮动连接的结构,其特点是刀块以动配合实现在镗杆的孔中的浮动安装。镗孔时,刀块通过作用在两端切削刃上的切削力保持自身的平衡状态,实现自动定心。浮动式镗刀镗孔精度及表面质量均较高,精度可达 IT6~IT7,表面粗糙度不超过 $Ra\,0.8\,\mu m$,如图 5-33 所示。

常用的镗刀块有可调式(见图 5-33)和装配式(见图 5-34)的两种。刀块的长度尺寸应按加工孔径尺寸中间值确定,需要调整时,只要旋松刀块的调节螺钉即可调整,然后用外径千分尺测量刀块两端修光刃之间的距离,达到孔径中间尺寸。

刀片的材料由高速钢或硬质合金制成。

用浮动式镗刀镗孔时,一般切削速度取 $5\sim8$ m/min,进给量取 $0.8\sim1.2$ mm/r,背吃刀量取 $0.04\sim0.08$ mm。加工铸铁零件时,切削用量可选大些,一般为加工钢制零件时的 1.2 倍。

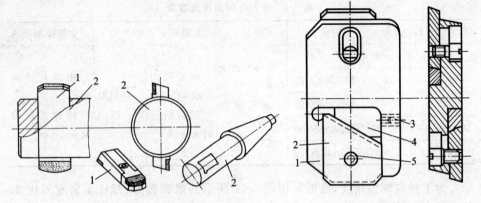

图 5-33　可调式浮动镗刀　　　　　　　　图 5-34　装配式浮动镗刀
1—浮动镗刀块；2—浮动镗刀杆　　　　　1—刀体；2—刀片；3—调节螺钉；
　　　　　　　　　　　　　　　　　　　4—斜面垫铁；5—夹紧螺钉

镗孔时，如果是加工钢制零件，采用切削油或乳化液，如果是加工铸铁零件，则可用煤油。

浮动镗刀一般是在专用磨床上刃磨。

二、镗刀杆的结构

（一）普通镗刀杆

图 5-31(a)所示的机械固定式镗刀刀杆是铣床常用镗杆，其制造简单、使用方便。如镗不通孔时，可把镗杆端部方孔制成与镗杆轴线成锐角的带斜度的方孔，如图 5-35 所示。镗杆的锥柄制成莫氏锥体，通过过渡锥套安装在铣床主轴锥孔中。

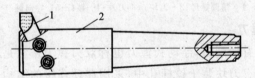

图 5-35　不通孔镗杆
1—刀头；2—镗杆

（二）浮动式镗刀杆

浮动式镗刀杆如图 5-33 所示。这种镗杆在选用时，除直径合适外，还要考虑刀体的宽度和厚度尺寸，以使镗刀体在镗杆孔中能滑动，但不能有过大的间隙。一般矩形孔的尺寸精度按 IT7 制造。

（三）其他镗刀杆

除上述镗刀杆外，实际中应用的还有可调式镗杆、差动式镗杆和镗孔夹头等。

（四）镗杆直径的确定

镗杆直径根据镗孔尺寸，按下式计算：

$$D_{\text{杆}}=(0.6\sim0.8)d$$

式中　$D_{\text{杆}}$——镗刀杆的直径（mm）；

　　　d——镗孔直径尺寸（mm）。

三、镗孔的方法

镗孔可在立式或卧式铣床进行，以图 5-36 所示零件为例，分析在 X52K 型立式铣床上镗孔的方法和步骤。

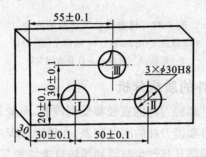

图 5-36　镗孔件

1. 划线

在工件上划出三孔位置和孔径线并打样冲。

2. 粗镗

（1）校正立式铣床主轴轴线与工作台面的垂直度。

（2）选择镗刀和镗刀杆。镗刀为 YG6，长度为 25 mm。根据 $D_{\text{杆}}=(0.6\sim0.8)d$，选择 $\phi20$ mm 普通镗刀杆，并安装于主轴锥孔内。

（3）调整机床转数为 235 r/min，进给量为 118 mm/min。

（4）用压板、垫铁把工件装夹于工作台上。校正工件侧面与纵向进给方向平行。

（5）移动工作台对刀，使工件孔的轴线与铣床主轴轴线对准。

（6）粗镗各孔，按顺序分别镗Ⅰ、Ⅱ、Ⅲ孔。用刻度盘控制各孔中心距，留精镗孔余量 0.5～1 mm。

3. 半精镗

（1）用镗杆接触工件控制距离。用镗杆与工件左端面接触，记下刻度盘读数，再移动纵、横工作台，使铣床主轴轴线与Ⅰ孔轴线重合。保证距离尺寸（20±0.1）mm 和（30±0.1）mm，镗Ⅰ孔至 $\phi30_{-0.07}^{-0.03}$ mm，表面粗糙度达 $Ra=6.3$ μm。

（2）按图样要求，用百分表控制工作台移距，精确移动纵、横工作台，如图 5-37 所示，分别保证Ⅱ孔和Ⅲ孔的中心距尺寸，半精镗Ⅱ、Ⅲ孔至 $\phi30_{-0.07}^{-0.03}$ mm。

4. 精镗

用浮动镗刀，调整刀体尺寸为 $\phi30_{0}^{+0.015}$ mm，依次精镗Ⅰ、Ⅱ、Ⅲ孔至尺寸。

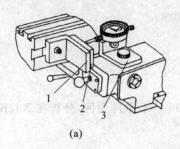

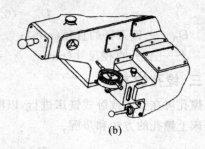

(a)   (b)

图 5-37　精确移动工作台的方法

(a)纵向工作台移动;(b)横向工作台移动

1—角铁;2—量规;3—百分表固定架

四、铣削套类零件的质量分析

镗孔时,镗刀的尺寸和镗刀杆的直径都受到限制,而镗刀杆长度又必须满足镗孔深度的要求,所以镗刀和镗刀杆的刚度较差,在镗削过程中,容易产生振动和"让刀"等现象。镗孔常见问题及其产生原因和预防措施如表 5-3 所示。

表 5-3　镗孔常见问题及其产生原因和预防措施

问　　题	产生原因	预防措施
表面粗糙度大	(1)刀尖角或刀尖圆弧太小 (2)进给量过大 (3)刀具已磨损 (4)切削液使用不当	(1)修磨刀具,增大圆弧半径 (2)减小进给量 (3)修磨刀具 (4)合理使用切削液
孔呈椭圆	立铣头"0"位不正,并用工作台垂直进给	重新校正"0"位
孔壁振纹	(1)镗刀杆刚度低,刀杆悬伸太长 (2)工作台进给爬行 (3)工件夹持不当	(1)选择合适镗刀杆,镗刀杆另一端尽可能增加支承 (2)调整机床塞铁并润滑导轨 (3)改进夹持方法或增加支承面积
孔壁划痕	(1)退刀时刀尖背向操作者 (2)主轴未停稳,快速退刀	(1)退刀时刀尖拨转到朝向操作者 (2)主轴停转后再退刀
孔径超差	(1)镗刀回转半径调整不当 (2)测量不准 (3)镗刀偏让	(1)重新调整镗刀回转半径 (2)仔细测量 (3)增加镗刀杆刚度
孔呈锥形	(1)切削过程中刀具磨损 (2)镗刀松弛	(1)修磨刀具,合理选择切削速度 (2)安装刀头时要紧固螺钉

续表

问　题	产 生 原 因	预 防 措 施
轴线歪斜（与基准面的垂直度差）	(1)工件定位基准选择不当 (2)装夹工件时,清洁工作未做好 (3)采用主轴进给时,"0"位未校正	(1)选择合适的定位基准 (2)装夹时做好基准面或工作台面清洁工作 (3)重新校正主轴"0"位
圆度差	(1)工件装夹变形 (2)主轴回转精度不好 (3)立镗时纵、横工作台未紧固 (4)刀杆刀具弹性变形,钻孔时圆度差	(1)薄壁形工件装夹要适当,精镗时应重新压紧,并注意适当减小压紧力 (2)检查机床调整主轴精度 (3)不进给的工作台应予以紧固 (4)选择合理的切削用量,增加刀杆与刀具的刚度;提高钻孔和粗镗的质量
平行度差	(1)未在一次装夹中镗几个平行孔 (2)在钻孔和粗镗时,孔已不平行;精镗时镗刀杆产生弹性偏让 (3)定位基准面与进给方向不平行,使镗出的孔与基准不平行	(1)在一次装夹中镗削所有平行孔;至少要采用同一个基准面 (2)提高粗加工的精度或提高镗刀杆的刚度 (3)精确校正基准面

任务三　套类零件的磨削方法

一、机床调整

(一)砂轮位置的调整

砂轮与工件孔壁接触的位置,由磨床的横向进给机构决定。在万能外圆磨床上磨内孔时,砂轮与孔的前壁接触,这时砂轮的横向进给方向与磨外圆时相同。在内圆磨床上,砂轮与孔的后壁接触,这样便于操作者观察加工表面。

(二)头架的调整

磨削时,须调整头架主轴轴线与工作台纵向运动轨迹平行,以消除工件的锥度。

二、内圆磨削的方法

(一)纵向磨削法

这种磨削方法是使用得最广泛的内圆磨削方法。磨削通孔时,先根据工件孔径和长度选择砂轮直径和接长轴。接长轴的刚度要高,至于长度,只需略大于孔的长度就可以了,如图 5-38(a)所示。接长轴选得太长,如图 5-38(b)所示,磨削时容易产生振动,影响磨削效率和加工质量。接着调整工作台的行程长度,行程长度 L 应根据工件长度 L' 和砂轮在孔端越出长度 L_1 计算,如图 5-38(c)所示。长度 L_1 一般取砂轮宽度的 1/3～1/2。如果 L_1 太小,孔端磨削时间短,则两端孔口磨去的金属就较少,从而使内孔产生中间大、两端小的现象,如图 5-38(d)所示;如果 L_1 太大,甚至使砂轮完全越出工件孔口,则接长轴的弹性变形消失,结果内孔两端磨成喇叭口,如图 5-38(e)所示。

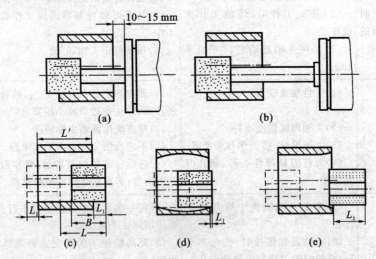

图 5-38 纵向磨削法

(a) 接长轴的长度略大于孔长;(b) 接长轴过长;(c) 工作台的行程长度调整;

(d) L_1 太小时;(e) L_1 太大时

磨削内孔时要注意控制内孔的锥度,引起内孔锥度的原因往往是错综复杂的。砂轮磨钝、塞实会造成锥度;磨床头架或工作台位置不准确也会造成锥度。因此在校正工作台位置时,试磨工件的砂轮必须非常锋利。

内圆磨削时是否划分粗磨和精磨,对于能否提高加工精度和生产效率,往往有决定性的影响。粗磨时可采用较大切削用量,磨除大部分加工余量。精磨时可以使砂轮接长轴在最小的弹性变形状态下工作,以提高磨削的精度。

内圆磨削的加工余量可参见表 5-4。其中粗磨留给精磨的余量,一般可以取 0.04~0.08 mm。

表 5-4 内圆磨削中的加工余量 (mm)

孔 径 范 围		孔 长								精磨后 精磨前
		最后磨削未经淬火的孔				最后磨削前经淬火的孔				
		50 以下	50~ 100	100~ 200	200~ 300	50 以下	50~ 100	100~ 200	200~ 300	
		加 工 余 量								
≤10	最大	—	—	—	—	—	—	—	—	0.020
	最小	—	—	—	—	—	—	—	—	0.015

续表（mm）

孔径范围		孔　长								精磨后 精磨前
		最后磨削未经淬火的孔				最后磨削前经淬火的孔				
		50 以下	50～ 100	100～ 200	200～ 300	50 以下	50～ 100	100～ 200	200～ 300	
		加 工 余 量								
11～18	最大	0.22	0.25	—	—	0.25	0.28	—	—	0.030
	最小	0.12	0.13			0.15	0.18			0.020
19～30	最大	0.28	0.28	—	—	0.39	0.30	0.35	—	0.040
	最小	0.15	0.15			0.18	0.22	0.25		0.030
31～50	最大	0.30	0.30	0.35	—	0.35	0.35	0.40	—	0.050
	最小	0.15	0.15	0.20		0.20	0.25	0.28		0.040
51～80	最大	0.30	0.32	0.35	0.40	0.40	0.40	0.45	0.50	0.060
	最小	0.15	0.18	0.20	0.35	0.25	0.28	0.30	0.35	0.050
81～120	最大	0.37	0.40	0.45	0.50	0.50	0.50	0.55	0.60	0.070
	最小	0.20	0.20	0.25	0.30	0.30	0.30	0.35	0.40	0.050
121～180	最大	0.40	0.42	0.45	0.50	0.55	0.60	0.65	0.70	0.080
	最小	0.25	0.25	0.25	0.30	0.35	0.40	0.45	0.50	0.060
181～260	最大	0.40	0.48	0.50	0.55	0.60	0.65	0.70	0.75	0.090
	最小	0.25	0.28	0.30	0.35	0.40	0.45	0.50	0.55	0.065

用纵向法磨削时，要正确选择磨削用量。首先，砂轮的横向进给量要选择适当，因为砂轮接长轴刚度低，横向进给量大，会引起接长轴的弯曲变形和振动。

内圆磨削用量可参见表 5-5。其中纵向进给量可选择比外圆磨削的大些，因为内圆磨削时冷却条件差，加大纵向进给量后，可以缩短砂轮在某一磨削区域与工件的接触时间，在一定程度上改善散热条件。

用纵向法磨削时应注意以下几点。

（1）在磨削过程中切削区域要充分冷却。

（2）磨不通孔时，要经常清除孔中磨屑，防止磨屑在孔中积聚。

（3）磨台阶孔时，为了保证台阶孔的同轴度，要求工件在一次装夹中将几个孔全部磨好，并要细心调整挡铁位置，防止砂轮撞击到内孔的内端面。内端面与孔有垂直度要求时，可选用杯形砂轮。砂轮直径不宜过大，以保证砂轮在工件内端面单方向接触，否则将影响内端面的垂直度。

（4）砂轮退出内孔表面时，先要将砂轮从横向退出，然后再从纵向进给方向退出，以免工件产生螺旋痕迹。

表 5-5　内圆磨削用量　　　　　　　　　　（mm）

磨削方法 及 工件材料	磨孔直径				
	20～40	41～70	71～150	151～200	201～300
	工作台往复一次的横向进给量				
粗磨普通碳素钢	0.006～0.007	0.01～0.012	0.012～0.015	0.016～0.020	0.018～0.023
粗磨淬火钢	0.005～0.007	0.007～0.010	0.01～0.012	0.015～0.018	0.018～0.020
粗磨铸铁及青铜	0.007～0.010	0.012～0.014	0.014～0.018	0.02～0.025	0.022～0.030
精磨各种金属	0.002～0.003	0.003～0.005	0.005～0.008	0.008～0.009	0.009～0.010
磨削方法 及 工件材料	磨孔直径与长度之比				
	4:1	2:1	1:1	1:2	1:3
	纵向进给量（以砂轮宽度计）				
粗磨普通碳素钢	0.75～0.6	0.7～0.6	0.6～0.5	0.5～0.45	0.45～0.4
粗磨淬火钢	0.7～0.6	0.7～0.6	0.6～0.5	0.5～0.4	0.45～0.4
粗磨铸铁及青铜	0.8～0.7	0.7～0.65	0.65～0.55	0.55～0.5	0.50～0.45
精磨各种金属	0.25～0.4	0.25～0.35	0.25～0.35	0.25～0.35	0.25～0.35

（二）切入磨削法

切入磨削法（见图 5-39）适用于磨削短的圆柱面，具有较高的生产率。磨削时要防止砂轮堵塞，精磨时应选用较低的切入速度。

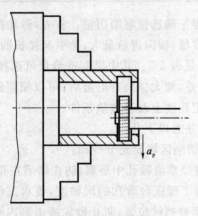

图 5-39　切入磨削法

三、内圆磨削的质量分析

内圆磨削中出现各种废品，是由于受到与内圆磨削特点有关的各种因素的影响。内圆磨削中常见的缺陷及其产生原因和预防措施如表 5-6 所示。

表 5-6　内圆磨削中常见的缺陷及其产生的原因和预防措施

缺 陷 名 称	产 生 原 因	预 防 措 施
表面有振痕,表面粗糙度过大,表面烧伤	1.砂轮直径小 2.头架主轴松动、砂轮心轴弯曲、砂轮修整不圆等原因造成强烈振动,使工件表面产生波纹 3.砂轮被堵塞 4.散热不良 5.砂轮粒度过细,硬度过高或修整不及时 6.进给量大,磨削热增加	1.砂轮直径尽量选得大些 2.调整轴瓦间隙,最主要的是正确修整砂轮以减少跳动和振动现象 3.选取粒度较粗、组织较疏松、硬度较软的砂轮,使其具有"自锐性" 4.供给充分的切削液 5.选取较粗、较软的砂轮,并及时修整 6.减小进给量
形成喇叭口	1.纵向进给不均匀 2.砂轮有锥度 3.砂轮杆细长	1.适当控制停留时间;调整砂轮杆伸出长度,使之不超过砂轮宽度的一半 2.正确修整砂轮 3.根据工件内孔大小及长度合理选择砂轮杆的粗细
出现锥形孔	1.头架调整角度不正确 2.纵向进给不均匀,横向进给过大 3.砂轮杆在两端伸出量不等 4.砂轮磨损	1.重新调整角度 2.减小进给量 3.调整砂轮杆伸出量,使其相等 4.及时修整砂轮
有圆度误差及内、外圆同轴度误差	1.工件装夹不牢,发生移动 2.薄壁工件夹得过紧而产生弹性变形 3.调整不准确,内、外表面不同轴 4.卡盘在主轴上松动,主轴和轴承间有间隙	1.固紧工件 2.夹紧力要适当 3.细心找正 4.调整松紧量和间隙大小
端面与孔轴线不垂直	1.找正不正确 2.进给量太大 3.头架偏转角度	1.细心找正 2.减小进给量 3.调整头架位置
有螺旋痕迹	1.纵向进给量太大 2.砂轮钝化 3.接长轴弯曲	1.减小纵向进给量 2.及时修整砂轮 3.增加接长轴刚度

项目三　套类零件加工实例

【学习目标】

掌握:套轴类零件在不同类型机床上的加工工艺。

熟悉:套类零件的常用加工工艺。

了解:套类零件在加工中的安全注意事项。

任务一　套类零件车削加工

一、盲孔车削

(一) 操作准备

(1) 加工练习图样:图 5-40 所示的盲孔零件图。

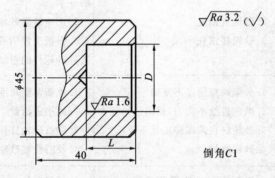

图 5-40　盲孔零件图

(2) 设备:C6140 型车床。

(3) 量具:0~150 mm 游标卡尺;深度游标卡尺;ϕ25H7 mm、ϕ28H7 mm 塞规。

(4) 刀具:45°弯头车刀、镗孔刀。

(5) 辅助工具:切削液、扳手、钻夹头(莫氏 5 号)。

(6) 毛坯:材料为 45 钢,尺寸为 ϕ45 mm×42 mm。

(二) 操作步骤

(1) 夹住外圆找正、夹紧。

(2) 车端面。

(3) 钻孔 ϕ23 mm×22 mm(包括钻尖在内)。

(4) 粗车内孔至 ϕ24.7~ϕ24.8 mm,长度为 19.8 mm。

(5) 精车内孔至 ϕ25$^{+0.035}_{0}$ mm,长度为20$^{+0.1}_{0}$ mm。

(6) 孔口倒角 $C1$,外圆倒角 $C1$。

（7）检查孔径、长度尺寸，合格后拆下工件。

检查孔径的目的是为了防止孔口倒角后有毛刺，导致塞规塞不进孔内。

注意：第二次的加工内容中的孔径和孔深如何保证可自己确定。

（三）注意事项

（1）刀尖应严格对准工件旋转中心，否则底平面无法车削。

（2）车刀纵向车削至接近底平面时，应停止机动进给，用手动进给代替，以防碰撞底平面。

（3）用塞规检查孔径，应开排气槽，否则会影响测量。

（4）应利用中滑板刻度盘的读数，控制镗孔刀在孔内的退刀距离，防止碰撞孔壁。

二、铰孔加工

（一）操作准备

（1）加工练习图样：图 5-41 所示的铰孔零件图。

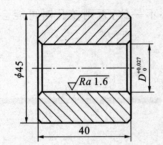

次数	D
1	$\phi12$
2	$\phi25$

图 5-41 铰孔零件图

（2）设备：C6140 型车床。

（3）量具：0～150 mm 游标卡尺；$\phi12$H7、$\phi25$H7 塞规。

（4）刀具：45°弯头刀；镗孔刀；$\phi10$ mm、$\phi11.8$ mm、$\phi23$ mm 麻花钻；$\phi12$H7、$\phi25$H7 铰刀。

（5）辅助工具：切削液、扳手、钻夹头（莫氏 5 号）、2～5 号莫氏锥套。

（6）毛坯：材料为 45 钢，尺寸为 $\phi45$ mm×40 mm。

（二）操作步骤

方法一：

（1）夹住外圆找正、夹紧。

（2）车端面。

（3）用中心钻钻定位孔。

（4）用 $\phi10$ mm 麻花钻钻通孔，用 $\phi11.8$ mm 麻花钻扩孔。

（5）孔口倒角 C1。

（6）用 $\phi12$ mm 机用铰刀铰孔至尺寸。

（7）检查各项尺寸，合格后拆下工件。

方法二：

(1) 夹住外圆找正、夹紧。

(2) 车端面。

(3) 用 ϕ23 mm 麻花钻钻通孔。

(4) 粗车内孔，留铰削余量 0.1～0.15 mm。

(5) 孔口倒角 C1。

(6) 用 ϕ25 mm 机用铰刀铰孔至尺寸。

(7) 检查各项尺寸，合格后拆下工件。

（三）注意事项

(1) 切削液不能间断，应浇注在切削区域。

(2) 注意铰刀保养，避免碰伤。

(3) 安装铰刀时，注意锥柄和锥套的清洁。

(4) 铰削钢件时，应防止产生积屑瘤，否则容易把孔拉毛或把孔铰废。

(5) 要防止铰刀中心与工件中心不一致，否则铰孔时可能会产生锥形，或把孔铰大。

(6) 应先试铰，以免造成废品。

任务二 套类零件铣削加工

一、盲孔车削

（一）操作准备

(1) 加工练习图样：图 5-42 所示的镗孔零件图。

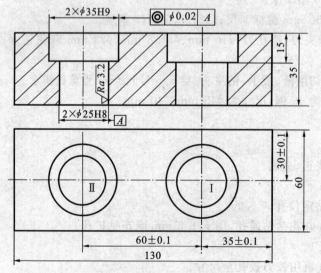

图 5-42 镗孔零件图

(2) 设备:X62W 型万能铣床。

(3) 量具:ϕ25 mm 和 ϕ35 mm 塞规;0～150 mm 游标卡尺。

(4) 刀具:ϕ22 mm 麻花钻、机械固定式镗杆和镗刀。

(5) 辅助工具:锉刀(去毛刺)。

(6) 毛坯:材料为 HT200,尺寸为 130 mm×60 mm×35 mm。

(二) 操作步骤

(1) 按图样要求,划出孔的位置及孔径尺寸线,并打样冲。

(2) 用检验棒校正立铣头主轴轴线垂直于工作台面,误差应在 0.03/300 mm 以内。

(3) 工件用平口钳装夹。先校正固定钳口与纵向进给方向平行,然后装夹工件,并使工件底面与平口钳钳身导轨平面有一定的距离,以免镗杆与钳体导轨面相碰撞。

(4) 用 ϕ22 mm 钻头钻 ϕ25 mm 的底孔。

(5) 用 ϕ20 mm 的机械固定式镗刀,粗镗 ϕ35 mm 孔和 ϕ25 mm 孔。留余量 0.5～1 mm。

(6) 精镗位置 Ⅰ 孔,保证孔距尺寸(30±0.1) mm 和(35±0.1)mm。用前述方法,镗 ϕ35H9 mm 孔至尺寸并保证表面粗糙度要求。半精镗 ϕ25H8 mm 孔,留精镗余量 0.05 mm。

(7) 用浮动镗刀精镗 ϕ25H8 mm 孔至尺寸,并保证表面粗糙度达 $Ra32$ μm。

(8) 精镗位置 Ⅱ ϕ35H9 mm 孔至尺寸并保证表面粗糙度要求。半精镗 ϕ25H8 mm 孔留余量 0.05 mm。保证两孔中心距(60±0.1)mm。

(9) 同步骤 7,镗位置 Ⅱ ϕ25H8 mm 孔至尺寸并保证表面粗糙度要求。

(10) 用圆柱塞规和同轴度量规,测量 ϕ25 mm 和 ϕ35 mm 孔的直径和同轴度。

(三) 注意事项

(1) 镗孔前应使铣床主轴轴线与工作台面垂直,否则会出现椭圆孔、斜孔。

(2) 试镗时,试刀痕迹不能过深、过长,以免造成镗孔缺陷。

(3) 镗杆的长度不宜过长,否则容易出现"让刀"现象,造成喇叭形。

(4) 镗平底孔时,应用 90° 主偏角镗刀,一般孔底不许凸出。

(5) 采用浮动镗刀时,要测准镗刀尺寸,并应试刀。吃刀时应尽量使两端刃切削量均匀,进刀时应采用大进给量,切速应低。镗孔完毕,应停车退刀。

(6) 孔距要求精确时,应试镗勤测,满足图样要求,再镗孔至尺寸。

(7) 若镗孔形状精度要求(如圆柱度或圆度等)较高,可采用内径百分表测量,如图 5-43 所示。

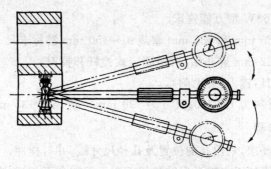

图 5-43　用内径百分表测量镗孔圆度

任务三　套类零件磨削加工

一、盲孔车削

（一）操作准备

（1）加工练习图样：图 5-44 所示的通孔零件图。

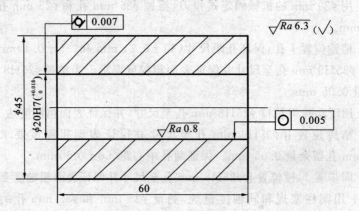

图 5-44　通孔零件图

（2）设备：M1420 型万能外圆磨床。

（3）量具：18～35 mm 内径百分表；ϕ20 mm 塞规；0～150 mm 游标卡尺。

（4）刀具：内圆砂轮。

（5）辅助工具：扳手。

（6）毛坯：材料为 45 钢，尺寸为 ϕ45 mm×60 mm。

（二）操作步骤

（1）在三爪或四爪卡盘上装夹工件并找正。

（2）根据工件孔径及长度选择合适的砂轮及接长轴。

（3）调整挡铁距离，使内圆砂轮在工件两端越出的长度为砂轮宽度的 1/2～1/3。

（4）粗修整砂轮。

（5）在工件内孔两端对刀试磨，根据误差值调整机床工作台或床头箱。

202

（6）采用纵向磨削法磨削工件内孔，将内孔磨出 2/3 以上。

（7）用内径百分表测量孔的圆柱度，根据误差值调整机床。

（8）继续磨削内孔，磨出后重新进行测量和调整机床；通过数次测量、调整与磨削，使工件圆柱度符合图样要求。

（9）磨去粗磨余量，留精磨余量 0.05 mm 左右。

（10）根据图样要求，精修砂轮。

（11）精磨内孔，磨出后再精确测量内孔的圆柱度和检查表面粗糙度，如不符合要求，则精细地调整机床和重新修正砂轮，直至符合要求为止。

（12）磨去精磨余量，使尺寸符合图样要求。

（三）注意事项

（1）内圆磨削时，砂轮锋利与否对工件圆柱度影响较大。当砂轮变钝后，切削性能明显下降，在接长轴刚度较低的情况下，容易产生让刀现象，使工件圆柱度超差。因此，在这种情况下，不能盲目地调整机床，而应该及时修整砂轮。

（2）在用内径百分表测量内孔时，砂轮应退出工件较远距离，并在砂轮与工件停止旋转后再进行测量，以免产生事故。

（3）在用塞规测量内孔时，应先将工件充分冷却，然后擦去磨屑和切削液，否则工件孔壁容易被拉毛，塞规也容易被"咬死"。

（4）用塞规测量时，要注意用力方向，塞规不能倾斜、不能摇晃，塞不进时不要硬塞，否则工件容易松动，影响加工精度。塞规退出内孔时，要注意用力不能太猛，以防止塞规或手撞到砂轮上。

小　　结

本模块在掌握轴类零件加工方法的基础上深入了一步，学习对套类零件进行加工。由于套类零件是在内部进行的，在加工时不易观察，造成尺寸控制没有轴类零件的加工方便，为此介绍了一些在加工时的注意事项。同时结合了轴类零件的加工方法，介绍运用了一些辅助定位装置来完成综合零件加工的方法。

能 力 检 测

一、知识能力检测

1.车孔的关键技术是用来解决内孔车刀的 _____ 和 _____ 两个问题的。

2.麻花钻的顶角是 _____ 度。

3.铰刀的工作部分由 _____、_____、_____ 和 _____ 组成。

4.内圆磨削的方法有 _____ 和 _____。

5.用铣床镗孔时，镗刀杆和刀体的尺寸怎样选择？

零件的普通机械加工

二、技术能力检测

1. 根据图 5-45 完成十字孔零件的车削加工。

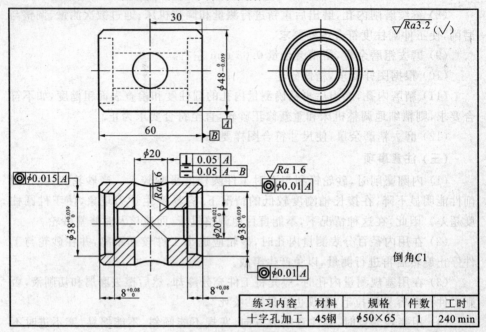

练习内容	材料	规格	件数	工时
十字孔加工	45钢	φ50×65	1	240 min

图 5-45　十字孔零件图

2. 根据图 5-46 完成孔类零件的铣削加工。

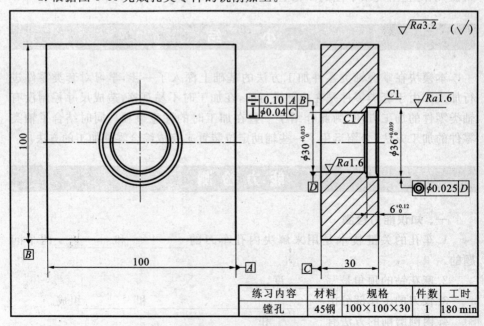

练习内容	材料	规格	件数	工时
镗孔	45钢	100×100×30	1	180 min

图 5-46　孔类零件图

204

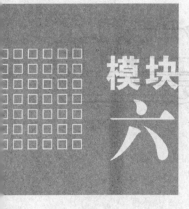

模块 六

平 面 加 工

项目一　平面零件的装夹

【学习目标】

掌握:平面零件在不同类型机床上的不同装夹方法。

熟悉:平面零件的常用装夹方法。

了解:平面零件在不同类型机床上的装夹要求。

任务一　平面零件在铣床上的装夹

在铣床上加工中小型工件时,一般都采用平口虎钳来装夹;对中型和大型工件,则很多采用压板来装夹。在成批大量生产时,应采用专用夹具来装夹。当然还有利用分度头和回转工作台来装夹等。不论用哪种夹具和哪种方法装夹,其共同目的都是使工件装夹稳固,不产生工件变形和损坏已加工好的表面,以免影响加工质量,损坏铣刀、铣床和发生人身事故等。

一、用平口虎钳装夹工件

平口虎钳又称机用虎钳,常用的平口虎钳有回转式和非回转式的两种。图6-1所示为回转式平口虎钳,当需要将装夹的工件回转角度时,可按回转底盘上的刻度线和虎钳体上的"0"刻度线直接读出所需的角度值。非回转式平口虎钳如图 6-2 所示,在底部没有回转盘。回转式虎钳在使用时虽然方便,但由于多了一层结构,其高度增加,刚度较低。所以在铣削平面、竖直面和平行面时,一般都采用非回转式平口虎钳。

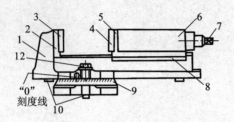

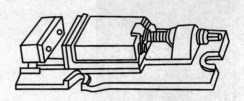

图 6-1　回转式平口虎钳　　　　　　　图 6-2　非回转式平口虎钳

1—钳体；2—固定钳口；3—固定钳口铁；

4—活动钳口铁；5—活动钳口；6—活动钳身；

7—丝杠方头；8—压板；9—底座；

10—定位键；11—螺栓

（一）用平口虎钳装夹工件时的校正要求和方法

把平口虎钳装到工作台上时，钳口与主轴的方向应根据工件长度来决定。对于较长的工件，钳口应与主轴垂直，在立式铣床上应与进给方向一致；对于较短的工件，钳口与进给方向垂直较好。在粗铣和半精铣时，宜使铣削力指向固定钳口，因为固定钳口比较牢固。在铣床上铣平面时，对钳口与主轴的平行度和垂直度的要求不高，一般目测就可以。在铣削沟槽等工件时，则要求有较高的平行度或垂直度，校正方法如下。

1. 利用百分表或划针来校正

用百分表校正的步骤是，先将带有百分表的弯杆，用固定环压紧在刀轴上，或者用磁性表座将百分表吸附在悬梁（横梁）导轨或竖直导轨上，并使虎钳的固定钳口接触百分表测量头。然后移动纵向或横向工作台，并调整虎钳位置使百分表上指针的摆差在允许范围内，如图 6-3 所示。对钳口方向的准确度要求不很高时，也可用划针或大头针来代替百分表校正。

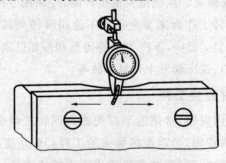

图 6-3　校正平口虎钳位置

2. 利用定位键安装平口虎钳

在平口虎钳的底面上一般都做有键槽。有的只在一个方向上有分成两段的键槽，键槽的两端可装上两个键。有的虎钳底面有两条互相垂直的键槽，位置都非常准确，如图 6-4(a)所示。

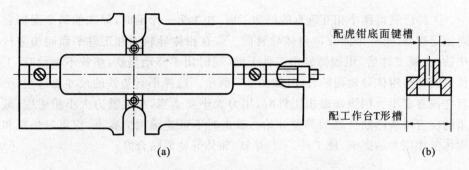

图 6-4　平口虎钳底面上的键槽和定位键

(a) 键槽；(b) 定位键

在安装时,若要求钳口与工作台纵向垂直,只要把键装在与钳口垂直的键槽内,使键嵌入工作台的槽中即可,不需再作任何校正。若要求钳口与工作台纵向平行,则只要把两个键装在与钳口平行的键槽内,再装到工作台上就可以了。键的结构如图 6-4(b)所示。

(二) 工件在平口虎钳上的装夹

1. 毛坯件的装夹

装夹毛坯件时,应选一个大而平整的毛坯面作为粗基准面,将这个面靠在固定钳口面上。在钳口和工件毛坯面间垫铜皮,以防止损伤钳口。夹紧工件后,用划针盘校正毛坯上平面与工作台面基本平行,如图 6-5 所示。

2. 已粗加工表面工件的装夹

装夹已经粗加工的工件时,选择一个较大的粗加工面作为基准,将这个基准面靠在平口虎钳的固定钳口或钳体导轨面上,进行装夹。

工件的基准面靠向固定钳口时,可在活动钳口和工件间放置一圆棒,通过圆棒将工件夹紧,这样能保证工件的基准面与固定钳口平面很好地贴合。圆棒放置时,其轴线要与钳口上平面平行,其高度在钳口夹持工件部分高度的中间或稍偏上一点,如图 6-6 所示。

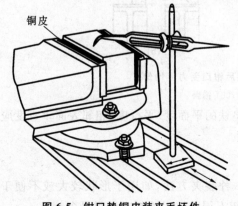

图 6-5　钳口垫铜皮装夹毛坯件

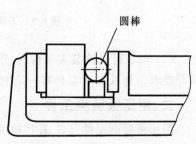

图 6-6　用圆棒夹持工件

工件已获得两个相互垂直的已加工面,加工第三个面时,原来的基准面仍靠向固定钳口,第二个面靠向钳体导轨面。应在钳体导轨面和工件平面间垫平行垫铁,夹紧工件后,用铜锤轻击工件上面,同时用手移动垫铁,垫铁不松动时,工件平面即与钳体导轨面贴合好,如图 6-7 所示。选择平行垫铁的尺寸要适当,平行度误差要小。用铜锤敲击工件时,用力大小要适当,与夹紧力大小相适应,敲击的位置可从已贴合好的部位开始。敲击时不可连续用力猛击,应克服垫铁和钳体反作用力的影响,使工件、平行垫铁、钳体导轨面贴合好。

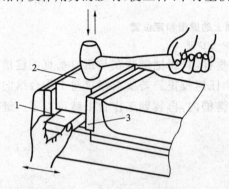

图 6-7 用平行垫铁装夹工件

1—平行垫铁;2—工件;3—钳体导轨面

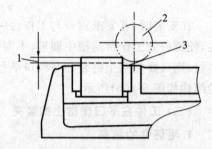

图 6-8 余量层高出钳口上平面

1—工件余量层;2—铣刀;3—钳口上平面

(三)在平口虎钳上装夹工件时的注意事项

(1)安装平口虎钳时应擦净钳底平面、工作台面,安装工件时应擦净钳口铁平面、钳体导轨面、工件表面。

(2)工件在平口钳上装夹后,铣去的余量层应高出钳口上平面,高出的尺寸以确保铣刀铣不着钳口上平面为宜,如图 6-8 所示。

(3)工件在平口钳上装夹时,放置的位置应适当,夹紧工件后钳口受力应均匀,如图 6-9 所示。

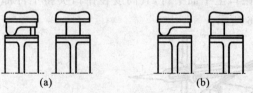

(a)   (b)

图 6-9 工件装夹后钳口受力应均匀

(a) 正确;(b) 错误

(4)用平行垫铁装夹工件时,所选垫铁的平面度、平行度、相邻表面垂直度应符合要求。垫铁表面要具有一定的硬度。

二、用压板装夹工件

用压板装夹工件是铣床上常用的一种装夹方法,如用于形状较大或不便于用平口虎钳装夹的工件,尤其在卧式铣床上用端铣刀铣削时用得最多。

（一）用压板装夹工件的方法

压板通过螺栓、螺母、垫铁将工件压紧在工作台面上。使用压板装夹工件时，应选择两块以上的压板，压板的一端搭在工件上，另一端搭在垫铁上，垫铁的高度应等于或略高于工件被压紧部位的高度，螺栓到工件的距离应略小于螺栓到垫铁的距离。使用压板时，螺母和压板平面间应垫有垫圈。如图 6-10 所示。

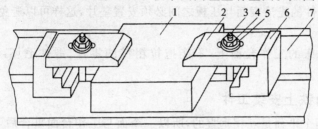

图 6-10　用压板装夹工件

1—工件；2—压板；3—螺栓；4—螺母；5—垫圈；6—台阶垫铁；7—工作台面

（二）用压板装夹工件的注意事项

使用压板装夹工件时的注意事项如图 6-11 所示。

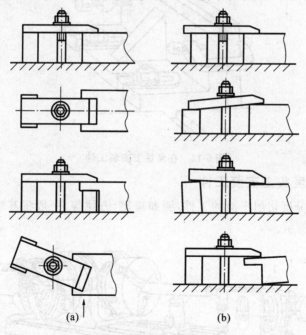

图 6-11　压板装夹工件时的正误图

(a) 正确；(b) 错误

（1）压板的位置要安排得适当，要压在工件刚度最高的地方，夹紧力的大小也应适当，不然刚度低的工件易产生变形。

（2）垫铁必须正确地放在压板下，高度要与工件相同或略高于工件，否则会減弱压紧效果。

（3）压板螺栓必须尽量靠近工件，并且螺栓到工件的距离应小于螺栓到垫铁的距离，这样就能增大压紧力。

（4）螺栓要拧紧，否则会因压力不够而使工件移动，以致损坏工件、机床和刀具。

（5）在工件的光洁表面与压板之间必须安置垫片，这样可以避免光洁表面因受压而损伤。

（6）在铣床的工作台面上，不能拖拉粗糙的零件、锻件毛坯，以免将台面划伤。

三、在角铁上安装工件

角铁的两个平面是互相垂直的，所以一个面与工作台面重合后，另一个面就与工作台面垂直，这就相当于固定钳口。它适用于安装宽而长的工件，如图 6-12 所示，夹紧可用两只弓形夹。

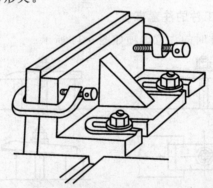

图 6-12 在角铁上安装工件

四、在分度头上安装工件

对于需要分度切削平面的工件，例如扁尾、方尾等，一般将其装夹在分度头上，如图 6-13 所示。

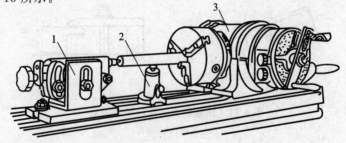

图 6-13 尾架与分度头配合使用
1—尾架；2—千斤顶；3—分度头

210

模块六 平面加工

任务二 平面零件在磨床上的装夹

平面磨削的装夹方法应根据工件的形状、尺寸和材料而定，用电磁吸盘装夹、相邻面夹持及黏附装夹。

一、用电磁吸盘装夹工件

电磁吸盘是最常用的夹具之一，凡是由钢、铸铁等材料制成的有平面的工件，都可用它装夹。电磁吸盘的外形有矩形和圆形两种，分别用于矩形工作台平面磨床和圆形工作台平面磨床。

（一）用电磁吸盘装夹工件的特点

（1）工件装卸迅速方便，并可以同时装夹多个工件。

（2）工件的定位基准面被均匀地吸紧在台面上，能很好地保证平行平面的平行度公差。

（3）装夹稳固可靠。

（二）使用电磁吸盘时的注意事项

（1）关掉电磁吸盘的电源后，有时工件不容易取下，这是因为工件和电磁吸盘上仍会保留一部分磁性（剩磁），这时需将开关转到退磁位置，多次改变线圈中的电流方向，把剩磁去掉，工件就容易取下。

（2）从电磁吸盘上取底面积较大的工件时，由于剩磁以及光滑表面间黏附力较大，工件不容易取下，这时可根据工件形状用木棒或铜棒将工件撬松后再取下，切不可用力硬拖工件，以防将工作台面与工件表面拉毛。

（3）装夹工件时，工件定位表面盖住绝缘磁层条数应尽可能地多，以便充分利用磁性吸力。小而薄的工件应放在绝缘磁层中间，如图 6-14（a）所示，要避免放在如图 6-14（b）所示位置，并在其左右放置挡板，以防止工件松动，如图 6-14（c）所示。装夹高度较高而定位面积较小的工件时，应在工件的四周放上面积较大的挡板，其高度略低于工件，这样可避免因吸力不够而造成工件翻倒，如图 6-15 所示。

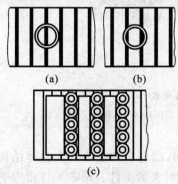

图 6-14 小工件的装夹

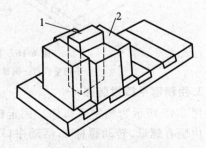

图 6-15 狭高工件的装夹

1 工件；2—挡板

211

（4）电磁吸盘的台面要经常保持平整光洁，如果台面上出现拉毛，可用三角油石或细砂纸修光，再用金相砂纸抛光。如果台面使用时间较长，表面上划纹和细麻点较多，或者发生了变形时，可以对电磁吸盘台面做一次修磨。修磨时，电磁吸盘应接通电源，处于工作状态。磨削量和进刀量要小，冷却要充分，待磨光至无火花出现时即可。应尽量减少修磨次数，以延长其使用寿命。

（5）工作结束后，应将吸盘台面擦净。

二、相邻面工件的装夹

当磨削工件平面不能直接以定位基准面在电磁吸盘上装夹时（主要是定位基准面太小，或底面倾斜，或底面为不规则表面等），可采用相邻面装夹方法。

（一）相邻面中有与被磨平面垂直表面的工件的装夹

若被磨平面有与其垂直的相邻面，可用下列方法装夹。

1. 用侧面有吸力的电磁吸盘装夹

有一种电磁吸盘不仅工作台板的上平面能吸住工件，而且其侧面也能吸住工件。若被磨平面有与其垂直的相邻面，且工件体积又不大，用此装夹方法比较方便可靠。

2. 用导磁直角铁装夹

导磁直角铁如图 6-16 所示，由纯铁 4 和黄铜片 3 制成，它的四个工作面是相互垂直的。黄铜片间隔分布，距离与电磁吸盘上的绝磁层距离相等，由铜螺栓 2 装配成整体。使用时使导磁直角铁的黄铜片与电磁吸盘的绝磁层对齐，电磁吸盘上的磁力线就会延伸到导磁直角铁上，因而当电磁吸盘通电时，工件的邻近侧面就被吸在导磁直角铁的侧面上。

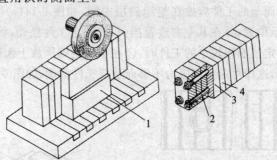

图 6-16　导磁直角铁

1—平行垫铁；2—铜螺栓；3—黄铜片；4—纯铁

3. 用精密平口钳装夹

图 6-17 所示为精密平口钳。固定钳口 4，凸台 2 和底座 5 为整体结构。凸台 2 内装有螺母，转动螺杆 1，活动钳口 3 即可夹紧工件。精密平口钳的平面对侧面有较小的垂直度公差，角度偏差为 $30°\pm30''$。精密平口钳适用于装夹小型或非磁性材料的工件。被磨平面的相邻面为垂直平面时装夹效果较好。

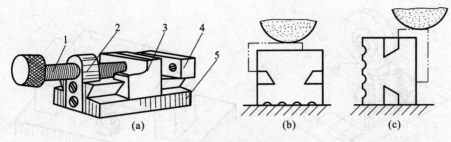

图 6-17　精密平口钳

（a）结构；（b）、（c）装夹方法

1—螺杆；2—凸台；3—活动钳口；4—固定钳口；5—底座

4. 用精密角铁装夹

精密角铁具有两个相互垂直的工作平面,其垂直度公差为 0.005 mm,磨削平面时,相邻的垂直表面在角铁上定位,并用螺钉压板夹紧,如图 6-18 所示。

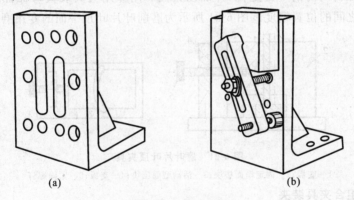

图 6-18　精密角铁

（a）角铁结构；（b）装夹方法

5. 用精密 V 形块装夹

磨削圆柱形工件端面,可用精密 V 形块装夹,如图 6-19 所示。此法可保证端面对圆柱轴线的垂直度公差,适用于加工较大的圆柱端面工件。

（二）相邻面为不规则表面的工件的装夹

若工件被磨平面的相邻面为不规则表面,可用下列方法装夹。

1. 用精密平口钳装夹

当工件尺寸不大时,可用精密平口钳加垫块、圆棒等将工件装夹在精密平口钳上,使所磨平面与工作台平行,即可进行平面磨削。

2. 用千斤顶加挡铁夹持

若工件被磨平面的相邻面与底部均为不规则表面,可在电磁吸盘上用三只千斤顶顶住并校平上平面,四周用略低于上平面的挡铁挡住,以便进行磨削,如图 6-20 所示。

零件的普通机械加工

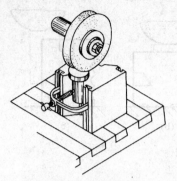

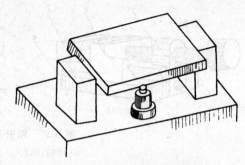

图 6-19　精密 V 形块　　　　　图 6-20　用千斤顶加挡铁夹持

3. 用专用夹具装夹

当工件批量较大时,可用专用夹具进行装夹。以与工件平面相邻的特征表面如内孔、凸台、沟槽等处定位,并加以紧固。用专用夹具装夹可保证所磨平面与相邻面之间的位置精度。图 6-21 所示为磨削叶片叶顶平面的专用磨夹具。

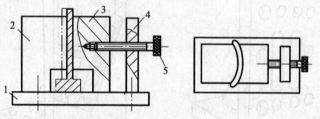

图 6-21　磨叶片叶顶夹具

1—底板;2—固定型面垫块;3—活动型面压块;4—支板;5—紧固螺钉

4. 用组合夹具装夹

对单件小批量工件,磨削平面时,可用组合夹具装夹。组合夹具可根据平面相邻面的形状和加工条件进行组装,定位可靠,使用方便。图 6-22 所示为磨连接轴平面的组合夹具。

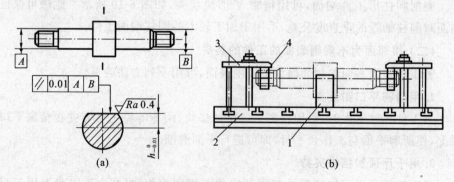

(a)　　　　　　　　　　　　　　　　(b)

图 6-22　磨连接轴中间平面组合夹具

(a) 工件;(b) 磨平面组合夹具

1—V 形定位块;2—底板;3—压板组;4—螺母

214

用相邻面夹持要注意工件的平稳,对所磨平面需经找正,并能够方便测量。

三、黏附装夹磨削薄片工件平面

磨削薄片工件平面,易发生翘曲变形,这主要是由磨削力、磨削热而引起的,为减少变形,可采用黏附装夹。

黏附装夹是采用低熔点材料如石蜡(熔点为 52 ℃)、松香及低熔点合金(熔点为 150～170 ℃)等黏结剂将工件黏附在特制的底上,这些黏结剂都有一定的黏结力,工件被黏附后,磨削时几乎不发生变形,如图 6-23 所示。

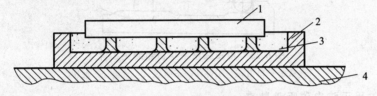

图 6-23 薄片工件的黏附装夹
1—工件;2—夹具;3—黏结剂;4—磁性工作台

低熔点合金黏结力较大,成本较高,黏结前底座需预热到 150～200 ℃,加工后需加热才能清除净,但可以多次使用。松香的黏结力次于低熔点合金,石蜡的黏结力则比松香更差。松香性脆,加工完毕易于清除,也可以和石蜡混合使用。黏结剂的黏结力与所黏面积成正比。黏附时,熔液应一次浇满,黏固前应将工件和底座清洗干净,磨削时需充分冷却,以减少磨削热引起的变形。

四、倾斜面工件的装夹

(一)用正弦精密平口钳装夹

当磨削小型斜面或非磁性材料的斜面时,通常采用正弦精密平口钳装夹。如图 6-24 所示,使用时,按工件角度在正弦圆柱 4 和底座 1 的定位面之间垫入量块 5,磨削时用零件锁紧装置将正弦圆柱 2 紧固,同时旋紧螺钉 3,以便通过撑条 6 把正弦规紧固。图 6-25 所示为用正弦精密平口钳装夹工件的平面图。

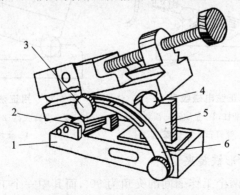

图 6-24 正弦精密平口钳
1—底座;2、4—正弦圆柱;3—螺钉;5—量块;6—撑条

215

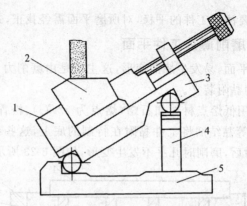

图 6-25   用正弦精密平口钳装夹工件

1—精密平口钳;2—工件;3—正弦规;4—量块;5—底座

(二) 用正弦电磁吸盘装夹

将正弦精密平口钳的平口钳换成电磁吸盘,就得到了正弦电磁吸盘,如图 6-26 所示。将工件校正后,吸在电磁盘 1 上,在正弦圆柱 2 和底座 5 之间垫入量块 3,使正弦规 7 连同工件一起倾斜成所需要的角度 β,磨削时夹具需要锁紧螺钉 4、6。这种夹具最大倾斜角为 45°,适于磨削扁平工件,如图 6-27 所示。正弦圆柱量块高度 H 按下式计算

$$H = L \cdot \sin\beta$$

式中 L——正弦圆柱的中心距(mm);

　　　　β——工件角度(°)。

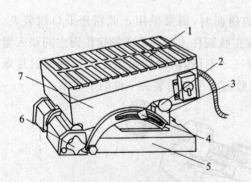

图 6-26   正弦电磁吸盘

1—电磁吸盘;2—正弦圆柱;3—量块;4—锁紧螺钉;

5—底座;6—螺钉;7—正弦规

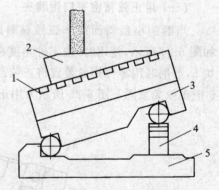

图 6-27   用正弦电磁吸盘装夹工件

1—电磁吸盘;2—工件;3—正弦规;

4—量块;5—底座

(三) 用导磁 V 形铁装夹

导磁 V 形铁的两个工作面间的夹角为 90°,而其中一个工作面与底面间的角度通常制成 15°、30°或 45°等,适用于成批磨削特殊角度的工件,如图 6-28 所示。

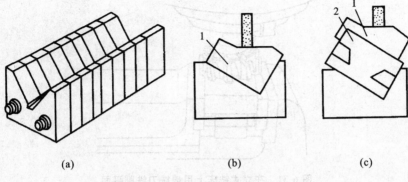

(a)　　　　　　　　　　(b)　　　　　　　　　　(c)

图 6-28　用导磁 V 形铁装夹工件

（a）导磁 V 形铁；（b）、（c）装夹工件

1—工件；2—平口钳

项目二　平面零件的加工

【学习目标】

掌握：平面零件在不同类型机床上的不同加工方法。

熟悉：平面零件的常用加工方法。

了解：平面零件在加工时产生的质量问题及注意事项。

任务一　平面零件的铣削方法

铣削平面零件可以在卧式铣床上安装圆柱铣刀铣削，如图 6-29 所示；也可以在卧式铣床上安装端铣刀，用端铣刀铣削，如图 6-30 所示；还可以在立式铣床上安装端铣刀立铣，如图 6-31 所示。

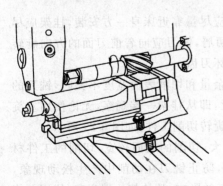

图 6-29　用圆柱铣刀铣削平面

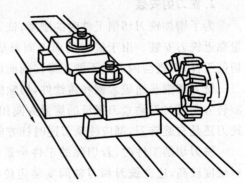

图 6-30　用端铣刀铣削平面

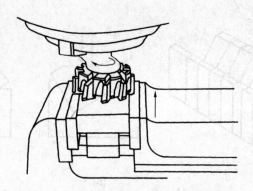

图 6-31　在立式铣床上用端铣刀铣削平面

一、用圆柱铣刀铣削平面

（一）铣刀的选择和安装

1.铣刀的选择

用圆柱铣刀铣平面时,铣刀宽度应大于工件加工表面的宽度,这样可以在一次进给中铣出整个加工表面,如图 6-32 所示。粗加工平面时,切去的金属余量较大,工件加工表面的质量要求一般,应选用粗齿铣刀;精加工时,切去的金属余量较小,工件加工表面的质量要求较高,应选用细齿铣刀。

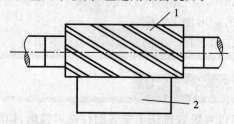

图 6-32　铣刀宽度大于加工面宽度

1—圆柱铣刀;2—工件

2.铣刀的安装

为了增加铣刀切削工件时的刚度,铣刀应尽量靠近床身一方安装,挂架应尽量靠近铣刀安装。由于铣刀的前刀面形成切屑,铣刀应向着前刀面的方向旋转切削工件,否则会因刀具不能正常切削而崩坏刀齿。

铣刀切削普通碳素钢和铸铁件,切除的余量和切削表面宽度不大时,铣刀的旋转方向可与刀轴紧刀螺母的旋紧方向相反,即从挂架一端观察,无论使用左旋铣刀还是右旋铣刀,都应使铣刀逆时针方向旋转切削工件,如图 6-29 所示。

铣刀切削工件时,若切除的工件余量较大,切削的表面较宽,切削的工件材料硬度较高,应在铣刀和刀轴间安装定位键,防止铣刀在切削中产生松动现象,如图 6-33 所示。为了克服轴向力对铣削加工的影响,从挂架一端观察:使用右旋铣刀时,应使铣刀顺时针方向旋转切削工件,如图 6-34(a)所示;使用左旋铣刀

时,应使铣刀逆时针方向旋转切削工件,如图 6-34(b)所示。这样,就使轴向力指
向铣床主轴,增加铣削工作的平稳性。

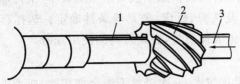

图 6-33 在铣刀和刀轴间安装键
1—键;2—铣刀;3—刀轴

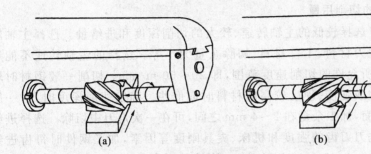

(a)   (b)

图 6-34 轴向力指向铣床主轴
(a) 右旋铣刀顺时针旋转;(b) 左旋铣刀逆时针旋转

(二) 顺铣和逆铣

铣刀的旋转方向与工件进给方向相同时的铣削称为顺铣;铣刀的旋转方向
与工件进给方向相反时的铣削称为逆铣,如图 6-35 所示。顺铣时,因工作台丝杠
和螺母间的传动间隙,工作台会窜动,从而啃伤工件、损坏刀具,所以一般情况下
都采用逆铣。使用 X62W 型铣床工作时,由于工作台丝杠和螺母间有间隙补偿
机构,精加工时可以采用顺铣。没有丝杠、螺母间隙补偿机构的铣床,不准采用
顺铣。

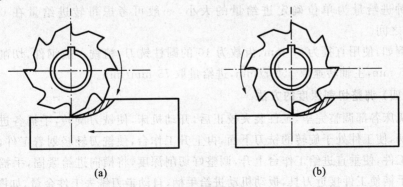

(a)   (b)

图 6-35 顺铣和逆铣
(a) 顺铣;(b) 逆铣

（三）铣削用量的选择

铣削用量应根据工件材料、加工表面余量的大小、工件加工表面尺寸精度和表面粗糙度要求，以及铣刀、机床、夹具等条件确定。选择合理的铣削用量能提高生产效率，提高加工表面质量，提高刀具的使用寿命。

1. 粗铣和精铣

工件的加工余量比较大，一次进给不能全部切除，或者工件加工表面的质量要求较高时，可分粗铣和精铣两步完成。粗铣是为了去除工件加工表面的余量，为精铣做准备；精铣是为了获得较高的表面加工质量和要求的尺寸精度。

2. 粗铣时的切削用量

粗铣时，应选择较低的主轴转速、较大的切削深度和进给量。选择主轴转速时，应考虑铣刀材料、工件材料、切除余量大小等。选择的主轴转速不能超出高速钢铣刀所允许的切削速度范围，即 $20\sim30$ m/min。切削一般钢材时取高些，切削铸铁或强度、硬度较高的材料时取低些。确定切削深度时，对一般要求的加工表面，加工余量在 $2\sim4$ mm 之间，可在一次走刀中切除。选择进给量时，应考虑铣刀刀齿的强度和机床、夹具刚度等因素，加工钢件时每齿进给量可取在 $0.05\sim0.15$ mm 之间，加工铸铁件时每齿进给量可取在 $0.07\sim0.2$ mm 之间。

例如，使用直径为 80 mm、齿数为 8 的圆柱铣刀：粗铣普通碳素钢时，取主轴转速 $n=95\sim118$ r/min，进给量 $f=60\sim75$ mm/min；粗铣铸铁件时，取主轴转速 $n=75\sim95$ r/min，进给量 $f=60\sim75$ mm/min。

3. 精铣时的切削用量

精铣时，应选择较高的主轴转速、较小的切削深度和进给量。选择主轴转速时，可比粗铣提高 $20\%\sim30\%$。精铣时的切削深度可取在 $0.5\sim1$ mm 之间。精铣时的进给量大小，应考虑能否达到加工表面的粗糙度要求，这时应以每分钟进给量为单位确定进给量的大小，一般可考虑每转进给量在 $0.3\sim1$ mm之间。

例如，使用直径为 80 mm、齿数为 10 的圆柱铣刀，精铣一般钢件，切削深度取 0.5 mm，主轴转速取 150 r/min，进给量取 75 mm/min。

（四）调整切削深度的方法

机床各部调整完毕，工件装夹校正后，开动机床，使铣刀旋转，手摇各进给操作手柄，使工件处于旋转的铣刀下面，再上升工作台，使铣刀轻轻划着工件，然后退出工件，使垂直进给工作台上升，调整好切削深度，将横向进给紧固，手摇纵向进给手柄使工件接近刀具，扳动机动进给手柄，自动走刀铣去工件余量，如图6-36所示。走刀完毕停止主轴旋转，使工作台降落，将工件退回原位，测量并卸下工件。

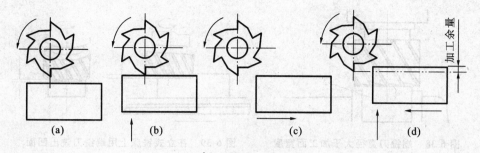

图 6-36　调整切削深度

（a）工件处于旋转的铣刀下；（b）铣刀划着工件；

（c）工件退出铣刀；（d）调整切削深度，铣削工件

（五）切削液的应用

铣削钢件时，应加注切削液，以减少摩擦、降低切削温度、冲刷切屑，从而提高表面加工质量、减少刀具磨损、提高刀具的寿命。

二、用端铣刀铣平面

（一）对称铣削与不对称铣削

端铣时，工件的中心处于铣刀的中心位置时，称为对称铣削。对称铣削时，一半为顺铣，一半为逆铣。工件的加工面较宽，接近于铣刀直径时，应采用对称铣削，如图 6-37（a）所示。

端铣时，工件中心没有处于铣刀的中心位置，偏在一侧，称为不对称铣削。不对称铣削也有顺铣和逆铣。铣削中大部分为顺铣，少部分为逆铣，称为顺铣，如图 6-37（b）所示；如大部分为逆铣，少部分为顺铣，则称为逆铣，如图 6-37（c）所示。端铣时，应尽量采用不对称逆铣，以免铣削中工作台出现窜动，影响铣削的平稳性。

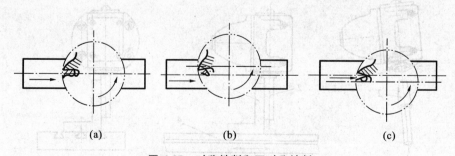

图 6-37　对称铣削和不对称铣削

（a）对称铣削；（b）不对称顺铣；（c）不对称逆铣

（二）铣刀的选择

用端铣刀铣平面时，为使加工的平面在一次进给中铣成，所选择的铣刀直径应等于被加工表面宽度的 1.2～1.5 倍，如图 6-38 所示。

零件的普通机械加工

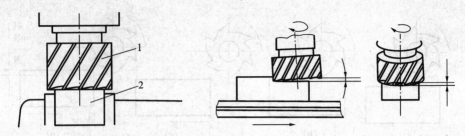

图 6-38　端铣刀直径大于加工面宽度　　图 6-39　在立式铣床上用端铣刀铣出凹面

1—铣刀；2—工件

（三）立铣头主轴轴线与工作台面垂直度的校正

在 X62W 型铣床上安装万能立铣头，用端铣刀铣平面时，若立铣头主轴轴线与工作台面不垂直，纵向进给铣削工件，会铣出一个凹面，如图 6-39 所示，影响加工平面的平面度。如果铣削沟槽、斜面等其他表面，会产生沟槽底面不平、斜面不平等形状误差。因此，立铣头安装后，应校正主轴轴线与工作台面的垂直度，校正的方法有以下两种。

（1）用角尺和锥度心轴进行校正　校正时，取一锥度与立铣头主轴锥孔锥度相同的心轴，擦净立铣头主轴锥孔和心轴锥柄，轻轻用力将心轴锥柄插入立铣头主轴锥孔，将角尺尺座底面贴在工作台面上，用角尺尺苗外测量面靠向心轴圆柱面，观察其是否密合或间隙上下均匀，确定立铣头主轴轴线与工作台面是否垂直。检测时，应使角尺的尺座，分别在与纵向工作台进给方向平行和垂直的两个方向上检测，如图 6-40 所示。检测过程中，可松开立铣头壳体和主轴座体的紧固螺母，调整立铣头主轴轴线在两个方向上的垂直度误差，检测合格后将螺母紧固。

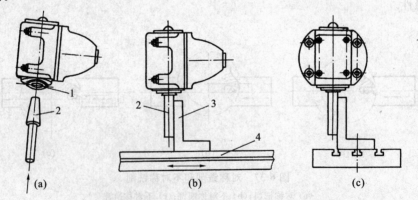

图 6-40　用角尺校正立铣头主轴轴线与工作台面垂直

（a）将心轴插入立铣头主轴锥孔；（b）与纵向进给方向平行检测；（c）与纵向进给方向垂直检测

1—立铣头主轴；2—心轴；3—角尺；4—工作台

（2）用百分表进行校正　校正时，将表杆夹持在立铣头主轴上，安装百分表，使表的测量杆与工作台面垂直,测量触头与工作台面接触,测量杆压缩 0.3~0.4 mm,记下表的读数,回转立铣头主轴一周,观察表的指针在直径 300 mm 的回转范围内,变化不超出 0.03 mm 即为合格,如图 6-41 所示。检测时应将主轴电源开关断开。

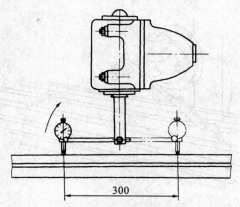

图 6-41　用百分表校正立铣头

（四）铣床主轴轴线与工作台中央 T 形槽侧面的垂直度校正

铣床的主轴轴线与工作台中央 T 形槽侧面不垂直,称为工作台零位不准。这种情况下,在主轴锥孔内安装端铣刀铣平面,也会铣出一个凹面,如图 6-42 所示;铣台阶、沟槽等,或用中央 T 形槽定位安装夹刀具、附件时,也会产生不良影响。因此,应校正工作台零位的正确性。校正的方法有两种。

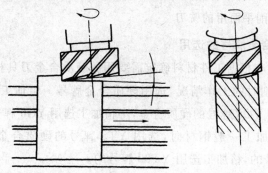

图 6-42　端铣平面时铣出凹面

（1）利用回转盘刻度校正　加工一般要求工件时,使回转盘的"0"刻度线对准鞍座上的基准线,铣床主轴轴线与工作台中央 T 形槽侧面的垂直度就能满足需要。

（2）用百分表进行校正　加工精度要求较高的工件时,应用百分表校正。校正时,先将主轴变速操作手柄调至脱开位置,将磁性表座吸在主轴端面上,安装杠杆百分表,使表的测量杆触头触到中央 T 形槽侧面,记下表的读数;再用手转动主轴,使表回转约 300 mm 的长度,表的触头触在中央 T 形槽同一侧面上,观察表的指针变化情况,在 0.03 mm 内即为合格,如图 6-43 所示。若表的读数超出要求数值,应松开回转盘紧固螺钉,适当调整回转盘,再进行检测,直至达到要求的数值为止。

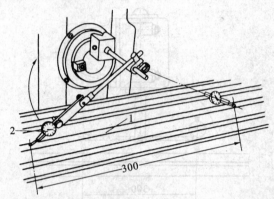

图 6-43 用百分表检测中央 T 形槽与主轴轴线垂直

1—工作台中央 T 形槽;2—杠杆百分表

三、平面的高速铣削

高速铣削是采用硬质合金铣刀,用较高的铣削速度($v=60\sim200$ m/min),达到较高生产效率的一种铣削方法。高速铣削时,要求机床、夹具、刀具有足够的刚度和强度,机床有较大的功率,主轴有较高的转速。

(一)高速铣削平面用的铣刀

1. 常用硬质合金牌号的选用

高速铣削时,应根据工件材料确定需要用的硬质合金刀具材料;根据加工表面质量要求及铣削时的工作情况,选用硬质合金牌号。粗加工铸铁或非铁金属及其合金时,选用 YG8 牌号的硬质合金,半精加工选用 YG6 牌号的,精加工选用 YG3 牌号的。粗加工一般钢材时,选用 YT5 牌号的硬质合金,半精加工选用 YT14、YT15 牌号的,精加工选用 YT30 牌号的。

2. 普通的机械夹固端铣刀

对这类铣刀一般先把硬质合金刀片焊接在刀杆上,然后用机械夹固的方法把刀头固定在刀体上。常用固定刀头的方法是用螺钉或楔块紧固,如图 6-44 所示。这类铣刀刀齿的数目一般不少于四个,这样可使每个刀头受力小而均匀,铣削过程平稳。

(1)铣刀头的主要几何角度及其选用 焊接铣刀头的主要几何角度如图 6-45所示,其选用值如表 6-1 所示。

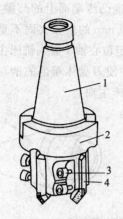

图 6-44 普通机械夹固端铣刀

1—锥柄；2—刀盘体；3—紧固螺钉；
4—焊接刀头

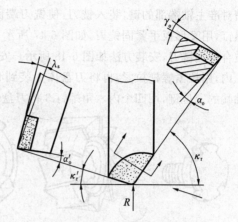

图 6-45 焊接铣刀头的主要几何角度

γ_o—前角；α_o—后角；λ_s—刃倾角；κ_r—主偏角；
κ_r'—副偏角；α_o'—副后角；R—刀尖圆弧半径

表 6-1 端铣刀头的几何角度选用值

被加工材料		γ_o	α_o	λ_s	κ_r	κ_r'	R
钢	中碳钢（$\sigma_b < 800$ MPa）	$0°\sim5°$	$8°\sim12°$	$0°\sim5°$	$60°\sim75°$	$6°\sim10°$	$0.5\sim1.5$
	高碳钢（$\sigma_b = 800\sim1200$ MPa）	$-10°$	$6°\sim8°$	$5°\sim10°$	$60°\sim75°$	$6°\sim10°$	$0.5\sim1.5$
	合金钢（$\sigma_b > 1200$ MPa）	$-15°$	$6°\sim8°$	$10°\sim15°$	$45°\sim65°$	$6°\sim10°$	$1\sim2$
铸铁	硬度为 $150\sim250$ HB	$5°$	$8°\sim12°$	$0°\sim5°$	$45°\sim65°$	$6°\sim10°$	$1\sim1.5$

（2）刀头的安装 为了减少刀齿的圆跳动，使刀齿切削均匀，安装刀头时应进行校正。常用安装刀头的校正方法是采用切痕调刀法，如图 6-46 所示。安装刀头时：先安装第一把刀头，夹紧工件对刀，在工件上铣出一段台阶面，停止工作台进给；再停止主轴旋转，安装第二把刀头，使刀头的主切削刃与工件上铣出的台阶面切痕对正，将刀头紧固；以同样的方法安装第三把刀和第四把刀头。安装完毕，降落工作台，开动机床，调整到原来的切削深度后铣完第一刀，铣削中注意观察刀具的工作情况。

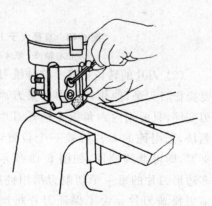

图 6-46 切痕对刀安装铣刀头

3. 机械夹固不重磨硬质合金端铣刀

（1）刀具的安装 对于 $\phi100$ mm×160 mm 的机械夹固不重磨硬质合金端铣刀，安装铣刀时，先将刀轴拉紧在铣床主轴锥孔内，将凸缘装入刀轴，并使凸缘上的槽对准主轴端部的键,装入铣刀,使铣刀端面上的槽对准凸缘端面上的凸键,旋入螺钉,用叉形扳手紧固铣刀,如图 6-47 所示。$\phi200\sim500$ mm 的机械夹固不重磨硬质合金端铣刀,安装方法如图 6-48 所示。安装时,先将定位心轴 1 装入铣床主轴锥孔内,用拉紧螺杆拉紧,再将刀盘体 4 装到心轴 1 上,并使刀盘体端部的槽对准主轴端的定位键,用四个内六角螺钉 3 将刀盘体紧固在铣床主轴上。

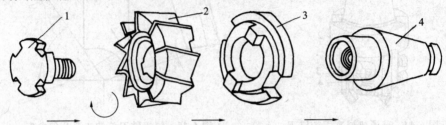

图 6-47　端面带键槽套式端铣刀安装

1—紧刀螺钉;2—铣刀;3—凸缘;4—刀轴

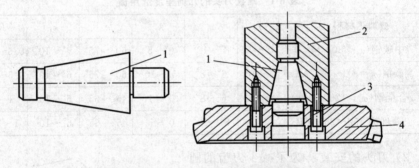

图 6-48　直径大于 160 mm 的不重磨端铣刀安装

1—定位心轴;2—铣床主轴;3—内六角螺钉;4—刀盘体

(2) 刀片的转位更换　这种铣刀不需要操作者刃磨,使用过程中如果刀片切削刃变钝,只要用内六角扳手松开刀片的夹紧块,把用钝的刀片转换一个位置,然后夹紧,即可继续使用,如图 6-49 所示。待多边形刀片的每一个切削刃都用钝后,才需更换新刀片。为了保证刀片每次转位或更换后,都有正确的空间位置,刀片转位安装时,应与刀片座的定位点良好接触,然后将刀片紧固。

(3) 使用时的注意事项　使用机械夹固不重磨硬质合金端铣刀时,要求机床、

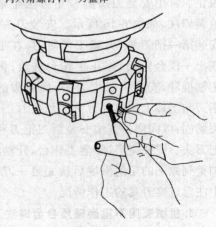

图 6-49　更换新刀片

夹具刚度高,机床功率大,工件装夹牢固,刀片牌号与加工工件的材料相适应,刀片用钝后及时转位更换。这种铣刀不能铣削有白口铁的铸铁件或有硬皮的钢件,以免损坏刀具。

4. 机械夹固不重磨硬质合金立铣刀

机械夹固不重磨硬质合金立铣刀是一种新型的、高效率的先进铣刀,如图 6-50所示。其特点和使用时的调整方法与机械夹固不重磨硬质合金端铣刀基本相同。

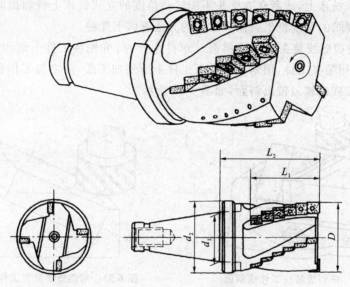

图 6-50　机械夹固不重磨立铣刀

(二) 高速铣削时的切削用量

高速铣削钢材时,切削速度取 80～200 m/min;高速铣削铸铁时,切削速度取 60～150 m/min。高速铣削时分粗铣和精铣,粗铣时采用较低的主轴转速、较高的进给量、较大的切削深度;精铣时采用较高的主轴转速、较低的进给量、较小的切削深度。加工材料的强度、硬度较高时,切削用量取小些;加工材料的强度、硬度较低时,切削用量可取大些。

如:在 X52K 型立式铣床上,使用 $\phi100$ mm 的普通机械夹固硬质合金端铣刀切削中碳钢时,取主轴转速 $n=600～750$ r/min、进给量 $f=95～190$ mm/min、切削深度 $a_p=2～3$ mm;如果仍然用 $\phi100$ mm 的铣刀,切削 HT200 铸铁件时,则取主轴转速 $n=300～600$ r/min、进给量 $f=75～150$ mm/min、切削深度 $a_p=2～4$ mm。

(三) 高速铣削对工件的装夹要求

高速铣削时由于铣削力大,铣刀和工件间的冲击力大,要求工件装夹牢固,定位可靠,夹紧力的大小足以承受铣削力。当采用平口钳装夹工件时,工件加工表面伸出钳口的高度应尽量减少,切削力应朝向平口钳的固定钳口。使用夹具装夹工件时,切削力应朝向夹具的固定支承部位,以增加切削刚度、减少振动。

四、铣斜面

(一) 铣斜面的方法

斜面是指与工件基准面成一定倾斜角度的平面。在铣床上铣斜面的方法有以下几种。

1. 把工件安装成要求的角度铣斜面

在卧式铣床上,或者在立铣头不能转动角度的立式铣床上铣斜面时,可将工件安装成要求的角度铣出斜面。常用的方法有以下几种。

(1) 按照划线装夹工件铣斜面 单件生产时,可先在工件上划出斜面加工线,用平口钳装夹工件,用划针盘校正工件上所划加工线,使之与工作台面平行,用圆柱铣刀或端铣刀铣出斜面,如图 6-51 所示。

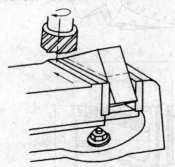

图 6-51 按划线装夹工件铣斜面

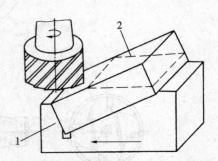

图 6-52 用斜垫铁装夹工件铣斜面
1—斜垫块;2—工件

(2) 用倾斜垫铁装夹工件铣斜面 生产的工件数量较多时,为保证装夹、校正工件方便,可通过倾斜的垫铁,将工件装夹在平口钳内,铣出要求的斜面,如图 6-52 所示。所选择的垫铁宽度应小于工件宽度。

(3) 用靠铁装夹工件铣斜面 对于外形尺寸较大的工件,可先在工作台面上安装一块倾斜的靠铁,将工件的一个侧面靠向靠铁的基准面,用压板夹紧工件,用端铣刀铣出要求的斜面,如图 6-53 所示。

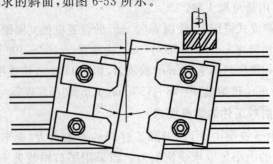

图 6-53 用靠铁装夹工件铣斜面

（4）调转平口钳体角度装夹工件铣斜面　安装平口钳，先校正固定钳口与铣床主轴轴线垂直或平行，再通过钳底座上的刻线，将钳身调转到要铣的角度，装夹工件，铣出要求的斜面，如图6-54所示。其中图6-54（a）所示是先校正固定钳口与主轴轴线垂直，再调整钳体α角，用立铣刀铣出斜面；图6-54（b）所示是先校正固定钳口与主轴轴线平行，再调整钳体α角，用立铣刀或端铣刀铣出斜面。

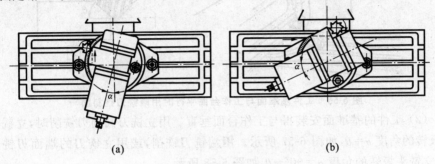

(a)   (b)

图 6-54　转动钳体角度铣斜面

（a）先校正固定钳口与主轴轴线垂直；（b）先校正固定钳口与主轴轴线平行

2. 把铣刀调成要求的角度铣斜面

在立铣头主轴可转动角度的立式铣床上，安装立铣刀或端铣刀，用平口钳或压板装夹工件，可加工出要求的斜面。用平口钳装夹工件时，根据所用刀具和工件装夹情况，有以下几种加工方法。

（1）工件的基准面安装得与工作台面平行　用立铣刀的圆周刃铣削斜面时，立铣头应扳转的角度 $\alpha = 90° - \theta$，如图6-55所示。用端铣刀或用立铣刀的端面刃铣削时，立铣头应扳转的角度 $\alpha = \theta$，如图6-56所示。

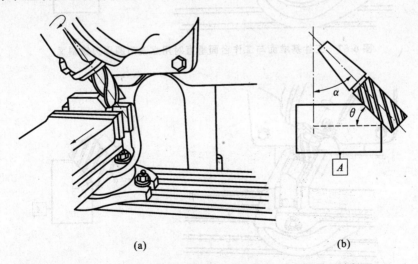

(a)   (b)

图 6-55　工件基准面与工作台面平行时用立铣刀圆周刃铣斜面

（a）立体图；（b）平面图

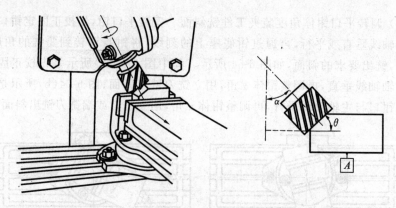

图 6-56　工件基准面与工作台面平行时用端铣刀铣斜面

（2）工件的基准面安装得与工作台面垂直　用立铣刀圆周刃铣削时,立铣头应扳转的角度 $\alpha=\theta$,如图 6-57 所示。用端铣刀铣削,或用立铣刀的端面刃铣削时,立铣头扳转的角度 $\alpha=90°-\theta$,如图 6-58 所示。

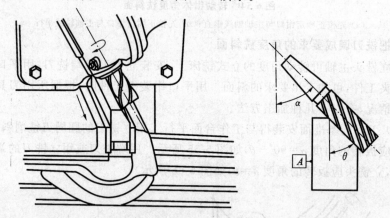

图 6-57　工件基准面与工作台面垂直时用立铣刀圆周刃铣斜面

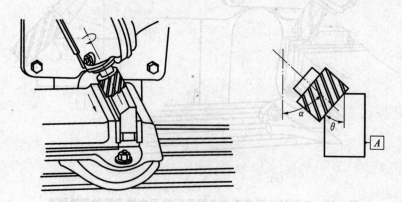

图 6-58　工件基准面与工作台面垂直时用端铣刀铣斜面

（3）调整万能立铣头主轴座体铣斜面　在万能铣床上安装万能立铣头铣斜面时，一般情况下逆时针转动铣头壳体，调整立铣头角度铣斜面。根据加工时的情况，也可以转动立铣头主轴座体来调整立铣头主轴的角度，完成斜面的铣削加工，如图 6-59 所示，其调整角度的大小和方向，可根据工件的安装情况调整。

——主轴座体

图 6-59　转动主轴座体，调整立铣头主轴角度铣斜面

3. 用角度铣刀铣斜面

宽度较窄的斜面，可用角度铣刀铣削，如图 6-60 所示。铣刀的角度应根据工件斜面的角度选择。所铣斜面的宽度应小于角度铣刀的刀刃宽度。铣双斜面时，应选择两把直径和角度相同的铣刀；安装铣刀时最好使两把铣刀的刃齿错开，以减少铣削时的力和振动。由于角度铣刀的刀齿强度较弱，排屑较困难，使用角度铣刀时，选择的切削用量应比圆柱铣刀低 20% 左右。

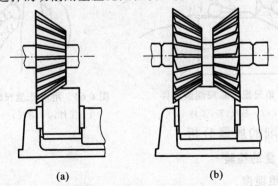

(a)　　　　　　　(b)

图 6-60　用角度铣刀铣斜面

（a）铣单斜面；（b）铣双斜面

（二）斜面的检验

加工完的斜面，除去检验斜面尺寸和表面粗糙度外，主要检验斜面的角度。精度要求很高、角度又较小的斜面，可用正弦规检验。对一般要求的斜面，可用

万能角度尺检验。

使用万能角度尺检测工件斜面时,通过调整角尺、直尺、扇形板,可以检测大小不同的角度。检测时,将万能角度尺基尺紧贴工件的基准面,然后调整角度尺,使直尺、角尺或扇形板的测量面贴紧工件的斜面,锁紧紧块,读出角度值,如图 6-61、图 6-62、图 6-63 所示。

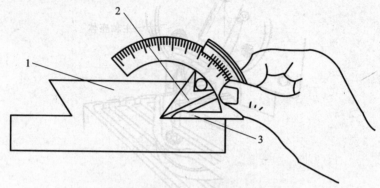

图 6-61　用扇形板配合基尺测量工件
1—工件;2—扇形板;3—基尺

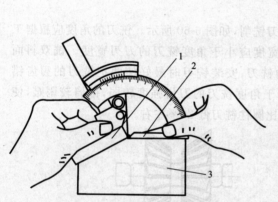 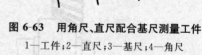

图 6-62　用角尺配合基尺测量工件
1—角尺;2—基尺;3—工件

图 6-63　用角尺、直尺配合基尺测量工件
1—工件;2—直尺;3—基尺;4—角尺

五、平面铣削的质量分析

(一)平面质量的检验

1. 检验表面粗糙度

表面粗糙度一般都采用表面粗糙度比较样块来比较。由于加工方法不同,切出的刀纹痕迹也不同,所以样块按不同的加工方法来分组。如用圆柱形铣刀铣削的一组样块中,可选用 $Ra\ 20\sim 0.63\ \mu m$ 的 5 块。若工件的表面粗糙度为 $Ra\ 3.2\ \mu m$,而加工出的平面表面与 $Ra\ 2.5\sim 5\ \mu m$ 的一块样块很接近,则说明此平面的表面粗糙度已符合图样要求。

2. 检验平面度

在铣好平面后，一般都用棱边（或称刀口）成直线的刀口形直尺来检验。

对平面度要求高的平面，则可用标准平板来检验。标准平板的平面度是较高的。检验时在标准平板的平面上涂红丹粉或龙丹紫溶液，再将工件上的平面放在标准平板上，进行对研，对研几次后把工件取下，观察平面的着色情况，若均匀而细密，则表示平面的平面度很好。

（二）质量分析

平面的质量不仅与铣削时所用的铣床、夹具和铣刀的好坏有关，还与铣削用量和切削液的选用等很多因素有关。现将导致平面质量出现问题的原因列于表 6-2。

表 6-2　导致平面质量出现问题的原因

项　目	原　因
平面度误差大的原因	(1) 用周边铣削时，铣刀的圆柱度差
	(2) 用端面铣削时，铣床主轴轴线与进给量方向不垂直
	(3) 铣床工作台进给运动的直线性差
	(4) 铣床主轴轴承的轴向和径向间隙大
	(5) 工件在夹紧力和铣削力下产生变形
	(6) 工件由于存在应力，在表层切除后产生变形
	(7) 工件在铣削过程中，由于铣削热而产生变形
	(8) 当圆柱形铣刀的宽度或端铣刀的直径小于加工面的宽度时，由于接刀而产生接刀痕
表面粗糙度大的原因	(1) 铣刀刃口变钝
	(2) 铣削时有振动
	(3) 铣削时进给量太大，铣削余量太多
	(4) 铣刀几何参数选择不当
	(5) 铣削时有拖刀现象
	(6) 切削液选用不当
	(7) 铣削时有积屑瘤产生，或切屑有黏刀现象
	(8) 在铣削过程中进给停顿而产生"深啃"现象

任务二　平面零件的磨削方法

一、平行面磨削

磨削平行面的主要技术指标是平面本身的平面度和表面粗糙度、两平面间的平行度等。磨削时应选择大而且较平整的面为定位基准。当定位表面为粗基准时，应用锉刀、砂布清除工件表面的毛刺和热处理氧化层。粗磨时要注意使工件两面磨去的余量均匀,精磨时可在垂直进给停止后做几次光磨,以减小工件表面粗糙度。为获得较高的平行度,可将工件多翻几次身,反复磨削,这样可以把工件两个面上残留的误差逐步减小。

(一)平面常用的磨削方法

1. 横向磨削法

横向磨削法是最常用的一种磨削方法。每当工作台纵向行程终了时,砂轮主轴做一次横向进给,待工件上第一层金属磨去后,砂轮再做垂直进给,直至切除全部余量为止,如图 6-64 所示。这种磨削方法适用于磨削长而宽的平面工件,其特点是磨削接触面积小,发热较少,排屑和冷却条件较好,因而容易保证工件的加工质量,但生产效率较低,砂轮磨损不均匀,磨削时须注意磨削用量和砂轮的正确选择。

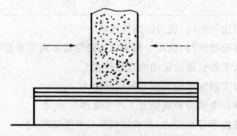

图 6-64　横向磨削法

(1) 磨削用量的选择　一般粗磨时,横向进给量取 $(0.1\sim0.4)B$/双行程(B 为砂轮宽度),垂直进给量按横向进给量选择,为 $0.015\sim0.03$ mm;精磨时,$f=(0.05\sim0.1)B$ 双行程,$a_p=0.005\sim0.01$ mm。

(2) 砂轮的选择　横向磨削时常用平形砂轮、陶瓷结合剂。由于平面磨削时砂轮与工件的接触弧较外圆磨削时大,所以砂轮的硬度应比外圆磨削时软些,粒度应比外圆磨削粗些。常用砂轮的特性如表 6-3 所示。

表 6-3　平面磨削砂轮的选择

工件材料		非淬火的碳素钢	调质的合金钢	淬火的碳素钢、合金钢	铸铁
砂轮性质	磨料	A	A	WA	C
	粒度	36~46	36~46	36~46	36~46
	硬度	L~N	K~M	J~K	K~M
	组织	5~6	5~6	5~6	5~6
	结合剂	V	V	V	V

2. 深度磨削法

深度磨削法又称切入磨削法,如图 6-65 所示,它是在横向磨削法的基础上发展出来的。其磨削方法是:砂轮以较低的纵向进给速度,通过数次垂向进给,将工件的大部分或全部余量磨去,然后停止砂轮垂直进给,磨头做手动横向微量进给,直至把工件整个表面的余量全部磨去,如图 6-65(a)所示。磨削时,也可以通过分段磨削,把工件整个表面余量全部磨去,如图 6-65(b)所示。

为了减小工件表面粗糙度,用深度磨削法磨削时,可留少量精磨余量(约为 0.05 mm),然后改用横向磨削法将余量磨去。此方法能提高生产效率,因为粗磨时的垂向进给量和横向进给量都较大,可缩短机动时间。一般适用于用功率大、刚度好的磨床磨削较大型工件,磨削时须注意装夹牢固,且供应充足的切削液。

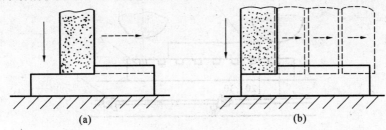

图 6-65　深度磨削法

(a)先数次垂向进给,再手动横向微量进给磨削;(b)分段磨削

3. 台阶磨削法

台阶磨削法是指根据工件磨削余量的大小,将砂轮修整成阶梯形,使其在一次垂直进给中磨去全部余量,如图 6-66 所示。

砂轮的台阶数目按磨削余量的大小确定。粗磨时各台阶长度和深度要相同,其长度和一般不大于砂轮宽度的 1/2,每个台阶的深度在

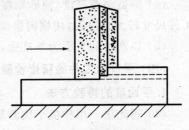

图 6-66　台阶磨削法

0.05 mm 左右。砂轮精磨台阶(即最后一个台阶)的深度等于精磨余量(0.02～0.04 mm)。用台阶磨削法加工时,由于磨削用量较大,为了保证工件质量和提高砂轮的使用寿命,横向进给应缓慢一些。

台阶磨削法生产效率较高,但修整砂轮比较麻烦,且机床须具有较高的刚度,所以在应用上受到一定的限制。

(二)平面磨削基准面的选择原则

平面磨削基准面的选择正确与否将直接影响工件的加工精度,它的选择原则如下。

(1)在一般情况下,应选择表面粗糙度较小的面为基准面。

(2)在磨大小不等的平行面时,应选择大面为基准,这样装夹稳固,并有利于通过磨去较少余量来达到平行度要求。

(3)在平行面有几何公差要求时,应选择工件几何公差较小的面或者有利于达到几何公差要求的面为基准面。

(4)根据工件的技术要求和前道工序的加工情况来选择基准面。

（三）平行面工件的磨削步骤

（1）用锉刀、油石、砂纸等，除去工件基准面上的毛刺或热处理后的氧化层。

（2）以工件基准面在电磁吸盘台面上定位。批量加工时，可先将毛坯尺寸粗略测量一下，按尺寸大小分类，并按序排列在台面上，然后通磁吸住工件。

（3）启动液压泵，移动工作台挡铁，调整工作台行程距离，使砂轮超出工件表面 20 mm 左右，如图 6-67 所示。

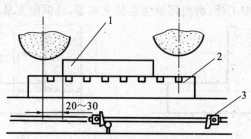

图 6-67　工作台行程距离的调整

1—工件；2—电磁吸盘；3—挡铁

（4）降低磨头高度，使砂轮接近工件表面，然后启动砂轮，做竖直进给；先从工件尺寸较大处进刀，用横向磨削法磨出上平面或磨去磨削余量的一半。

（5）以磨过的平面为基准面，磨削另一平面至图样要求。

（四）平行面工件的精度检验

1. 平面度的检验方法

（1）透光法　用样板平尺测量。一般选用刀刃式平尺（又称直刃尺）测量平面度，如图 6-68 所示。检验时，将平尺垂直放在被测平面上，刃口朝下，对着光源，观察刃口与平面之间缝隙的透光情况，以判断平面的平面度误差。

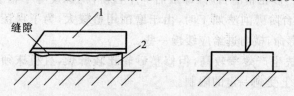

图 6-68　用透光法检验平面度

1—样板平尺；2—工件

（2）着色法　在工件的平面上涂一层很薄的显示剂（红印油等），将工件放到测量平板上，使涂显示剂的平面与平板接触；然后双手扶住工件，在平板上平稳地移动（呈 8 字形移动）。移动数次后，取下工件，观察平面上摩擦痕迹的分布情况，以确定平面度误差。

2. 平行度的检验方法

（1）用分尺测量工件相隔一定距离的厚度　若干点厚度的最大差值即为工件的平行度误差，如图 6-69 所示。测量点越多，测量值越精确。

图 6-69 用千分尺测量平行度

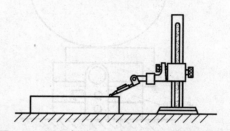

图 6-70 用杠杆式百分表在平板上测量平行度

（2）用杠杆式百分表在平板上测量工件的平行度 如图 6-70 所示，将工件和杠杆式百分表架放在测量平板上，调整表杆，使百分表的表头接触工件平面（约压缩 0.1 mm），然后移动表架，使百分表的表头在工件平面上均匀地通过，百分表的读数变动量就是工件的平行度误差。测量小型工件时，也可采用表架不动、工件移动的方法。

二、垂直面磨削

（一）用精密平口钳装夹磨削垂直面

磨削步骤如下。

（1）把平口钳放到电磁吸盘台面上，并使钳口夹紧平面与工作台运动方向相同，然后用百分表找正钳口夹紧平面，如图 6-71 所示。一般误差应找正在 0.05 mm 之内。

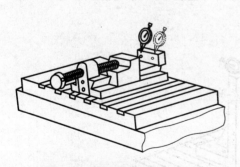

图 6-71 钳口夹紧平面的找正

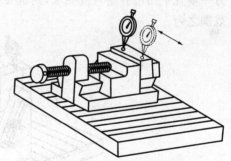

图 6-72 工件的找正

（2）调节平口钳传动螺杆，将工件装夹在钳口内，使工件平面略高于钳口平面，然后用百分表找正工件待磨平面，如图 6-72 所示。一般误差应找正在 0.03 mm 之内。找正后夹紧工件。

（3）调整工作台行程距离及磨头高度，使砂轮处于磨削位置。

（4）磨削工件平面，使平面度符合图样要求，如图 6-73(a)所示。

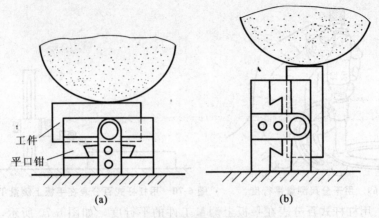

(a)   (b)

图 6-73 用平口钳装夹磨削垂直面

（5）将平口钳连同工件一起翻转 90°，使平口钳侧面吸在电磁吸盘台面上。

（6）磨削工件的垂直面，使工件垂直度符合图样要求，如图 6-73(b)所示。

（二）用精密角铁装夹磨削垂直平面

磨削步骤如下。

（1）把精密角铁放到电磁吸盘台面上，并使角铁垂直平面与工作台运动方向平行。

（2）把工件已精加工的面紧贴在角铁的垂直平面上，用压板和螺钉、螺母稍微压紧。

（3）用杠杆式百分表找正待加工平面，如图 6-74 所示。如果待加工平面与另一垂直平面也有垂直度要求，则也要找正另一垂直平面，使垂直度误差在公差范围之内。

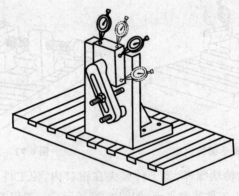

图 6-74 用精密角铁装夹与找正工件

（4）旋紧压板螺钉上的螺母，使工件紧固，并用表复校一次。

（5）调整工作台行程距离和磨头高度，使砂轮处于磨削位置。

（6）磨削工件至图样要求。

用精密角铁装夹方法的特点是可以获得较高的垂直精度,可以装夹磨削形状较复杂,平口钳无法装夹的工件,但装夹找正比较困难。

(三) 用圆柱角尺找正磨削垂直平面

磨削步骤如下。

(1) 将圆柱角尺放到测量平板上,然后将工件基准面或已磨过的平面靠在圆柱角尺素线上,检查其透光情况。

(2) 根据透光大小,在工件的底面垫纸。如果工件上段透光,就在工件的右底面垫纸;下段透光,则在工件的左底面垫纸,直至工件与圆柱的接触面基本无透光为止,如图 6-75 所示。

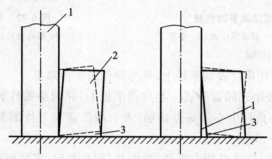

图 6-75　透光、垫纸找正垂直度
1—角尺圆柱;2—工件;3—垫纸

(3) 将工件与垫纸一起放到电磁吸盘台面上,通磁吸住。

(4) 磨出工件的上平面,以磨出的平面为基准,放到测量平板上,检查垂直平面与圆柱角尺的透光情况。如有误差,应再垫纸找正,经反复多次垫纸、磨削,使工件的垂直度符合图样要求。

这种磨削方法一般是在没有专用夹具的情况下采用,找正比较麻烦,磨削效率低。因此,加工前要做好充分的准备工作,如选择好垫纸等。一般可选用电容纸等厚度较薄的纸片,纸片要平整光滑,不能有皱折。

在找正时如发现垂直度有微量超差,可通过改变垫纸在工件底面的位置来找正。但误差较大时,仍应更换相应厚度垫纸。

(四) 用百分表及测量圆柱棒找正磨削垂直平面

1. 测量工具及零位调整

1) 测量工具

用百分表及测量圆柱棒找正磨削垂直平面时,测量工具除了常用的钟表式百分表、磁性表架外,还有一根直径为 20 mm 左右的测量圆柱棒,其长度与平板宽度基本相同,在圆柱外圆上有一段光滑平面,便于在平板上装夹。测量前,先把圆柱棒固定在平板上,一般可用两个 C 字夹头夹在圆柱棒两端,使之固定不动。也可在圆柱棒两端钻两个带台阶的通孔,并在平板相应位置上钻两个螺孔,使用时,只要旋上螺钉即可固定圆柱棒,使用较方便,如图 6-76 所示。

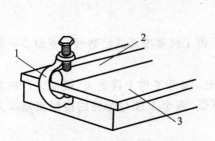

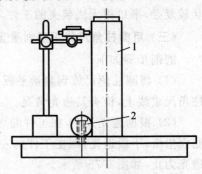

图 6-76　固定测量圆柱棒

1—C 字夹头;2—测量圆柱棒;3—平板

图 6-77　零位调整

1—90°圆柱角尺;2—测量圆柱棒

2)零位调整步骤

(1)将 90°圆柱角尺放到平板上,并与测量圆柱棒靠平。

(2)将磁性表架连同百分表一起放到平板上,并调整磁性表架位置,使百分表表头与 90°圆柱角尺中心最高点接触,表头高度应与工件测量高度基本一致,如图 6-77 所示。

(3)转动表盘,使表针指在零位,拿去 90°圆柱角尺,零位调整完毕。

2. 用百分表及测量圆柱棒找正磨削垂直平面的方法

(1)将工件放在平板上,并与测量圆柱棒靠平,观察百分表读数,超过零位的为正值,反之为负值。

(2)在工件底面垫纸,使百分表的读数接近零位,如图 6-78 所示。

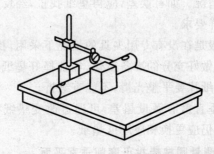

图 6-78　用百分表测量垂直平面

(3)把工件连同垫纸一起放到电磁吸盘台面上,通磁吸住,磨出上平面。

(4)以磨出面为基准,放到平板上,再测量垂直面,观察百分表读数,如果不符合要求,则应重新垫纸找正。经过多次找正、垫纸、磨削,使工件垂直度符合图样要求。

(五)垂直面工件的精度检验

1. 用 90°角尺测量垂直度

测量小型工件的垂直度时,可直接使 90°角尺两个尺边接触工件的垂直平面。测量时,先使一个尺边贴紧工件一个平面,然后移动90°角尺,使另一尺边逐渐靠近工件的另一平面,根据透光情况判断垂直度,如图6-79所示。

当工件尺寸较大或质量较大时,可以把工件与90°角尺放在平板上测量。90°角尺垂直放置,与平板垂直的尺边向工件的垂直平面靠近,根据尺边与工件平面的透光情况判断垂直度,如图6-80所示。

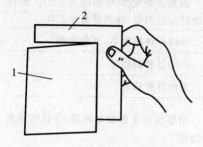

图 6-79 用 90°角尺测量垂直度

1—工件;2—90°角尺

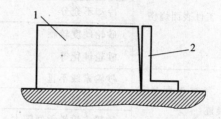

图 6-80 在平板上用 90°角尺测量垂直度

1—工件;2—90°角尺

2. 用 90°圆柱角尺与塞尺测量垂直度

把工件与90°圆柱角尺放到平板上,使工件贴紧90°圆柱角尺,观察透光的位置和缝隙大小,选择合适的塞尺塞进空隙,如图6-81所示。先选尺寸较小的塞尺塞进空隙内,然后逐挡加大尺寸塞进空隙,直至塞尺塞不进空隙为止,塞尺标注尺寸即为工件的垂直度误差。

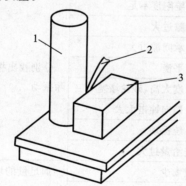

图 6-81 用 90°圆柱角尺与塞尺测量垂直度

1—90°圆柱角尺;2—塞尺;3—工件

3. 用百分表及测量圆柱棒测量垂直度

前面已介绍了利用百分表及测量圆柱棒磨削垂直平面的方法,这种方法能直接反映平面垂直度的误差值,因此也可用来检验垂直度。测量时,将工件放到平板上,并向圆柱棒靠平,百分表表头接触工件最高点;读出数值后,将工件翻转180°,将另一平面靠平圆柱棒,读出数值。两个数值差的1/2即为工件的垂直度误差值(测量时,要扣除工件本身平行度的误差值)。

三、平面磨削产生的缺陷及其原因和预防措施

平面磨削时,产生的缺陷及其原因和预防措施如表 6-4 所示。

表 6-4　平面磨削时产生的缺陷及其原因和预防措施

缺 陷 名 称	产 生 原 因	预 防 措 施
工件表面烧伤	径向进刀量过大	根据工件的形状和尺寸大小严格控制径向进刀量,特别是薄片工件
	冷却不充分	保持冷却液清洁,充分冷却
	砂轮硬度较硬	选用较软的砂轮
	砂轮钝化等	及时修整砂轮
存在表面进给痕迹	砂轮素线不直	调整机床主轴轴承间隙,并精细修整砂轮
	进给量过大	
	砂轮主轴轴承间隙大	
工件平面中凹	进给量过大	减小进给量
	砂轮硬度偏高	选择合适的砂轮,改善砂轮"自锐性"
	冷却不充分	充分冷却
塌角或侧面呈喇叭口	主轴轴承间隙过大	在工件两端加辅助块一起磨削
	砂轮磨钝	
	进给量过大	
表面产生波纹	磨头系统刚度不足	分别找出振动部位,然后采取措施消除振动
	塞铁间隙过大	
	主轴轴承间隙过大	
	砂轮不平衡	
	砂轮硬度太高,砂轮堵塞	
	工作台换向冲击太大	
	液压系统振动	
	径向进给量过大	
线性划伤	切削液太少	加足量的切削液,调整好切削液喷嘴的位置
	工件表面排屑不良	
平面度超差	工件变形	采取措施减小工件变形,合理选择磨削用量,修整砂轮
平行度超差	工件定位面和电磁吸盘表面不清洁	认真做好清洁工作
	电磁表面有毛刺或本身平面度超差	修磨电磁吸盘
	砂轮磨损不均匀	及时修整砂轮

项目三　平面零件加工实例

【学习目标】

掌握:平面类零件在不同类型机床上的加工工艺。

熟悉:平面零件的常用加工工艺。

了解:平面零件在加工中的注意事项。

任务一　平面零件铣削加工

一、铣削长方体零件

(一) 操作准备

(1) 加工练习图样:图 6-82 所示为长方体零件图。

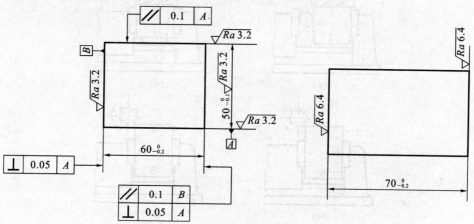

图 6-82　长方体零件图

(2) 设备:X62W 型铣床。

(3) 量具:50~75 mm 外径千分尺,0~150 mm 游标卡尺。

(4) 刀具:80 mm×80 mm×32 mm 高速钢粗齿圆柱铣刀。

(5) 辅助工具:锉刀(去毛刺)。

(6) 毛坯:材料为 HT200,尺寸为 80 mm×70 mm×60 mm。

(二) 操作步骤

(1) 铣面 1(A 面):固定钳口与主轴轴线垂直安装,以面 2 为粗基准,靠向固定钳口,如图 6-83(a)所示,两钳口间垫铜皮装夹工件。

(2) 铣面 2:以面 1 为精基准靠向固定钳口,在活动钳口和工件间置圆棒装夹工件,如图 6-83(b)所示。

（3）铣面 3：仍以面 1 为基准装夹工件，如图 6-83（c）所示。

（4）铣面 4（B 面）：面 1 靠向平行垫铁、面 3 靠向固定钳口装夹工件，如图 6-83（d）所示。

（5）铣面 5：调整平口钳，使固定钳口与铣床主轴轴线平行，面 1 靠向固定钳口，用角尺校正面 2 与钳体导轨面垂直，装夹工件，如图 6-83（e）和图 6-84 所示。

（6）铣面 6：面 1 靠向固定钳口，面 5 靠向钳体导轨面装夹工件，如图 6-83（f）所示。

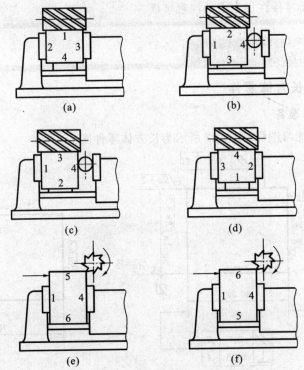

图 6-83　长方体零件的加工顺序

（a）铣面 1；（b）铣面 2；（c）铣面 3；（d）铣面 4；（e）铣面 5；（f）铣面 6

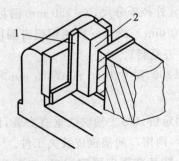

图 6-84　用角尺校正工件铣端面

1—角尺；2—工件

（三）注意事项

（1）及时用锉刀修整工件上的毛刺和锐边，但不要锉伤工件已加工表面。

（2）加工时可先用粗铣一刀、再精铣一刀的方法，来提高表面加工质量。

（3）用手锤轻击工件时，不要砸伤已加工表面。

二、斜面铣削

（一）操作准备

（1）加工练习图样　图 6-85 所示为斜面零件图。

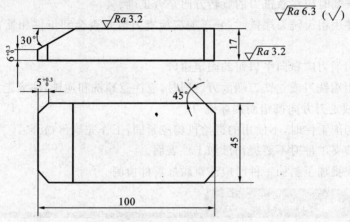

图 6-85　斜面零件

（2）设备：X62W 型铣床。

（3）量具：0～150 mm 游标卡尺，万能角度尺。

（4）刀具：ϕ40 mm 镶齿端铣刀，ϕ20～25 mm 立铣刀。

（5）辅助工具：锉刀（去毛刺）。

（6）毛坯：材料为 HT200，尺寸为 100 mm×45 mm×17 mm。

（二）操作步骤

1. 铣 30°斜面

（1）校正平口钳固定钳口与铣床主轴轴线垂直。

（2）选择并安装铣刀。

（3）装夹校正工件。

（4）调整切削用量（取 n＝150 r/min、f＝60 mm/min，切削深度分次选取适当值）。

（5）调转立铣头角度。使用端铣刀，工件基准面与工作台面平行安装，立铣头调转角度 α＝30°。

（6）对刀切削工件。对刀调整背吃刀量后紧固纵向进给，用横向进给分数次走刀铣出斜面。

2. 铣 45°斜面

(1) 换装 $\phi 20\sim 25$ mm 的立铣刀。

(2) 调转立铣头角度,立铣头调转角度 $\alpha=45°$。

(3) 将压板底面靠向平口钳固定钳口装夹工件。

(4) 对刀调整背吃刀量,铣出 45°斜面。

(5) 分次装夹工件,铣出其余三个 45°斜面。

(三)注意事项

(1) 铣削时应注意铣刀的旋转方向是否正确。

(2) 使用粗齿铣刀端铣时,开车前应检查刀齿是否会和工件相撞,以免碰坏铣刀。

(3) 切削力应靠向平口钳的固定钳口。

(4) 用端铣刀或立铣刀端面刃铣削时,应注意顺铣和逆铣,注意走刀方向,以免因顺铣或走刀方向搞错而损坏铣刀。

(5) 切削工件时,不使用的进给机构应紧固,工作完毕再松开。

(6) 装夹工件时不要夹伤已加工件表面。

(7) 成批加工斜面工件时应注意做好首件检测。

任务二　平面零件磨削加工

一、六面体

(一)操作准备

(1) 加工练习图样　图 6-86 所示为六面体零件图。

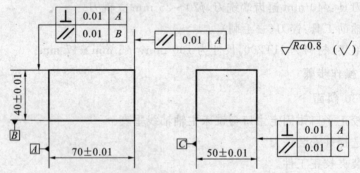

图 6-86　六面体零件

(2) 设备:M7120A 型磨床。

(3) 量具:25~50 mm、50~75 mm 外径千分尺,百分表。

(4) 刀具:WA46KV 型平形砂轮。

(5) 辅助工具:锉刀(去毛刺)。

(6) 毛坯:材料为 HT200,尺寸为 70.5 mm×50.5 mm×40.5 mm。

（二）操作步骤

（1）擦净电磁吸盘台面，清除工件毛刺、氧化皮，检查磨削加工余量。

（2）工件以 B 面为基准，装夹在电磁吸盘上。

（3）修整砂轮。

（4）调整工作台行程挡铁位置。

（5）粗磨 B 面对面，留 0.08～0.10 mm 精磨余量。

（6）将工件翻转 180°装夹，装夹前清除毛刺。

（7）粗磨 B 面，留 0.08～0.10 mm 精磨余量，保证平行度误差不大于 0.01 mm。

（8）清除工件毛刺。

（9）以 A 面为基准将工件装夹在电磁吸盘上。

（10）用百分表找正 B 面，使之与工作台纵向平行。即将百分表架底座吸附于砂轮架上，百分表测量头压入工件，手摇工作台纵向移动，观察百分表指针摆动情况，在 B 面全长上误差不大于 0.005 mm。找正后用精密挡铁紧贴 B 面。

（11）粗磨 A 面对面，留 0.08～0.10 mm 精磨余量。

（12）去毛刺，将工件翻转 180°装夹，仍以 B 面紧贴挡铁。

（13）粗磨 A 面，留 0.08～0.10 mm 精磨余量，保证平行度误差不大于 0.01 mm，对 B 面的垂直度误差不大于 0.01 mm。

（14）清除工件毛刺，以 C 面为基准将工件装夹在电磁吸盘上。

（15）找正 B 面，方法同步骤（10）。

（16）粗磨 C 面对面，留 0.08～0.10 mm 精磨余量。

（17）清除毛刺，将工件翻转 180°装夹，仍以 B 面紧贴挡铁。

（18）粗磨 C 面，留 0.08～0.10 mm 精磨余量，保证平行度误差不大于 0.01 mm，对 A、B 面的垂直度误差不大于 0.01 mm。

（19）精修整砂轮。

（20）擦净电磁吸盘工作台面，清除工件毛刺。

（21）以 B 面为基准装夹工件，装夹时找正 C 面或 A 面，方法同步骤（10）。

（22）精磨 B 面对面，表面粗糙度为 $Ra\ 0.8\ \mu m$，并保证 B 面精磨余量。

（23）将工件翻转 180°，去毛刺，装夹并找正。

（24）精磨 B 面，磨至尺寸 40±0.01 mm，保证平行度误差不大于 0.01 mm，表面粗糙度为 $Ra\ 0.8\ \mu m$。

（25）去毛刺。以 A 面为基准装夹工件，找正 B 面。

（26）精磨 A 面对面，表面粗糙度为 $Ra\ 0.8\ \mu m$，并保证 A 面有余量。

（27）将工件翻转 180°，去毛刺，装夹并找正。

（28）精磨 A 面，磨至尺寸 70±0.01 mm，表面粗糙度为 $Ra\ 0.8\ \mu m$，保证平行度误差不大于 0.01 mm。

（29）去毛刺，以 C 面为基准装夹工件，找正 B 面。

（30）精磨 C 面对面，表面粗糙度为 $Ra\ 0.8\ \mu m$，并保证 C 面有余量。

（31）将工件翻转 $180°$，去毛刺，装夹并找正。

（32）精磨 C 面，磨至尺寸 $50±0.01\ mm$，表面粗糙度为 $Ra\ 0.8\ \mu m$，保证平行度、垂直度误差不大于 $0.01\ mm$。

（三）注意事项

（1）工件装夹时，应将定位面擦干净，以免脏物影响工件的平行度和划伤工件表面。

（2）工件装夹时，应使工件定位表面覆盖住台面绝磁层，以充分利用磁性吸力。

（3）用滑板体砂轮修整器修整砂轮时，砂轮应离开工件表面，不能在磨削状态下修整砂轮。在工作台上用砂轮修整器修整砂轮时，要注意修整器高度和工件高度的误差，在修整前和修整后均要及时调整磨头高度。工件装夹时，要留出砂轮修整器的安装位置，便于修整与装卸。

（4）在磨削平行面时，砂轮横向进给应选择断续进给。不宜选择连续进给。砂轮在工件边缘越出砂轮宽度的二分之一距离时应立即换向，不能在砂轮全部越出工件平面后换向，以避免产生塌角。

（5）批量生产时，毛坯工件须根据精磨余量经过预测、分挡、分组后再进行加工。这样，可避免因工件的高度不一，使砂轮吃刀量太大而碎裂。

（6）在拆卸底面积较大的工件时，由于剩磁及光滑表面间黏附力较大，不容易把工件取下来。这时，可用木棒、铜棒或扳手在合适的位置将工件扳松，然后取下工件；切不可直接用力将工件从台面上硬拉下来，以免工件表面与工作台面被拉毛损伤，如图 6-87 所示。

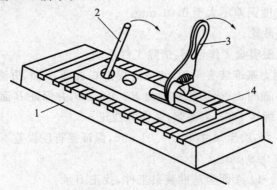

图 6-87　工件的拆卸
1—电磁吸盘；2—木棒；3—活扳手；4—工件

小　结

　　本模块内容主要是针对在铣床和磨床上进行的加工而展开。平面加工着重是解决各个面之间相互的几何公差,以保证相互的形位关系。通过分步讲述加工过程,使读者容易掌握。同时对刀具的选择及加工时的注意事项也进行了分析。

能 力 检 测

一、知识能力检测

1.常用的平口钳有_____和_____两种。

2.平面常用的磨削方法有_____、_____和_____。

3.磨削倾斜面工件的装夹方法有_____、_____和_____。

4.什么是顺铣?什么是逆铣?各有什么优缺点?平时采用哪一种?为什么?

5.用铣床镗孔时,镗刀杆和刀体的尺寸怎样选择?

二、技术能力检测

根据图 6-88 完成平面和连接面的铣削加工。

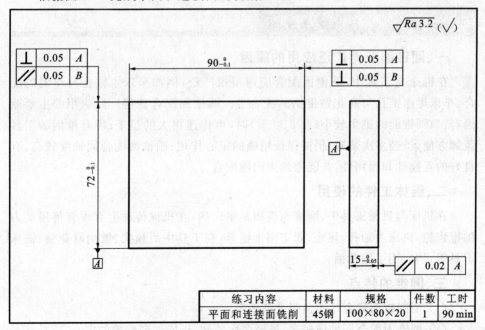

练习内容	材料	规格	件数	工时
平面和连接面铣削	45钢	100×80×20	1	90 min

图 6-88　平面和连接面铣削加工零件

圆锥面的加工及表面修饰

项目一　圆锥面的基本概念及计算

【学习目标】
掌握：圆锥的特点。
熟悉：圆锥零件的使用场合。

任务一　圆锥面的概念及应用

一、圆锥面获得广泛应用的原因

在机床与工具中，圆锥面配合应用得很广泛，例如车床主轴孔与顶尖的配合、车床尾座锥孔与麻花钻锥柄的配合等。圆锥面配合获得广泛应用的主要原因有：当圆锥面的锥角较小（在 3°以下）时，可传递很大的扭矩；带有锥柄的工具装卸方便，虽经多次装卸，仍能保证精确的定心作用；圆锥面配合同轴度较高，有良好的互换性和通用性，并能做到无间隙配合。

二、锥体工件的使用

在机床与机械工具中，圆锥面应用是很广的，在机械传动上有垂直传递动力的锥齿轮，机床主轴孔、尾座，固定圆锥销等，在工具中后顶尖、锥柄麻花钻、铣床刀具等，均应用了圆锥面。

三、圆锥的特点

（1）用圆锥面配合可传递很大的转矩。

（2）圆锥面配合同轴度较高，虽经多次装卸，仍能保证精确的定心。

（3）带锥柄的工具（常见的有麻花钻、机用铰刀等）装卸方便，虽经多次装拆，

250

仍能保证精确的定心。

任务二 圆锥的各部分名称、代号及计算

一、圆锥各部分的名称

如图 7-1(a)所示，与轴线 AO 成一定角度，且一端相交于轴线的一条直线段 AB（母线），围绕着该轴线旋转形成的表面，称为圆锥表面。如截去尖端，即成截锥体，如图 7-1(b)所示。

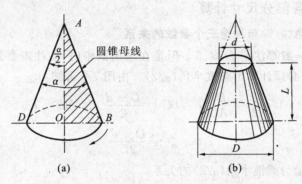

图 7-1 圆锥

（a）圆锥面的形成；（b）截锥体

由圆锥表面与一定尺寸底面圆所限定的几何体，称为圆锥。圆锥又可分为外圆锥和内圆锥两种。圆锥的各部分名称及基本参数如图 7-2 所示。

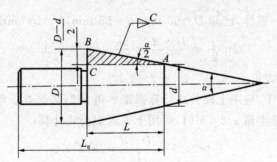

图 7-2 圆锥的基本参数

1. 圆锥角 α

圆锥角是在通过圆锥轴线的截面内，两条素线的夹角。车削时通常用到的是圆锥半角 $\alpha/2$。

2. 最大圆锥直径 D

最大圆锥直径简称大端直径。

3. 圆锥长度 L

圆锥长度是最大圆锥直径与最小圆锥直径之间的轴向距离。

4. 最小圆锥直径 d

最小圆锥直径简称小端直径。

5. 锥度 C

锥度是最大圆锥直径和最小圆锥直径之差与圆锥长度的比值，即

$$C = \frac{D-d}{L} \tag{7-1}$$

锥度确定后，圆锥角即能计算出。因此，圆锥角与锥度属于同一基本参数。

二、圆锥各部分尺寸计算

1. 圆锥半角($\alpha/2$)与其他三个参数的关系

在图样上一般都注明 D、d、L。但是在车削圆锥时，往往需要知道转动小滑板的角度，所以必须计算出圆锥半角($\alpha/2$)。由图 7-2 可知：

$$\tan\frac{\alpha}{2} = \frac{BC}{AC}, \quad BC = \frac{D-d}{2}, \quad AC = L$$

则有

$$\tan\frac{\alpha}{2} = \frac{D-d}{2L} \tag{7-2}$$

其他三个量与圆锥半角($\alpha/2$)的关系：

$$D = d + 2L\tan\frac{\alpha}{2}, \quad d = D - 2L\tan\frac{\alpha}{2}$$

$$L = \frac{D-d}{2\tan\frac{\alpha}{2}}$$

例 7-1 有一锥体，已知 $D=65$ mm，$d=55$ mm，$L=100$ mm，求圆锥半角。

解

$$\tan\frac{\alpha}{2} = \frac{D-d}{2L} = \frac{65-55}{2\times100} = 0.05$$

查三角函数表得

$$\alpha/2 = 2°52'$$

在实际操作中，应用上面公式计算圆锥半角 $\alpha/2$，必须查三角函数表，比较麻烦。因此，当圆锥半角 $\alpha/2 < 6°$ 时，可用下列近似公式计算：

$$\frac{\alpha}{2} \approx 28.7° \times \frac{D-d}{L} \approx 28.7° \times C \tag{7-3}$$

例 7-2 有一外圆锥，已知 $D=22$ mm，$d=18$ mm，$L=64$ mm，试用查三角函数表和近似法计算圆锥半角 $\alpha/2$。

解 （1）用查三角函数表法计算：

$$\tan\frac{\alpha}{2} = \frac{D-d}{2L} = \frac{22-18}{2\times64} = 0.03125$$

$$\alpha/2 = 1°47'$$

（2）用近似法计算：

$$\frac{\alpha}{2} \approx 28.7° \times \frac{D-d}{L} \approx 28.7° \times \frac{22-18}{64} = 1.79° \approx 1°47'$$

用两种方法计算所得的结果相同。

例 7-3　有一外圆锥,已知圆锥半角 $\alpha/2=7°7'30''$,$D=56$ mm,$L=44$ mm,求小端直径 d。

解　$d=D-2L\tan\dfrac{\alpha}{2}=(56-2\times44\times\tan7°7'30'')$ mm $=(56-2\times44\times0.125)$ mm $=45$ mm

2. 锥度 C 与其他三个量的关系

有很多零件,在圆锥面上注有锥度符号,如图 7-3 所示。

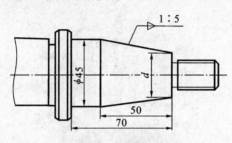

图 7-3　标注锥度的零件

由式(7-1),锥度

$$C=\frac{D-d}{L}$$

D、d、L 三个量与 C 的关系为

$$D=d+CL,\quad d=D-CL,\quad L=\frac{D-d}{C}$$

圆锥半角($\alpha/2$)与锥度(C)的关系为

$$\tan\frac{\alpha}{2}=\frac{C}{2},\quad C=2\tan\frac{\alpha}{2}$$

例 7-4　如图 7-3 所示的磨床主轴圆锥中,已知锥度 $C=1:5$,$D=45$ mm,圆锥长度 $L=50$ mm,求小端直径 d 和圆锥半角 $\alpha/2$。

解　　　　　$d=D-CL=(45-1/5\times50)$ mm $=35$ mm

$$\tan\frac{\alpha}{2}=\frac{1/5}{2}=0.1$$

$$\alpha/2=5°42'38''$$

任务三　标准圆锥的种类及编号

一、标准圆锥的种类及编号

为了使用方便和降低生产成本,常用的工具、刀具上的工具圆锥都已标准化。圆锥的各部分尺寸,可按照规定的几个号码来制造,使用时只要号码相同就能互换。标准工具圆锥已在国际上通用,即不论哪一个国家生产的机床或工具,只要采用的是标准圆锥，都能达到互换性要求。常用的工具圆锥有下列两种。

1. 莫氏圆锥

莫氏圆锥是机器制造业中应用得最广泛的一种，如车床主轴孔、顶尖、钻头柄、铰刀柄等都采用了莫氏圆锥。机床所用的莫式圆锥如图7-4所示。莫氏圆锥有7个规格，即0、1、2、3、4、5、6，最小的是0号，最大的是6号。莫氏圆锥的号码是从寸制换算来的。当号码不同时，圆锥半角和尺寸都不同。莫氏圆锥的各部分尺寸可以从有关表中查得。

图7-4 机床所用的莫氏圆锥

2. 米制圆锥

米制圆锥有8个规格，即4、6、80、100、120、140、160和200号。它的号码是圆锥大端的直径，锥度固定不变，即$C=1:20$。例如，100号米制圆锥，它的大端直径是100 mm，锥度$C=1:20$。米制圆锥的优点是锥度不变，记忆方便。米制圆锥各部分尺寸可从有关表中查得。

二、专用锥度的种类

除了常用的工具圆锥以外，还经常遇到各种专用的标准锥度。如铣床上有7:24的锥度等，如图7-5所示。其他常用的专用标准锥度的大小及其应用场合可查阅有关标准。

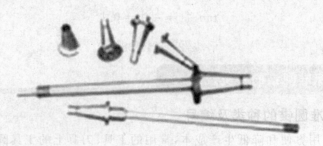

图7-5 铣床刀轴

254

项目二 圆锥面的加工方法

【学习目标】
掌握:转动小滑板车削圆锥的方法。
熟悉:铰削内圆锥的方法。
了解:圆锥的几种车削方法。

任务一 圆锥面的车削方法

在车床上车削外圆锥主要有四种方法:转动小滑板车削法、偏移尾座车削法、靠模法和宽刃刀车削法。

1. 转动小滑板车削法

车削较短的圆锥体时,可以用转动小滑板的车削方法。车削时只要把小滑板按工件的要求转动一定的角度,使车刀的运动轨迹与所要车削的圆锥素线平行即可。这种方法操作简单,调整范围大,能保证一定的精度。

由于圆锥的角度标注方法不同,一般不能直接按图样上所标注的角度去转动小滑板,必须经过换算。换算原则是把图样上所标注的角度,换算成圆锥素线与车床主轴轴线的夹角 $\alpha/2$,$\alpha/2$ 就是车床小滑板应该转过的角度。具体情况如表 7-1 所示。

如果图样上没有注明圆锥半角 $\alpha/2$,那么可根据公式,计算出圆锥半角 $\alpha/2$。

转动小滑板车削法可用于车削各种角度的内、外圆锥,适用范围广。但一般只能用手动进给,劳动强度较大,表面粗糙度较难控制,因受小滑板的行程限制,只能加工圆锥长度小于小滑板行程长度的工件。

表 7-1 图样上标注的角度和小滑板应转过的角度

图 例	小滑板应转的角度	车削示意图
60°	逆时针,30°	30° 30° 60° 30°

图　　例	小滑板应转的角度	车削示意图
	A 面：逆时针，43°32′	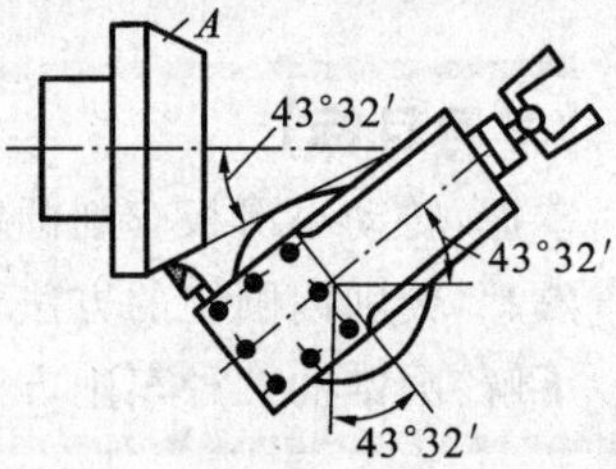
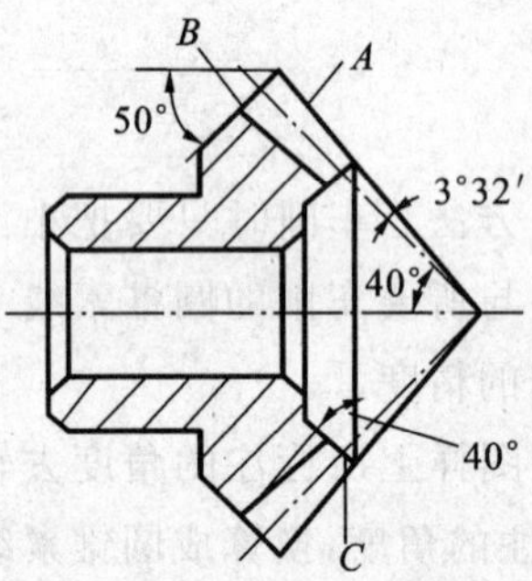	B 面：顺时针，50°	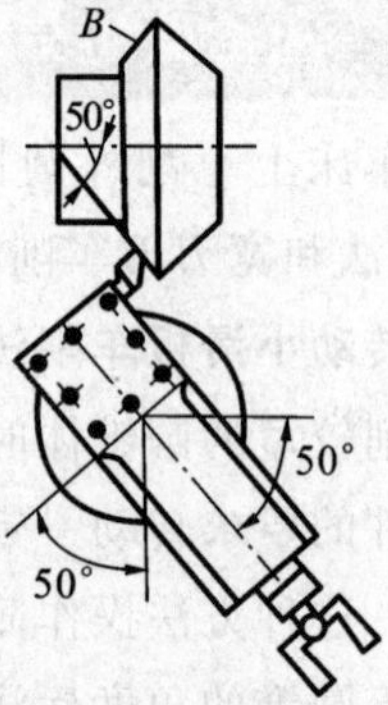
	C 面：顺时针，50°	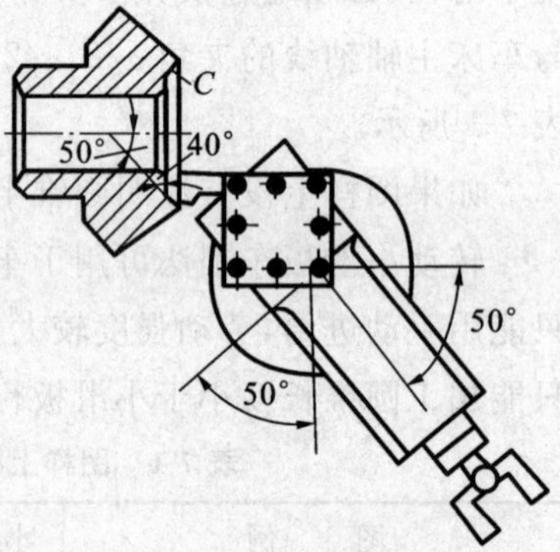

2. 偏移尾座车削方法

在两顶尖之间车削外圆时，床鞍进给时是平行于主轴轴线移动的，但尾座横向偏移一段距离 s 后，工件旋转中心与纵向进给方向相交成一个角度 $\alpha/2$，因此，工件就车成了圆锥，如图 7-6 所示。

用偏移尾座的方法车削圆锥时，必须注意尾座的偏移量不仅和圆锥长度 L 有关，而且还和两顶尖之间的距离有关，这段距离一般可以近似看作工件全长 L_0。

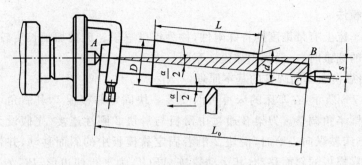

图 7-6 偏移尾座车削圆锥

尾座偏移量可根据下列公式计算:

$$s = L_0 \tan \frac{\alpha}{2} = \frac{D-d}{2L} L_0 \quad \text{或} \quad s = \frac{C}{2} L_0$$

式中 D——大端直径(mm);

       d——小端直径(mm);

       L——圆锥长度(mm);

       L_0——工件全长(mm);

       C——锥度。

例 7-5 有一外圆锥工件,$D = 75$ mm,$d = 70$ mm,$L = 100$ mm,$L_0 = 120$ mm,求尾座偏移量。

解 $s = \dfrac{D-d}{2L} L_0 = \dfrac{75-70}{2 \times 100} \times 120$ mm $= 3$ mm

例 7-6 如图 7-7 所示的锥形心轴,$D = 40$ mm,$C = 1:20$,$L = 70$ mm,$L_0 = 100$ mm,求尾座偏移量。

解 $s = \dfrac{C}{2} L_0 = \dfrac{1/20}{2} \times 100$ mm $= 2.5$ mm

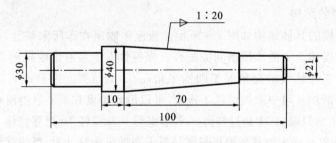

图 7-7 锥形心轴

用偏移尾座法车削圆锥时可以利用车床机动进给,车出的工件表面粗糙度较小,能车削较长的圆锥。但因为受尾座偏移量的限制,不能车锥度很大的工件,也不能车锥孔及整锥体;另外,中心孔接触不良,加工精度难以控制。

用尾座偏移法车圆锥,只适用于加工锥度较小、长度较长的工件。

3. 靠模法

有的车床上有带锥度的特殊附件,称为锥度靠模。成批加工长度较长、精度要求较高的圆锥时,一般都用靠模法车削。

1) 用靠模法车削圆锥的基本原理

如图 7-8 所示,在床床的床身后面安装一块固定靠模板 1,其斜角可以根据工件的圆锥半角调整。刀架 3 通过中滑板与滑块 2 刚性连接(先假设无中滑板丝杠)。当床鞍纵向进给时,滑块 2 沿着固定靠模板中的斜面移动,并带动车刀沿平行于靠模板的斜面移动,其运动轨迹 $ABCD$ 为平行四边形,$BC // AD$,这样就能车出圆锥。

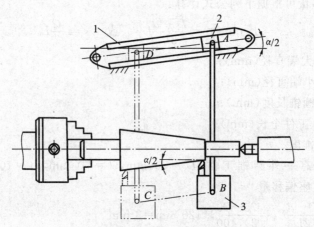

图 7-8 用靠模法车削圆锥面的基本原理
1—靠模板;2—滑块;3—刀架

在利用靠模法车削时,必须先将车床中拖板的丝杠吊紧螺钉及调整螺母拆除后才能进行车削加工。

2) 靠模的结构

锥度靠模的具体结构如图 7-9 所示。底座 1 固定在车床床鞍上,它下面的燕尾导轨和靠模体 5 上的燕尾槽间隙配合。靠模体 5 上装有锥度靠板 2,可绕着中心旋转到与工件轴线的交角等于圆锥半角($\alpha/2$)的位置。两只螺钉 7 用来固定锥度靠板。滑块 4 与中滑板丝杠 3 连接,可以沿着锥度靠板 2 自由滑动。当需要车圆锥时,用两只螺钉 11 通过挂脚 8,调节螺母 9 及拉杆 10 把靠模体 5 固定在车床床身上,螺钉 6 用来调整靠模板斜度。当床鞍做纵向移动时,滑块就沿着靠板斜面滑动。由于丝杠和中滑板上的螺母是连接的,这样床鞍纵向进给时,中滑板就沿着靠板斜度做横向进给,车刀就合成斜进给运动。当不需要使用靠模时,只要把固定在床身上的两只螺钉 11 放松,溜板就带动整个附件一起移动,使靠模失去作用。

用靠模法车削锥度的优点是:调整锥度既方便,又准确;因中心孔接触良好,所以锥面质量高;可机动进给车外圆锥和内圆锥。但靠模装置的角度调节范围

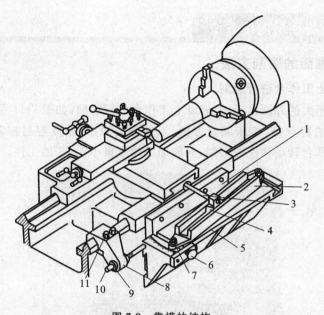

图 7-9　靠模的结构

1—底座;2—靠板;3—丝杠;4—滑块;5—靠模体;6、7、11—螺钉;
8—挂脚;9—螺母;10—拉杆

较小,一般在 12°以下。

4.宽刃刀车削法

在车削较短的圆锥时,可以用宽刃刀直接车出,如图 7-10 所示。宽刃刀车削法,实质上是属于成形车削法。因此,宽刃刀的切削刃必须平直,切削刃与主轴轴线的夹角应等于工件圆锥半角($\alpha/2$)。使用宽刃刀车圆锥时,车床必须具有很高的刚度,否则容易引起振动。当工件的圆锥斜面长度大于切削刃长度时,也可以用多次接刀的方法加工,但接刀处必须平整。

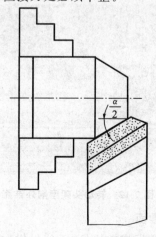

图 7-10　用宽刃刀车削圆锥

一、圆锥面的磨削方法

1. 转动上工作台进行磨削

对锥度不大的外圆锥面,可转动上工作台进行磨削,如图 7-11 所示。

该方法的特点是:机床调整方便,工件装夹简单,精度容易控制,加工质量好。但受工作台转动角度的限制,只能加工圆锥角小于 12° 的工件。

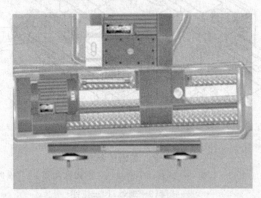

图 7-11　转动上工作台进行磨削

2. 转动头架磨削外锥面

当工件锥度超过工作台转动角度时,可采用卡盘装夹或用主轴孔安装,将头架逆时针转过与工件圆锥半角相同大小的角度进行磨削,如图 7-12 所示。

如果砂轮已退至极限位置还不能磨削,但距离相差不多时,可把工作台也偏转一个角度,这时头架转动角度与工作台转动角度之和应等于工件圆锥半角。

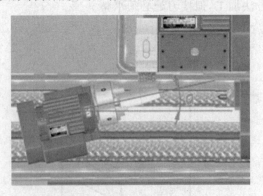

图 7-12　转动头架磨削外锥面

3. 转动砂轮架磨削外锥面

转动砂轮架磨削时只能做横向进给,不能做纵向移动,工件加工质量差,角度调整麻烦,一般情况下很少采用。该方法适合于磨削锥度较大(见图 7-13)和长度较短的工件。

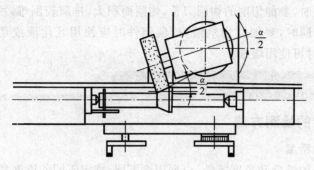

图 7-13 磨削大锥角锥体

二、圆锥面磨削的注意事项

(1)外锥体测量时,工件装卸次数多,应注意中心孔的清洁和润滑,以免影响加工精度。

(2)用套规检查接触情况时,推力不要过大。

(3)调整工作台时,应注意调整量不要过大。

(4)在进行锥体测量时,应及时停止砂轮并注意工件与砂轮的位置,确保安全。

任务三 铰内圆锥的方法

在加工直径较小的内圆锥时,因为刀杆强度较差,难以达到较高的精度和较小的表面粗糙度,这时可以用锥形铰刀来加工。用铰削方法加工的内圆锥精度比车削加工的高,表面粗糙度可达 $Ra\ 1.6\ \mu m$。

一、锥形铰刀

锥形铰刀一般分粗铰刀和精铰刀两种,如图 7-14 所示。粗铰刀的槽数比精铰刀的少,容屑空间较大,对排屑有利。粗铰刀的切削刃上有一条螺旋分屑槽,把原来很长的到切削刃分割成若干个短切削刃,因而可把切屑分成一段段的,使切屑容易排出。精铰刀做成锥度很正确的直线刀齿,并留有很小的棱边,以保证内圆锥的质量。

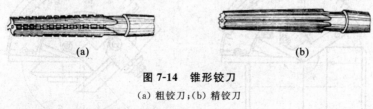

(a)   (b)

图 7-14 锥形铰刀

(a) 粗铰刀;(b) 精铰刀

二、铰内圆锥的方法

(1)当内圆锥的直径和锥度较大时,钻孔后先粗车成锥孔,并在直径上留铰削余量 0.2～0.3 mm,然后用精铰刀铰削。

（2）当内圆锥的直径和锥度较小时，钻孔后可直接用锥形粗铰刀粗铰，然后用精铰刀铰削成形。

铰内圆锥时，参加切削的切削刃长，切削面积大，排屑较困难，所以切削用量要选得小些。同时，要加注切削液，铰削钢件时应使用乳化液或切削油做切削液，铰削铸铁时可使用煤油。

任务四 圆锥面的检测方法及质量分析

一、圆锥的检测方法

1. 圆锥的精度

对于配合的锥度和角度零件，根据用途不同，规定不同的锥度和角度公差。

对于配合精度要求较高的锥度零件，在工厂中一般采用涂色检验法，以测量接触面大小来评定锥度精度。

2. 角度和锥度的检测

角度和锥度的检测方法有以下几种。

（1）用游标万能角度尺检测 用游标万能角度尺测量工件角度的方法如图7-15 所示。这种方法测量范围大，测量精度一般为 $5'$ 或 $2'$。

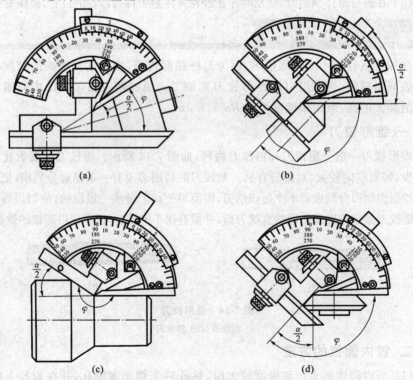

图 7-15 用游标万能角度尺测量角度的方法

（2）用角度样板检测　在成批和大量生产时,可用专用的角度样板来测量工件角度和锥度。用样板测量锥齿轮坯角度的方法如图 7-16 所示。

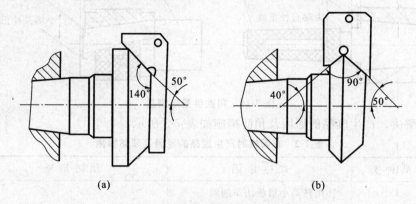

(a) (b)

图 7-16　用样板测量锥齿轮坯的角度

（3）用圆锥量规检测　在检测标准圆锥或配合精度要求高的工件时(如莫氏锥度和其他标准锥度),可用标准塞规或套规来测量,如图 7-17 所示。

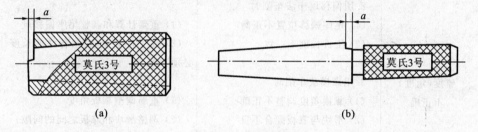

(a) (b)

图 7-17　圆锥量规

(a) 圆锥套规;(b) 圆锥塞规

用圆锥塞规检验内圆锥时,先在塞规表面顺着圆锥素线用显示剂均匀地涂上三条线(线与线相隔 120°),然后把塞规放入内圆锥中约转动半周,观察显示剂擦去的情况。如果显示剂擦去均匀,说明圆锥接触良好、锥度正确。如果小端擦着,大端没擦去,说明圆锥角大了;反之,就说明圆锥角小了。

3.圆锥的尺寸检验

圆锥的大、小端直径可用圆锥界限量规来测量。圆锥界限量规就是如图 7-18 所示的圆锥量规。它除了有一个精确的圆锥表面外,在塞规和套规的端面上分别有一个台阶(或刻线)。这些台阶长度 a(或刻线之间的距离)就是圆锥大、小端直径的公差范围。

检测工件时,工件的端面在圆锥量规台阶中间才算合格。

二、车圆锥时产生废品的原因及预防措施

车削圆锥时,往往会发生锥度(角度)不正确、圆锥素线不直、表面粗糙等缺陷。对所发生的问题必须根据具体情况进行仔细分析,找出原因、采取措施,并

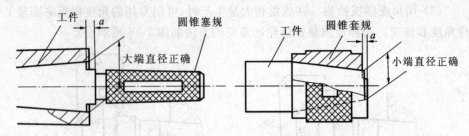

图 7-18　用圆锥量规测量

加以解决。产生废品的原因及预防措施如表 7-2 所示。

表 7-2　车圆锥时产生废品的原因及预防措施

废品种类	产 生 原 因	预 防 措 施
锥度（角度）不正确	1.用转动小滑板法车削时 （1）小滑板转动角度计算错误 （2）小滑板移动时松紧不匀 2.用偏移尾座法车削时 （1）尾座偏移位置不正确 （2）工件长度不一致 3.用靠模法车削时 （1）靠模角度调整不正确 （2）滑块与靠板配合不良 4.用宽刃刀车削时 （1）装刀不正确 （2）切削刃不直 5.铰内圆锥时 （1）铰刀锥度不正确 （2）铰刀的轴线与工件旋转轴线不同轴	（1）仔细计算小滑板应转的角度和方向，并反复试车校正 （2）调整塞铁使小滑板移动均匀 （1）重新计算和调整尾座偏移量 （2）如工件数量较多，各件的长度必须一致 （1）重新调整靠板角度 （2）调整滑块和靠板之间的间隙 （1）调整切削刃的角度和对准中心 （2）修磨切削刃的直线度 （1）修磨铰刀 （2）用百分表和试棒调整尾座套筒轴线
双曲线误差	车刀刀尖没有对准工件轴线	使车刀刀尖严格对准工件轴线

　　如：在车削圆锥时，虽经过多次调整小滑板和靠板的转角，但仍找正不好锥度；用圆锥套规检测外圆锥时，发现两端将显示剂擦去，中间不接触；用圆锥塞规检测内圆锥时，发现中间显示剂擦去，两端没有擦去。出现以上几种情况，基本上能确定原因是车刀刀尖没有严格对准工件轴线，使车出的圆锥素线不直，形成了双曲线误差，如图 7-19 所示。

　　因此，车圆锥时，一定要使车刀刀尖严格对准工件轴线；其次，当车刀在中途刃磨以后再装刀时，必须重新调整垫片的厚度，使车刀刀尖再一次严格对准工件轴线。

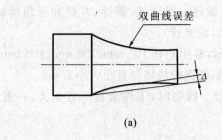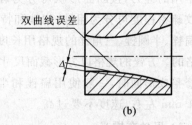

(a)　　　　　　　　　　　　　　(b)

图 7-19　圆锥表面的双曲线误差

(a) 外圆锥；(b) 内圆

项目三　表面修饰及特形面加工

【学习目标】

掌握：圆弧车刀的刃磨方法。

熟悉：用双手控制法车削成形面的方法及简单的表面抛光的方法。

了解：圆弧面的尺寸控制及质量检验，表面研磨方法。

任务一　表面修饰的种类

一、表面抛光

用双手控制法车削成形面，由于手动进给不均匀，工件表面往往留下高低不平的痕迹。为了达到图样要求的表面粗糙度，工件车好后，必须用粗锉刀修整和用细锉刀修光，最后用砂布进行表面抛光。

（一）用锉刀修光

锉刀一般用高碳工具钢 T12 制成，并经热处理淬硬至 61～64 HRC。锉刀及其齿部形状如图 7-20 所示。锉刀用负前角切削，容屑空间小，因此切削量较小。

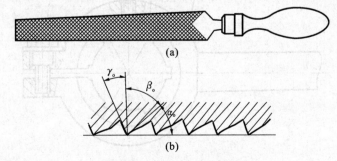

(a)

(b)

图 7-20　锉刀及其齿部形状

（a）锉刀；（b）齿部形状

常用的锉刀,按断面形状可分为扁锉(板锉)、半圆锉、圆锉、方锉和三角锉,按齿纹疏密程度可分为粗锉、细锉和特细锉(油光锉)。

扁锉、半圆锉、三角锉的规格用长度表示,常用的有 100 mm、150 mm、200 mm等规格的。方锉的规格以方形截面尺寸表示,圆锉的规格以直径大小表示。

修整成形面时,一般使用扁锉和半圆锉。锉削时,工件余量不宜太大,一般为 0.1 mm 左右,速度不要过高。

(二)用砂布抛光

工件经过锉削以后,其表面上仍会有细微条痕,这时可用砂布抛光工件表面。在车床上抛光用的砂布,一般是将刚玉砂粒黏结在布面上制成的。根据砂粒的粗细,常用的砂布有 00 号、0 号、1 号、$1\frac{1}{2}$ 号和 2 号砂布。号数越小,砂粒越细小。00 号是细砂布,2 号是粗砂布。使用砂布抛光工件时,工件转速应选得较高,并使砂布在工件表面上慢慢来回移动。在细砂布上加少量机油,可减小工件表面粗糙度。

二、表面研磨

研磨可以改善工件表面形状误差,还可以获得很高的精度和极小的表面粗糙度。研磨有手工研磨和机械研磨两种。在车床上一般是手、机结合研磨。

(一)研磨的方法和工具

研磨轴类工件的外圆时,可用铸铁制成套筒,它的内径按工件尺寸配制,如图 7-21 所示。套筒 2 的内表面开有几条沟槽,套筒的一面切开,用以调节尺寸。用螺钉 3 防止套筒在研磨时产生转动,套筒内涂研磨剂,金属夹箍 1 包在套筒外圆上,用螺栓 4 紧固和调节间隙。套筒和工件之间的间隙不宜过大,否则会影响研磨精度。研磨前,工件必须留 0.005～0.02 mm 的研磨余量。研磨时,手拿研具,并沿着低速旋转的工件做均匀的轴向移动,并经常添加研磨剂,直到尺寸和表面粗糙度都符合要求为止。

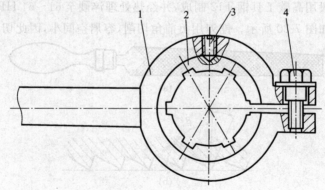

图 7-21 研磨外圆的工具

1—夹箍;2—套筒;3—螺钉;4—螺栓

研孔时,可使用研磨心棒,如图 7-22 所示。锥形心轴 2 和锥孔套筒 3 配合。套筒的表面上开有几条沟槽,它的一面切开。转动螺母 4 和 1,可利用心轴的锥度调节套筒的外径,其尺寸按工件的孔配制(间隙不要过大)。销钉 5 用来防止研磨套与心轴相对转动。研磨时,在套筒表面涂上研磨剂,心轴装夹在三爪自定心卡盘和顶尖上低速旋转,工件套在套筒上,用手扶着匀速沿轴向来回移动。

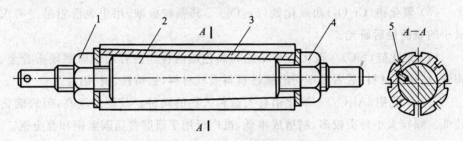

图 7-22　内孔研磨心棒

1、4—螺母;2—锥形心轴;3—锥孔套筒;5—销钉

(二) 研磨工具的材料

研磨工具的材料应比工件材料软,要求组织均匀,并最好有微小的针孔。研具组织均匀才能保证研磨工件的表面质量。研具又要有较好的耐磨性,以保证研磨后工件的尺寸和几何形状精度。研具太硬,磨料不易嵌入研具表面,而在研具和工件表面之间滑动,这样会降低切削效果,甚至可能使磨料嵌入工件表面而起反研磨作用,以致影响表面粗糙度。研具材料太软,会使研具磨损快且不均匀,容易失去正确的几何形状精度而影响研磨质量。

常用的研具材料有以下几种。

(1) 灰铸铁　灰铸铁是较理想的研具材料,耐磨性和润滑性能好,它最大的特点是具有嵌入性,砂粒容易嵌入铸铁的细片形隙缝或针孔中而起研削作用。其研磨质量和效率高,制造容易,成本低,适用于研磨各种淬火钢料工件。

(2) 软钢　软钢的强度大于灰铸铁,不易折断变形,可用于研磨 M8 以下的螺纹和小孔工件。软钢一般很少使用。

(3) 铸造铝合金　一般用于研磨铜料。

(4) 硬木材　一般用于研磨软金属。

(5) 轴承合金(巴氏合金)　用于软金属,如高精度的铜合金轴承等的精研磨。

(三) 研磨剂

研磨剂是磨料、研磨液及辅助材料的混合剂。

1. 磨料

（1）金刚石粉末　即结晶碳（C），其颗粒很细，是目前世界上最硬的材料，切削性能好，但价格昂贵，适用于研磨硬质合金刀具或工具。

（2）碳化硼（B_4C）　其硬度仅次于金刚石粉末，价格也较贵，用来精研磨和抛光硬度较高的工具钢和硬质合金等材料。

（3）氧化铬（Cr_2O_3）和氧化铁（Fe_2O_3）　其颗粒极细，用于表面粗糙度要求极小的表面最后研光。

（4）碳化硅（SiC）　碳化硅有绿色和黑色的两种。前者用于研磨硬质合金、陶瓷、玻璃等材料；后者用于研磨脆性材料或软材料，如铸铁、铜、铝等。

（5）氧化铝（Al_2O_3）　氧化铝有人造和天然的两种。其硬度很高，但较碳化硅低。颗粒大小种类较多，制造成本低，被广泛用于研磨普通碳素钢和合金钢。

目前工厂经常采用的是氧化铝和碳化硅两种微粉磨料。微粉的粒度号用目数表示，目数是指颗粒粒径，目数越大颗粒越细。例如 120 目表示粒度为 124 μm 的微粉磨料。

2. 研磨液

磨料不能单独用于研磨，必须加配研磨液和辅助材料。常用的研磨液为 L-AN15 全损耗系统用油、煤油和锭子油。研磨液的作用有两种：使微粉能均匀分布在研具表面；冷却和润滑。

3. 辅助材料

辅助材料是一种黏度较大、氧化作用较强的混合脂。常用的辅助材料有硬脂酸、油酸、脂肪酸和工业甘油等。辅助材料的作用主要是使工件表面形成氧化薄膜，加速研磨过程。

为了方便，一般工厂中都有使用研磨膏。研磨膏是在微粉中加入油酸、混合脂（或凡士林）和少许煤油配制而制成的。

三、滚花

为了增加摩擦力和使零件表面美观，常常在零件（如千分尺的微分筒，各种螺母、螺钉等）表面上滚出不同的花纹。这些花纹一般是在车床上用滚花刀滚压而成的。

（一）花纹的种类和选择

花纹一般有直纹和网纹两种，并有粗细之分。花纹的粗细由模数 m 来决定，滚花的尺寸规格如表 7-3 所示。

滚花的花纹粗细根据工件直径和宽度大小来选择。工件直径和宽度大，选择的花纹要粗；反之，应选择较细的花纹。

表 7-3　滚花的尺寸规格　　　　　　　　　　　　　　（mm）

图　　例	模数/m	高度/h	半径/r	P
直纹滚花　网纹滚花	0.2	0.132	0.06	0.628
	0.3	0.198	0.09	0.942
	0.4	0.264	0.12	1.257
	0.5	0.326	0.16	1.571

注：表中 $h=0.785m-0.414r$。

（二）滚花刀

　　滚花刀可做成单轮、双轮和六轮的三种，如图 7-23 所示。单轮滚花刀是滚直纹用的，双轮滚花刀由图 7-23(d)所示的一个左旋和一个右旋的滚花刀组成一组，是滚网纹用的。六轮滚花刀是把网纹齿距(P)不等的三组双轮滚花刀装在同一个特制的刀杆上而制成的，如图 7-23(c)所示。使用时，可以很方便地根据需要选用粗、中、细不同的齿距。滚花刀的直径一般为 20～25 mm。

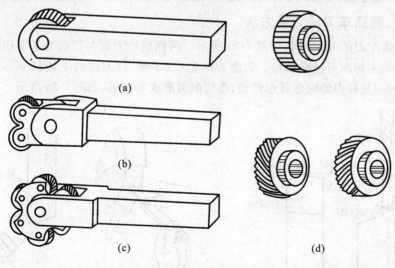

图 7-23　滚花刀

(a) 单轮滚花刀；(b) 双轮滚花刀；(c) 六轮滚花刀；(d) 滚轮形状

（三）滚花的方法

滚花是用滚花刀来挤压工件，使其表面产生塑性变形而形成花纹的，所以在滚花时产生的径向挤压力是很大的。滚花前，根据工件材料的性质，须先把滚花部分的直径车小$(0.8\sim1.6)m$（m为花纹模数）；然后把滚花刀的表面与工件平行接触，装准中心；在滚花刀接触工件时，必须用较大的压力，使工件刻出较深的花纹。否则容易产生乱纹（俗称乱牙）。这样来回滚压 $1\sim2$ 次，直到花纹凸出为止。为了减少开始时的径向压力，可先把滚花刀表面宽度一半与工件表面接触，或把滚花刀装得与工件表面有一很小的夹角，如图 7-24 所示，这样比较容易切入。在滚压过程中，还必须经常加润滑油和清除切屑，以免损坏滚花刀和防止滚花刀被切屑滞塞而影响花纹的清晰程度。滚花时应选择较低的切削速度。

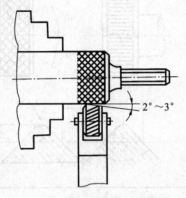

图 7-24　滚花的方法

滚花刀本身质量对花纹质量有很大的影响。对于滚压要求较高的仪器、照相机等捏手上的滚花，应使用自制或定制的滚花刀。在自制滚花刀时，滚轮的最后一道工序（即滚轮淬火后）必须经过工具磨床磨齿，这样可保证滚花刀的齿形质量。

任务二　特形面的加工

一、圆弧车刀的刃磨方法

圆弧车刀的几何形状如图 7-25 所示。两侧副后刀面与切断刀基本相同，所不同的是主切削刃呈圆弧形。刃磨方法是：双手握刀，刀体向下倾斜 $6°\sim8°$，磨出主后角，并在刃磨时做弧形转动，将切削刃磨成半圆形，如图 7-26 所示。

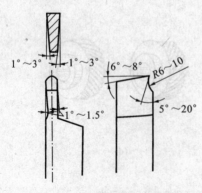

图 7-25　圆头车刀的几何形状

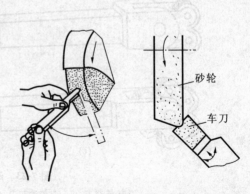

图 7-26　圆弧车刀的刃磨方法

成形车刀刃磨的方法与磨一般圆弧车刀基本相似,但圆弧的形状要求正确,必须用 R 样板检验,如图 7-27 所示。

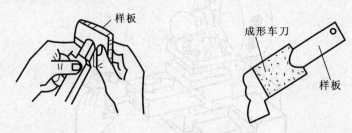

图 7-27 成形车刀的检验方法

二、特形面的加工方法

有些机器零件表面的素线是曲线,例如圆球面、摇手柄等,如图 7-28 所示。这些带有曲线的表面称为成形面,也称特形面。对于这类零件的加工,应根据产品的特点、精度要求及批量大小等不同情况,分别采用双手控制加工、成形刀加工、靠模加工、专用工具加工等方法。

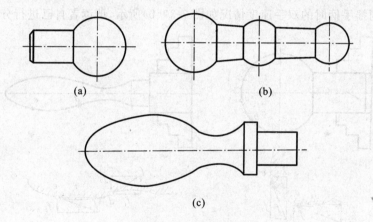

图 7-28 成形面零件

(a)、(b) 圆球面零件;(c) 手柄

这里主要介绍用双手控制法车成形面。

对数量较少的或单件成形面工件,可采用双手控制法进行车削,就是用右手握小滑板手柄,左手握中滑板手柄,通过双手合成运动,车出所要求的成形面,如图 7-29 所示。或者利用床鞍和中滑板的合成运动来进行车削。

(一)速度分析

用双手控制法车成形面,首先要分析曲面各点的斜率,然后根据斜率来确定纵、横向进给速度的快慢。例如车削图 7-30(a)所示圆球面的 a 点时,中滑板进给速度要慢,小滑板退刀速度要快。车刀 b 点时,中滑板进给和小滑板退刀速度基本差不多。车到 c 点时,中滑板进给速度要快,小滑板退刀速度要慢,这样就能

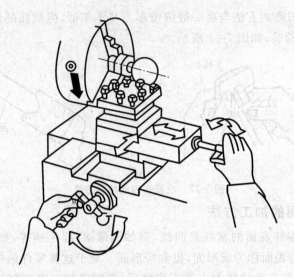

图 7-29　用双手控制法车成形面

车出球面。车削时的关键是双手摇动手柄的速度配合要恰当。

车削摇手柄时的双手速度情况如图 7-30(b)所示，请读者自己进行分析。

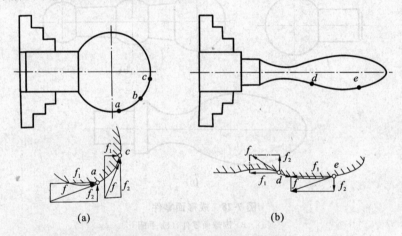

(a)　　　　　　　　　　　(b)

图 7-30　车成形面时的速度分析

(a) 车削圆球面的速度分析；(b) 车削摇手柄的速度分析

(二) 单球手柄的车削方法

1. 计算各部分尺寸

车削时应先按直径 D 和柄部直径 d 车成两级外圆（留精车余量 0.2～0.3 mm），并车准圆形部分长度 L，如图 7-31 所示。

在三角形 AOB 中

$$\overline{AO} = \sqrt{\left(\frac{D}{2}\right)^2 - \left(\frac{d}{2}\right)^2} = \frac{1}{2}\sqrt{D^2 - d^2}$$

$$L = \frac{D}{2} + \overline{AO}$$

则

$$L = \frac{1}{2}(D + \sqrt{D^2 - d^2})$$

式中　L——圆形部分长度（mm）；

　　　D——圆球直径（mm）；

　　　d——柄部直径（mm）。

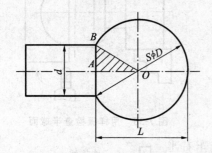

图 7-31　单球手柄

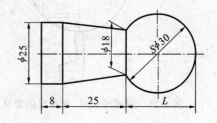

图 7-32　带锥柄的单球手柄

例 7-7　车削如图 7-32 所示的带锥柄的单球手柄，求圆形部分长度 L。

解　$L = \frac{1}{2}(D + \sqrt{D^2 - d^2}) = \frac{1}{2}(30 + \sqrt{30^2 - 18^2})$ mm = 27 mm

2. 车削方法

车削圆球的方法是由中心向两边车削，先粗车成形再精车，逐步将圆球面车圆整，操作的步骤如下。

（1）确定圆球中心位置　车削圆球前要用钢直尺量出圆球的中心，并用车刀刻线痕，以保证车圆球时左、右半球对称。

（2）车削圆球前两端倒角　为了减少车削圆球时的加工余量，一般用 45°车刀先在圆球外圆的两端倒角，如图 7-33 所示。

（3）粗车右半球面　圆头车刀离圆球中心线痕 5～6 mm 处，由中滑板进给，当主切削刃与工件外圆轻轻接触后，用双手同时移动中、小滑板，如图 7-34 所示。当车刀从 a 点出发，经

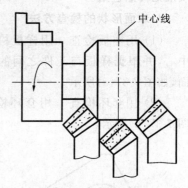

图 7-33　车圆球外圆两端倒角

过 b 点至 c 点时，纵向进刀的速度是快→中→慢，横向进给的速度是慢→中→快，即纵向进给是减速度，横向进给是加速度。双手动作必须配合协调，才能将球面的形状车正确。车圆球时切削速度应略高于车外圆时的，以使表面光洁。

粗车圆球时进刀的起始位置应一次比一次靠近圆球中心线痕，最后一次在中心线痕 1～2 mm 处进刀，以保证精车有一定余量。

每车一刀都须用样板或目测检查,边车边修整。半球面用样板检查,如图7-35所示。对凸出部分要用粉笔涂色做记号,下次车削时用车刀先对准涂色处将凸出部分车去。

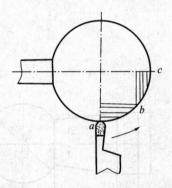

图 7-34　车圆球时纵、横速度的变化

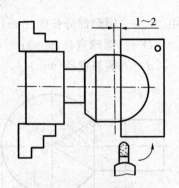

图 7-35　用样板检查半球面

（4）粗车左半球面　车削方法基本与车右半球方法相同,区别是柄部与球面连接处要求轮廓清晰,一般用矩形沟槽刀或切断刀车削,如图 7-36所示。

（5）精车球面　为使表面光洁,应适当提高主轴转速并减慢手动进给速度。车削时,仍由球心向两边车,逐渐靠近线痕,最后一刀应从球的中心线痕处开始进给。

3. 球面形状的检查方法

（1）用样板检查　用样板检查时应对准工件中心,并根据样板与工件之间的间隙大小修整球面,如图7-37（a）所示。

（2）用套环检查　用套环检查时可观察其间隙透光情况并进行修整,如图 7-37（b）所示。

图 7-36　用矩形沟槽刀车连接部位

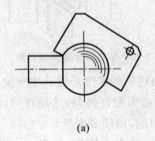

(a)

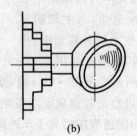

(b)

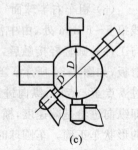

(c)

图 7-37　测量球面的方法

（a）用样板检查球面;（b）用套环检查球面;（c）用外径百分尺检查球面

(3) 用外径百分尺检查　用外径百分尺检查球面时应通过工件中心,并多次变换测量方向,如果读数值均在规定的范围内,说明球面的圆度符合要求,如图7-37(c)所示。

小　　结

本模块介绍圆锥面与表面修饰及特形面的相关知识。主要内容有:圆锥面的概念及应用、圆锥面各部分名称、代号及计算,圆锥的种类,圆锥面的加工和质量检测与分析方法;表面修饰的种类和加工方法;特形面的加工方法。

能 力 检 测

1.车削圆锥体的方法主要有几种?

2.简述用偏移小拖板车削外圆锥的操作步骤。

3.用偏移尾座法车削圆锥的特点是什么?

4.表面修饰的种类有哪些?

5.车削如图 7-38 所示带外圆锥的零件。

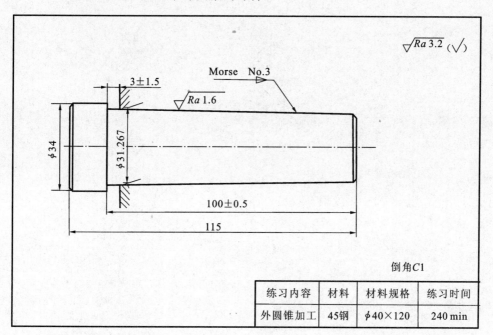

图 7-38　带外圆锥零件图

练习内容	材料	材料规格	练习时间
外圆锥加工	45钢	φ40×120	240 min

6.车削如图 7-39 所示带成形面的零件。

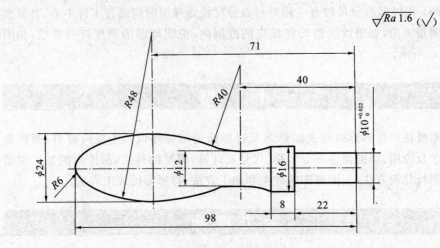

图 7-39　带成形面零件图

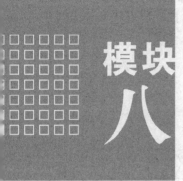

模块八

螺 纹 加 工

项目一　普通三角形螺纹的加工

【学习目标】

掌握:普通螺纹各部分尺寸的计算,普通三角螺纹的车削方法。

熟悉:三角螺纹的各部分名称及代号。

了解:螺纹的种类。

任务一　普通三角形螺纹的基本概念

一、螺纹的种类

螺纹主要起连接和传动作用。常用的螺纹都有国家标准,标准螺纹有很好的互换性和通用性。但也有少量非标准螺纹,如矩形螺纹等。

螺纹有很多种,其分类情况如图 8-1 所示。螺纹按用途可分为连接螺纹和传

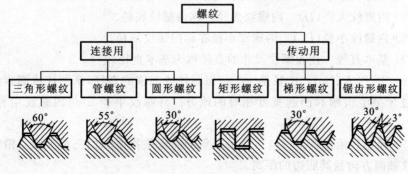

图 8-1　螺纹的分类

动螺纹;按牙型可分为三角形、矩形、梯形、锯齿形和圆形螺纹;按螺旋方向可分为右旋和左旋螺纹;按螺旋线数可分为单线和多线螺纹;按母体形状可分为圆柱螺纹和圆锥螺纹。

二、三角螺纹的各部分名称及代号

(一)普通三角形螺纹的各部分名称及代号

1. 普通三角形螺纹的各部分名称及基本概念

普通三角形螺纹各部分名称如图 8-2 所示。

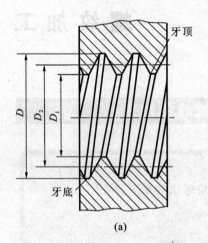
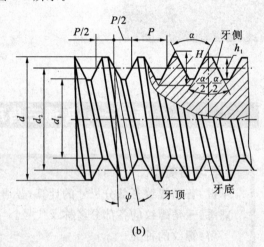

图 8-2　三角形螺纹的各部分名称

(a) 内螺纹;(b) 外螺纹

(1)牙型角(α)　在螺纹牙型上,两相邻牙侧间的夹角称为牙型角。三角形螺纹的牙型角有 60°和 55°两种。牙型角应对称于轴线垂直线(锯齿形螺纹除外)。

(2)螺距(P)　相邻两牙在中径线上对应两点间的轴向距离称为螺距。

(3)外螺纹大径(d)　外螺纹大径亦称外螺纹顶径。

(4)外螺纹小径(d_1)　外螺纹小径亦称外螺纹底径。

(5)内螺纹大径(D)　内螺纹大径亦称内螺纹底径。

(6)内螺纹小径(D_1)　内螺纹小径亦称内螺纹顶径。

(7)基本直径　代表螺纹尺寸的直径称为基本直径。

(8)中径(d_2、D_2)　中径是一个假想圆柱或圆锥的直径,该圆柱或圆锥的母线通过牙型上沟槽和凸起宽度相等的地方。外螺纹中径 d_2 与内螺纹中径 D_2 相等。

(9)原始三角形高度(H)　原始三角形高度是指由原始三角形顶点沿垂直于螺纹轴向方向到其底边的距离。

(10)基本牙型　基本牙型是指削去原始三角形的顶部和底部所形成的内、

外螺纹共有的理论牙型。该牙型具有螺纹的基本尺寸。

（11）牙型高度(h_1)　在螺纹牙型上，牙顶到牙底在垂直于螺纹轴线方向上的距离称为牙型高度。

（12）螺纹接触高度(h)　内、外螺纹相互配合时，牙侧重合部分在垂直于螺纹轴线方向上的距离。

（13）螺纹升角(ψ)　在中径圆柱或中径圆锥上螺旋线的切线与垂直于螺纹轴线的平面之间的夹角，如图 8-3 所示。

螺纹升角可按下式计算：

$$\tan\psi = \frac{P}{\pi d_2}$$

式中　ψ——螺纹升角$(°)$；

　　　P——螺距(mm)；

　　　d_2——中径(mm)。

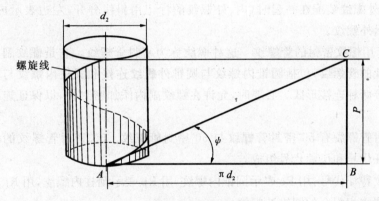

图 8-3　螺纹升角

2. 普通三角形螺纹的代号

普通螺纹是我国应用最广泛的一种三角形螺纹，牙型角大小为 60°。普通螺纹分粗牙普通螺纹和细牙普通螺纹。粗牙普通螺纹代号用字母"M"及基本直径表示，如 M16、M8 等。细牙普通螺纹代号用字母"M"及基本直径×螺距表示，如 M20×1.5，M10×1 等。M6～M24 的螺纹是生产中经常应用的螺纹，其螺距如表 8-1 所示。细牙普通螺纹与粗牙普通螺纹的不同点是，当基本直径相同时，其螺距比粗牙普通螺纹的小。

表 8-1　常用普通螺纹的螺距对照表　　　　　　　　　　（mm）

螺纹代号	M6	M8	M10	M12	M14	M16	M18	M20	M22	M24
螺距	1	1.25	1.5	1.75	2	2	2.5	2.5	2.5	3

左旋螺纹在代号末尾加注"LH"字，如 M6LH、M16×1.5LH 等，未注明的为右旋螺纹。

（二）管螺纹的各部分名称及代号

1. 管螺纹的代号

（1）圆柱管螺纹的标记由螺纹特征代号、尺寸代号和公差等级代号组成。

螺纹的特征代号用字母 G 表示。

螺纹的尺寸代号是指管子孔径的公称直径（in，1 in＝25.4 mm）的数值。

螺纹公差等级代号：对外螺纹分 A、B 两级标记；对内螺纹则不标记。

例如，尺寸代号为 3/4 的右旋圆柱管螺纹的标记示例如下：

内螺纹　G3/4；

A 级外螺纹　G3/4A；

B 级外螺纹　G3/4B。

当螺纹为左旋时，在标记末尾加注"LH"。例如：

G3/4-LH；G3/4A-LH。

内、外螺纹装配在一起时，内、外螺纹的标记用斜线分开，左边表示内螺纹，右边表示外螺纹。

（2）用螺纹密封的管螺纹　这种螺纹称为密封管螺纹。它是螺纹副本身具有密封性的管螺纹，包括圆锥内螺纹与圆锥外螺纹连接和圆柱内螺纹与圆锥外螺纹连接两种连接形式。必要时，允许在螺纹副内添加密封物，以保证连接的密封性。

密封管螺纹有 55°密封管螺纹与 60°密封管螺纹。55°密封管螺纹的代号由螺纹特征代号和尺寸代号组成。

螺纹特征代号：用 Rc 表示圆锥内螺纹，用 Rp 表示圆柱内螺纹，用 R_1 表示与圆柱内螺纹相配合的圆锥外螺纹。

尺寸代号为 3/4 的 55°右旋密封螺纹的标记示例如下：

圆锥内螺纹 Rc 3/4；

圆柱内螺纹 Rp 3/4；

圆锥外螺纹 R_1 3/4。

三、普通螺纹各部分尺寸的计算

普通螺纹的基本牙型规定如图 8-4 所示。

1. 基本直径

螺纹的基本直径是指大径的基本尺寸（D 或 d）。

2. 原始三角形高度（H）

$$H = 0.866P$$

3. 中径（d_2、D_2）

$$d_2 = D_2 = d - 0.6495P$$

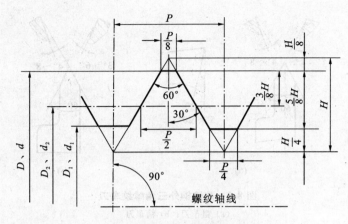

图 8-4　普通螺纹的基本牙型

4. 削平高度

外螺纹牙顶和内螺纹牙底均在 $H/8$ 处削平。外螺纹牙底和内螺纹牙顶均在 $H/8$ 处削平。

5. 牙型高度(h_1)

$$h_1 = 0.5413P$$

6. 外螺纹小径(d_1)

$$d_1 = d - 1.0825P$$

7. 内螺纹小径(D_1)

内螺纹小径的基本尺寸与外螺纹小径相同($D_1 = d_1$)。

8. 螺纹接触高度(h)

螺纹接触高度与牙型高度的基本尺寸 h_1 相同($h = h_1$)。

任务二　普通三角螺纹车刀

一、普通三角螺纹车刀的几何参数

1. 高速钢三角形外螺纹车刀

高速钢三角形外螺纹车刀的几何形状如图 8-5 所示。

为了使切削顺利和减小螺纹的表面粗糙度,高速钢螺纹车刀纵向前角一般取 5°~20°。有 10°~15°径向前角的螺纹车刀,其刀尖角应减小 40'~1°44'。精车精度要求较高的螺纹时,径向前角应该取得较小,一般为 0°~5°,这样才能车出正确的牙型。

2. 硬质合金三角形外螺纹车刀

高速车螺纹时,车刀可选用 YT15 或 YG6 硬质合金螺纹车刀。硬质合金三角形外螺纹车刀的几何形状如图 8-6 所示,它的径向前角 $\gamma_p = 0°$,后角 $\alpha_o = 4°$~

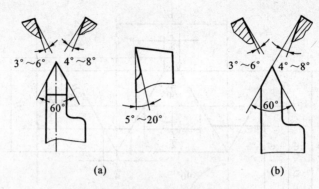

(a)   (b)

图 8-5　高速钢外三角螺纹车刀

(a) 粗车刀；(b) 精车刀

6°。在车削较大螺距($P>2$ mm)以及硬度较高的螺纹时,在车刀的两个切削刃上磨出宽度为 0.2~0.4 mm 的倒棱,其 $\gamma_{o1}=-5°$。由于在高速切削螺纹时,实际牙型角会扩大,因此刀尖角应减小 $30'$。车刀前、后刀面的表面粗糙度必须很小。

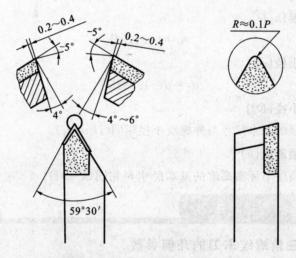

图 8-6　硬质合金三角形外螺纹车刀

3.高速钢三角形内螺纹车刀

高速钢三角形内螺纹车刀的几何形状如图 8-7 所示。

二、普通三角螺纹车刀的刃磨方法和安装要求

1.刃磨要求

(1) 根据粗、精车的要求,刃磨出合理的前、后角。粗车刀前角大、后角小;精车刀则相反。

(2) 车刀的左、右切削刃必须是直线,无崩刃。

(3) 刀头不歪斜,牙型半角相等。

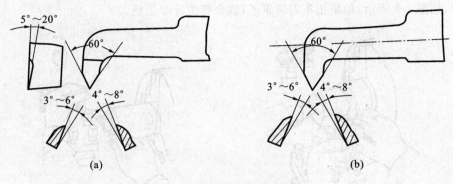

图 8-7　高速钢三角形内螺纹车刀

（a）粗车刀；（b）精车刀

（4）内螺纹车刀刀尖角平分线必须与刀杆垂直。

（5）内螺纹车刀后角应适当大些。

2. 刀尖角的刃磨和检查

由于螺纹车刀刀尖角要求高，刀头体积又小，因此刃磨起来比一般车刀困难。在刃磨高速钢螺纹车刀时，若感到发热烫手，必须及时用水冷却，否则容易引起刀尖退火；刃磨硬质合金螺纹车刀时，应注意刃磨顺序，一般是先将刀头后面适当粗磨，随后再刃磨两侧面，以免刀尖爆裂。在精磨时，应注意防止压力过大而震碎刀片，同时要防止刀具在刃磨时骤冷骤热而损坏刀片。

为了保证磨出准确的刀尖角，在刃磨时可用螺纹角度样板测量，如图 8-8 所示。测量时，把刀尖角与样板贴合，对准光源，仔细观察两边贴合的间隙，并进行修磨。

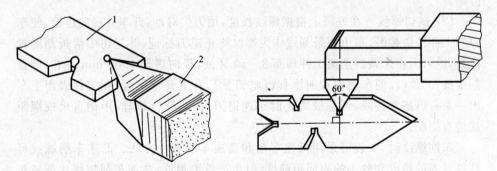

图 8-8　用螺纹样板检查刀尖角

1—样板；2—螺纹车刀

3. 安装要求

（1）装夹车刀时，刀尖位置一般应对准工件中心。

（2）车刀刀尖角的对称中心线必须与工件轴线垂直，装刀时可用样板来对刀,如图 8-9 所示,如果把车刀装歪了,就会产生牙型歪斜。

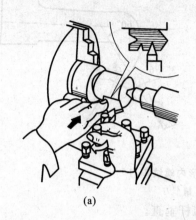
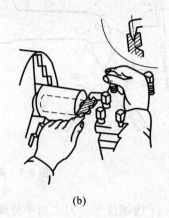

(a)　　　　　　　　　　　　　　　　(b)

图 8-9　三角螺纹车刀对刀方法

（a）外螺纹车刀对刀；（b）内螺纹车刀对刀

（3）刀头伸出不要过长,一般为 20～25 mm（约为刀杆厚度的 1.5 倍）。

（4）内螺纹车刀装好后,应在孔内摇动床鞍至终点以检查是否有碰撞。

任务三　普通三角螺纹的加工方法

一、普通三角螺纹的车削方法

（一）车螺纹时的动作练习

（1）空刀练习车螺纹的动作　选螺距为 2 mm,长度为 25 mm,转速为 50 r/min 左右。开车练习开合螺母的分合动作：先退刀,后提开合螺母（间隔瞬时）,动作协调。

（2）试切螺纹　在外圆上根据螺纹长度,用刀尖对准,开车并径向进给,使车刀与工件轻微接触,车出一条刻线作为螺纹终止退刀标记,并记住中滑板刻度盘读数,退刀。将床鞍摇至离工件端面 8～10 牙处,径向进给 0.05 mm 左右,调整刻度盘"0"位（以便车削螺纹时掌握背吃刀量）,合下开合螺母,在工件表面上车出一条有痕迹螺旋线,到螺纹终止时迅速退刀,提起开合螺母,用钢直尺或螺距规检查螺距。

车削螺纹时,一般可采用低速车削和高速车削两种方法。低速车削螺纹可获得较高的精度和较小的表面粗糙度,但生产效率很低；高速车削螺纹比低速车削螺纹生产效率可大大提高,还可以获得较小的表面粗糙度,因此在工厂中已被广泛采用。

（二）低速车削三角螺纹的方法

在低速车削螺纹时,为了保持螺纹车刀的锋利状态,车刀的材料最好选择高速钢,并且把车刀分成粗、精车刀并进行粗、精加工。车螺纹主要有以下三种进刀方法。

（1）直进法　车削螺纹时，只利用中滑板进给，在几次工作行程中车好螺纹，这种方法称为直进法，如图 8-10(a)所示。用直进法车螺纹可以得到比较正确的牙型。但车刀刀尖全部参加切削，如图 8-10(d)所示，螺纹不易车光，并且容易产生"扎刀"现象。因此，只适用于螺距 $P<1$ mm 的三角形螺纹。

（2）左右切削法　车削螺纹时，除了用中滑板进给外，同时利用小滑板的刻度使车刀做左、右微量进给（借刀），这样重复切削几次工作行程，直至螺纹的牙型全部车好为止，这种方法称为左右切削法，如图 8-10(b)所示。

（3）斜进法　在粗车螺纹时，为了操作方便，除了中滑板进给外，小滑板可只向一个方向进给，这种方法称为斜进法，如图 8-10(c)所示。但精车时，必须用左右切削法才能使螺纹的两侧面都获得较小的表面粗糙度。

用左右切削法和斜进法车螺纹时，因为车刀是单面切削的，如图 8-10(e)所示，所以不容易产生"扎刀"现象。精车时选择很低的切削速度（$v<5$ m/min），再加注切削液，可以获得很小的表面粗糙度。但是采用左右切削法时，车刀左右进给量不能过大，精车时一般要小于 0.05 mm，否则会使牙底过宽或凹凸不平。

在实际工作中，可用观察法控制左右进给量，当排出切屑很薄时，车出的螺纹表面粗糙度一定很小。

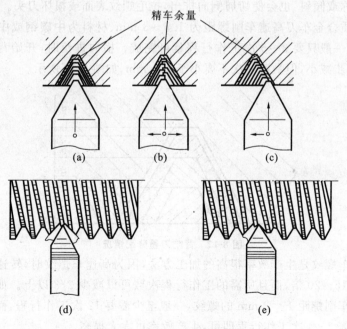

图 8-10　车螺纹时的进给方式

(a) 直进法；(b) 左右切削法；(c) 斜进法；
(d) 直进法出屑情况；(e) 单面切削出屑情况

低速车螺纹时，最好采用弹性刀杆，如图 8-11 所示。采用这种刀杆，当切削力超过一定值时，车刀能自动让开，使切屑保持适当的厚度，可避免"扎刀"现象。

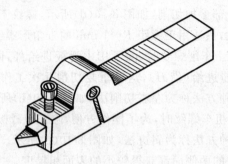

图 8-11　弹性刀杆螺纹车刀

（三）高速车削三角形螺纹

1. 高速车削三角形螺纹的方法

用硬质合金车刀高速车削螺纹，切削速度取 $50\sim100$ m/min。车削时只能用直进法进刀，使切屑垂直于轴线方向排出或卷成球状。如果用左右切削法，车刀只有一个切削刃参加切削，高速排出的切屑会把另外一面拉毛。如果车刀刃磨得不对称或倾斜，也会使切屑侧向排出，拉毛螺纹表面或损坏刀头。

用硬质合金车刀高速车削螺距为 $1.5\sim3$ mm、材料为中碳钢或中碳合金钢的螺纹时，一般只要 $3\sim5$ 次工作行程就可完成。横向进给时，开始背吃刀量大些，以后逐步减小，但最后一次不要小于 0.1 mm，如图 8-12 所示。

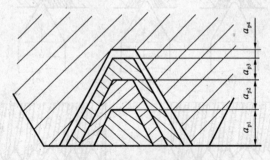

图 8-12　背吃刀量分配情况

高速车螺纹是生产效率很高的加工方法，因为高速车螺纹时，转速要比低速切削时高 $15\sim20$ 倍，而且所需的工作行程次数可以减少 2/3 以上。如用高速钢车刀低速车削螺距 $P=2$ mm 的螺纹，一般至少需要 12 次工作行程，而用硬质合金车刀只需 $3\sim4$ 次工作行程即可，生产效率可大大提高。

2. 高速车螺纹应注意的问题

（1）因工件材料受车刀挤压使外径胀大，因此螺纹大径应比基本尺寸小 $0.2\sim0.4$ mm。

（2）因切削力较大，工件必须装夹牢固。

（3）因转速很高，应集中思想进行操作，尤其是车削带有台阶的螺纹时，要及时把车刀退出，以防碰伤工件或损坏机床。

（四）三角形内螺纹的车削方法

三角形内螺纹常用的有三种：通孔内螺纹、不通孔内螺纹和台阶孔内螺纹，如图 8-13 所示。其中通孔内螺纹容易加工。在加工内螺纹时，由于车削的方法和工件形状的不同，因此所选用的螺纹车刀也不同。工厂中最常用的内螺纹车刀如图 8-14 所示。

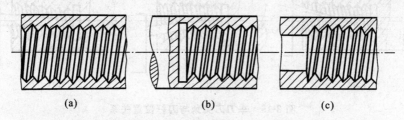

（a）　　　　　　　　　（b）　　　　　　　　　（c）

图 8-13　三角形内螺纹工件形状

（a）通孔内螺纹；（b）不通孔内螺纹；（c）台阶孔内螺纹

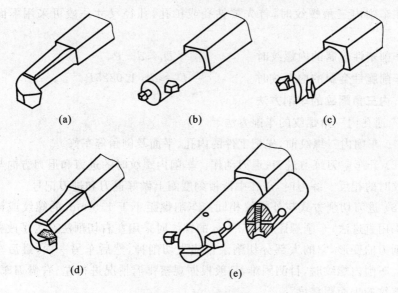

（a）　　　　　　　　　（b）　　　　　　　　　（c）

（d）　　　　　　　　　　　　（e）

图 8-14　各种内螺纹车刀

（a）一体式锻造高速钢内螺纹车刀；（b）、（c）刀排式内螺纹车刀；

（d）焊接式硬质合金内螺纹车刀；（e）可调式内螺纹车刀

1. 内螺纹车刀的选择

内螺纹车刀要根据它的车削方法和工件材料及形状来选择。它的尺寸大小受到螺纹孔径尺寸限制。一般内螺纹车刀的刀头径向长度应比孔径小 3～5 mm，否则退刀时要碰伤牙顶，甚至不能车削。刀杆的直径在保证排屑的前提下,要尽量大一些。

2.车刀的刃磨和装夹

内螺纹车刀的刃磨方法与外螺纹车刀基本相同。但是刃磨刀尖角时,要特别注意它的平分线必须与刀杆垂直,否则车削时会出现刀杆碰伤工件内孔的现象,如图 8-15 所示。刀尖宽度应符合要求,一般为 $0.1P$。

在装刀时,必须严格按样板找正刀尖角,否则车削后会出现倒牙现象。刀装好后,应在孔内摇动床鞍至终点检查是否有碰撞。

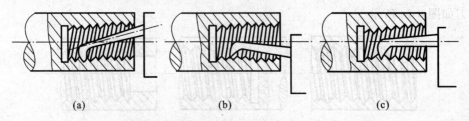

图 8-15　车刀刀尖角与刀杆位置关系
(a) 偏左(不正确);(b) 偏右(不正确);(c) 垂直(正确)

3.内三角螺纹孔径的确定

在车削内三角螺纹时,首先要钻孔或扩孔,孔径尺寸一般可采用下面公式计算:

车削塑性金属的内螺纹时　　　　　　　　$D_1 \approx d - P$

车削脆性金属的内螺纹时　　　　　　　　$D_1 \approx d - 1.0825P$

4.内三角螺纹的车削方法

1) 通孔内三角螺纹的车削方法

(1) 车削内三螺纹前,先把工件的内孔、平面及倒角等车好。

(2) 开车空刀练习进刀、退刀动作。车削内螺纹时的进刀和退刀方向与车削外螺纹时的相反。练习时,需在中滑板刻度圈上做好退刀和进刀记号。

(3) 进刀切削方式与外螺纹相同。车削螺距小于 1.5 mm 的螺纹或铸铁螺纹时采用直进法;车削螺距大于 2 mm 的螺纹时采用左右切削法。为了改善刀杆受切削力的变形,它的大部分切削余量应先切削掉,然后车另一面,最后车螺纹大径。车削内螺纹时,目测困难,一般根据观察排屑情况进行左、右借刀车削,并判断螺纹的表面粗糙度。

2) 盲孔或台阶孔内三角螺纹车削方法

(1) 车退刀槽,它的直径应大于内螺纹大径,槽宽为 2~3 个螺距,并与台阶平面接平。

(2) 选择图 8-14(a)所示的螺纹车刀。

(3) 根据螺纹长度加上二分之一槽宽在刀杆上做好记号,以便于退刀、开合螺母起闸。

（4）车削时,中滑板手柄的退刀和开合螺母起闸的动作要迅速、准确、协调,保证刀尖能从刀槽中间退刀。

（五）中途对刀的方法

在车螺纹过程中,若刀具磨损或损坏,需拆下修磨或换刀,再重新装刀时,往往刀尖位置不在原来的螺旋槽中,如继续车削就会乱牙,这时需将刀尖调整到原来的螺旋槽中才能继续车削,这一过程称对刀。对刀方法可分静态对刀法和动态对刀法两种。

1. 静态对刀法

主轴慢速正转,闭合开合螺母,当刀尖近螺旋槽时停车,注意:主轴不可倒转。移动中、小滑板将螺纹车刀刀尖移至螺旋槽的中间,如图 8-16 所示。记取中滑板刻度值后退出。

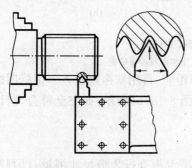
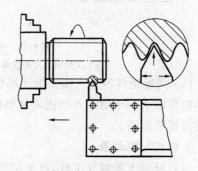

图 8-16　静态对刀法　　　　　　图 8-17　动态对刀法

2. 动态对刀法

由于静态对刀法凭目测对刀有一定误差,适用于粗对刀。精对刀一般采用动态对刀法,对刀时车刀在运动中进行,如图 8-17 所示。动态对刀的操作方法如下。

（1）主轴慢速正转,闭合开合螺母。

（2）移动中、小滑板,将螺纹车刀刀尖对准螺纹槽中间或根据车削需要,将其中一侧切削刃与需要切削的螺纹斜面轻轻接触,有极微量切屑时,即记取中滑板刻度值,然后退出车刀。

动态对刀时,要眼明手快,动作敏捷而准确,在 1~2 次行程中使车刀对准。

二、普通三角螺纹的测量

螺纹的主要测量参数有螺距、顶径和中径的尺寸。测量方法有单项测量和综合测量两项。

（一）单项测量法

单项测量法是用量具测量螺纹的某一参数。

1. 螺距的测量

(1) 用钢直尺或游标卡尺检查　普通螺纹的螺距一般用钢直尺或游标卡尺检查。先在外圆上用螺纹车刀刀尖车出一条很浅的螺旋线,用钢直尺或游标卡尺检查螺距,如图 8-18(a)所示。为了减少误差,测量时应多量几牙,并应凑成整数,例如:螺距为 1.5 mm,可测量 10 牙,即为 15 mm,或测量 8 牙,为 12 mm。

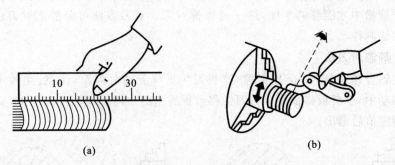

图 8-18　检查螺距的方法

(a) 用钢直尺检查螺距;(b) 用螺距规检查螺距

(2) 用螺距规检查　测量细牙螺纹的螺距时,可用螺距规检查。把标明螺距的螺距规沿平行于轴线方向嵌入牙型中,如图 8-18(b)所示,如完全符合,则说明被测的螺距正确。

2. 螺纹牙型测量

对直径较大的螺纹工件,可采用螺纹牙型卡板进行牙型尺寸测量,以判断牙型正确与否。

3. 中径的测量

对三角形螺纹的中径,可用螺纹千分尺直接测量,如图 8-19(a)所示。螺纹千分尺的刻线原理和读数方法与外径千分尺的相同,所不同的是螺纹千分尺附有两套(60°和 55°)适用于不同牙型角和不同螺距的测量头。对测量头可根据测

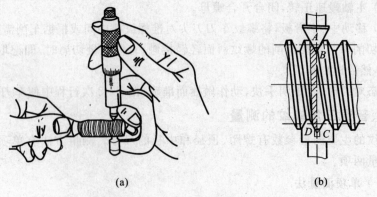

图 8-19　用螺纹千分尺测量中径

(a) 测量方法;(b) 螺纹千分尺的测量位置

量的需要进行选择,然后分别插入千分尺的轴杆和砧座的孔内。但必须注意,在更换测量头之后,必须调整砧座的位置,使千分尺对准"0"位。

测量时,跟螺纹牙型角相同的上、下两个测量头,正好卡在螺纹的牙侧上。从如图 8-19(b)中可以看出,ABCD 是一个平行四边形,因此,测得的尺寸 AD,就是中径的实际尺寸。

(二)综合测量法

综合测量在工厂中比较常用,就是用螺纹量规对螺纹各主要参数进行综合性的测量。螺纹量规有螺纹环规和螺纹塞规两种,如图 8-20 所示。

螺纹环规用来测量外螺纹的尺寸精度;螺纹塞规用来测量内螺纹的尺寸精度。它们都有通端和止端之分。在测量螺纹时,如果量规的通端正好拧进去,而止端拧不进,说明螺纹精度符合要求。如发生量规通端拧不进,而止端可拧进去,则说明牙型不正确,这是由于车刀的牙型角刃磨不正确或车刀刀尖角的对称中心线没有与工件轴线垂直等原因造成的。车削内螺纹时,为了保证零件的尺寸精度,通常采用的测量工具是比图样精度要求高一级的螺纹塞规。

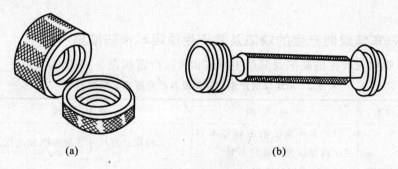

(a)　　　　　　　　　　　(b)

图 8-20　螺纹量规

(a) 环规;(b) 塞规

三、螺纹产生乱扣的原因及预防方法

(一)乱扣的概念

在车削螺纹时,一般都要分几次工作行程才能车削到所需的尺寸精度。当一次工作行程完毕后,快速把车刀退出,迅速提起开合螺母,使开合螺母脱离丝杠,并把车刀退回到原来位置,使车刀在下一次进给时能切入原来的螺旋槽内。但是,有时在第二次工作行程中,车刀刀尖已不在第一次工作行程的螺旋槽内,而是偏左、偏右或在牙顶中间,结果把螺纹车乱,称为乱扣。

(二)产生乱扣的原因

产生乱扣的主要原因是:当车床丝杠转过 1 周时,工件未转过整数周。

可根据以下公式判断是否会产生乱扣:

$$\frac{P_{\text{工}}}{P_{\text{丝}}} = \frac{n_{\text{丝}}}{n_{\text{工}}} \tag{8-1}$$

式中　$P_{\text{工}}$——工件螺距；

　　　$P_{\text{丝}}$——丝杠螺距；

　　　$n_{\text{工}}$——工件转数；

　　　$n_{\text{丝}}$——丝杠转数。

通过以上公式，可以得出，当丝杠的螺距与工件的螺距的比值是整数倍时，车削时就不会产生乱扣。

（三）预防乱扣的方法

预防车螺纹时乱扣的方法常用的是开倒顺车车削法。即在一次行程结束时，不提起开合螺母，把刀沿径向退出后，将主轴反转，使车刀沿纵向退回，再进行第二次行程，这样，在往复过程中，主轴、丝杠和刀架之间的传动不会分离，车刀始终在原来的螺旋槽中，就不会产生乱扣。

采用倒顺车时，主轴换向不能过快，否则车床传动部分将受到瞬时冲击，使传动机件损坏。另外，在卡盘连接盘上应装有放松脱装置，以防卡盘从主轴上脱落。

四、车螺纹时产生的缺陷及其产生原因和预防措施

车螺纹时产生的缺陷及其产生原因和预防措施如表 8-2 所示。

表 8-2　车螺纹时产生的缺陷及其产生原因和预防措施

缺陷种类	产生原因	预防措施
尺寸不正确	(1) 车外螺纹前的轴径不对或车内螺纹前的孔径不对 (2) 车刀刀尖磨损 (3) 螺纹车刀背吃刀量过大或过小	(1) 根据计算尺寸车削外圆和内孔 (2) 经常检查车刀并及时修磨 (3) 车削时严格掌握螺纹切入深度
螺距不正确	(1) 挂轮在计算或搭配时错误或进给箱手柄位置放错 (2) 车床丝杠和主轴窜动 (3) 开合螺母塞铁松动	(1) 车削螺纹时先车出很浅的螺旋线，检查螺距是否正确 (2) 调整好车床主轴和丝杠的轴向窜动量 (3) 调整好开合螺母塞铁，必要时在手柄上挂上重物
牙型不正确	(1) 车刀安装不正确，产生半角误差 (2) 车刀刀尖角刃磨不正确 (3) 车刀磨损	(1) 用样板对刀 (2) 正确刃磨和测量刀尖角 (3) 合理选择切削用量和及时修磨车刀

续表

缺陷种类	产 生 原 因	预 防 措 施
螺纹表面粗糙	(1)切削用量选择不当	(1)高速钢车刀车螺纹的切削速度不能太大,切削厚度应小于 0.06 mm,并加切削液
	(2)切屑流出方向不对	(2)硬质合金车刀高速车螺纹时,最后一刀的切削厚度要大于 0.1 mm,切屑要垂直于轴线方向排出
	(3)产生积屑瘤	(3)用高速钢车刀切削时,应降低切削速度,并加切削液
	(4)刀杆刚度不够,切削时产生振动	(4)增加刀杆截面积,并减小伸出长度
扎刀和顶弯工件	(1)车刀径向前角太大,中滑板丝杠间隙较大	(1)减小车刀径向前角,调整中滑板丝杠螺母间间隙
	(2)工件刚度差,而切削用量选择得太大	(2)合理选择切削用量;增加工件装夹刚度

项目二　梯形螺纹的加工

【学习目标】

掌握:梯形螺纹各部分名称及计算;梯形螺纹的车削方法及测量方法。

熟悉:梯形螺纹的代号。

了解:梯形螺纹的作用。

任务一　梯形螺纹的基本概念及有关计算

一、梯形螺纹的概念

1.梯形螺纹的概念

轴向剖面形状是一个等腰梯形的螺纹称为梯形螺纹。

2.梯形螺纹基本用途

梯形螺纹精度较高,一般用于传动,如机床上的长丝杠和中、小滑板传动丝杠等均采用了梯形螺纹。

二、梯形螺纹的代号

标准梯形螺纹的牙型角为 30°,寸制梯形螺纹的牙型角为 29°。梯形螺纹用字母"Tr"及基本直径×螺距表示。左旋螺纹需在尺寸规格之后加注"LH"。如:

"Tr48×6 LH"表示基本直径为 48 mm，螺距为 6 mm 的左旋梯形螺纹。

三、螺纹的各部分名称及计算

梯形螺纹的牙型如图 8-21 所示。梯形螺纹各基本尺寸的名称代号及计算公式如表 8-3 所示。

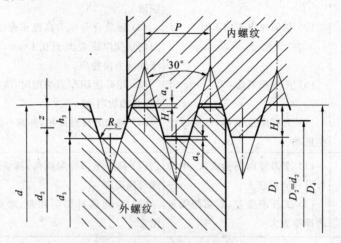

图 8-21　梯形螺纹牙型

表 8-3　梯形螺纹各部分名称及计算公式　　　　　　　　(mm)

名　　称		代　号	计　算　公　式			
牙型角		α	$\alpha = 30°$			
螺距		P	由螺纹标准规定			
牙顶间隙		a_c	P	$1.5 \sim 5$	$6 \sim 12$	$14 \sim 44$
			a_c	0.25	0.5	1
外螺纹	大径	d	公称直径			
	中径	d_2	$d_2 = d - 0.5P$			
	小径	d_3	$d_3 = d - 2h_3$			
	牙高	h_3	$h_3 = 0.5P + a_c$			
内螺纹	大径	D_4	$D_4 = d + 2a_c$			
	中径	D_2	$D = d_2$			
	小径	D_1	$D_1 = d - P$			
	牙高	H_4	$H_4 = h_3$			
牙顶宽		f、f'	$f = f' = 0.366P$			
牙槽底宽		W、W'	$W = W' = 0.366P - 0.536a_c$			

任务二　梯形螺纹车刀

一、梯形螺纹车刀几何角度

车削梯形螺纹时,径向切削力比较大。为了提高螺纹的质量,可分粗车和精车两个工序进行车削。

1.高速钢梯形螺纹车刀

高速钢梯形螺纹粗车刀和精车刀的几何形状如图 8-22 所示。

高速钢梯形螺纹粗车刀的刀头宽度要应小于牙槽底宽 W,以便于左右切削并留有精车余量。高速钢梯形螺纹精车刀的前端切削刃不能参加切削。

利用高速钢梯形螺纹车刀能车出精度较高和表面粗糙度较小的螺纹,但生产率较低。

粗车刀刀尖角应小于螺纹牙型角,精车刀刀尖角应等于螺纹牙型角。粗车刀的刀头宽度应为三分之一螺距宽,精车刀的刀头宽度应等于 $W-0.05$ mm。

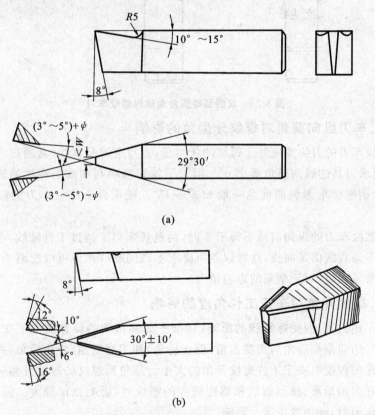

(a)

(b)

图 8-22　高速钢梯形螺纹车刀

（a）粗车刀；（b）精车刀

2. 硬质合金梯形螺纹车刀

硬质合金梯形螺纹车刀是用来高速车削梯形螺纹的,生产效率较高,但由于三个切削刃同时切削,切削力较大,易引起振动,并且切屑呈带状流出,操作不安全。为了解决这些矛盾,可在前刀面上磨出两个圆弧,如图 8-23 所示。这样可使纵向前角增大,切削顺利,不易振动,且切屑呈球状排出,能保证安全,但牙型精度较差。

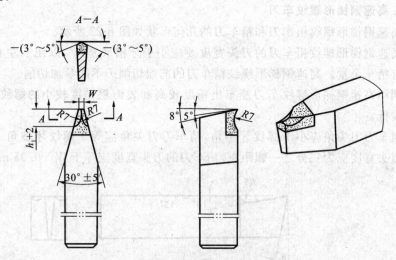

图 8-23　双圆弧硬质合金梯形螺纹车刀

二、车刀纵向前角对螺纹牙型角的影响

螺纹车刀的刀尖角应等于螺纹的牙型角,刀刃应该是直线,且通过工件的轴线,即要求刀具的纵向前角等于 0°。但为了使切削顺利和减小螺纹的表面粗糙度,高速钢螺纹车刀纵向前角一般取 5°~15°。硬质合金螺纹车刀的前角一般取 0°。

当螺纹车刀的纵向前角不等于 0°时,两侧切削刃未通过工件轴线,车出的螺纹牙侧不是直线而是曲线,这种误差对要求不高的螺纹来说可以忽略不计,但当纵向前角较大时,对牙型角的影响较大。

三、螺纹升角对车刀工作角度的影响

在车螺纹时,因受螺旋线的影响,切削平面和基面的位置发生了变化,使车刀工作时的前角和后角与刃磨前角(静止前角)和刃磨后角(静止后角)的数值不同。变化的程度取决于工件螺纹升角的大小。三角形螺纹的螺纹升角一般比较小。但在车削矩形、梯形螺纹和螺距较大的螺纹时,影响就比较大。因此,在刃磨螺纹车刀时,必须考虑这个影响。

1. 车刀两侧后角的变化

车刀两侧的工作后角一般取 3°~5°,当不存在螺纹升角时,车刀两侧的工作后角与刃磨后角相同。当存在螺纹升角时，车右旋螺纹，左侧的刃磨后角（α_{oL}）应等于工作后角加上螺纹升角；为了保证刀头有足够的强度，车刀右侧的刃磨后角（α_{oR}）应等于工作后角减去螺纹升角，即

$$\alpha_{oL} = (3° \sim 5°) + \psi$$

$$\alpha_{oR} = (3° \sim 5°) - \psi$$

车削左旋螺纹时，情况就相反。

2. 车刀两侧前角的变化

由于基面的位置发生了变化，车刀两侧的工作前角与刃磨前角不相等。如果车刀两侧的刃磨前角均为 0°，在车右旋螺纹时，右侧刃的工作前角为负值，切削不顺利，排屑也很困难。为了改善上述状况，可将车刀两侧切削刃组成的平面垂直于螺旋线装夹，使左侧刃的工作前角和右侧刃的工作前角均为 0°；或在前刀面上沿两侧切削刃磨出大前角的卷屑槽，使切削顺利并利于排屑。

四、梯形螺纹车刀的刃磨及安装要求

1. 梯形螺纹车刀的刃磨要求

（1）用样板校对刃磨两切削刃夹角。

（2）对有纵向前角的两刃夹角应进行修正。

（3）车刀刃口要光滑、平直、无爆口（虚刃），两侧副切削刃必须对称，刀头不歪斜。

2. 梯形螺纹车刀的装夹要求

（1）车刀主切削刃必须与工件轴线等高（用弹性刀杆应高于轴线约 0.2 mm），同时应和工件轴线平行。

（2）刀头的角平分线要垂直于工件轴线。用样板找正装夹，以免产生螺纹半角误差。

任务三　梯形螺纹车削方法及测量

一、梯形螺纹车削方法

1. 螺距小于 4 mm 和精度要求不高的梯形螺纹车削

可用一把梯形螺纹车刀车削至螺纹深度，再用左右借刀法车削螺纹中径至尺寸。

2. 螺距大于 4 mm 和精度要求较高的梯形螺纹车削

一般采用分刀车削的方法，具体方法如下。

（1）粗车、半精车梯形螺纹时，螺纹外径留 0.3 mm 左右的余量，且倒角与端面成 15°。

（2）选用刀头宽度稍小于槽底宽的车槽刀，粗车螺纹（每边留 0.25 ～ 0.35 mm 的余量）。

（3）用梯形螺纹车刀采用左右切削法车削梯形螺纹两侧面,每边留 0.1～0.2 mm的精车余量,并车准螺纹小径尺寸。

　　（4）精车大径至图样要求。

　　（5）选用精车梯形螺纹车刀,采用左右借刀法完成螺纹加工。

二、梯形螺纹的测量方法

1. 三针测量

　　三针测量是一种比较精密的测量方法,适用于测量精度较高的普通螺纹与梯形螺纹的中径,以及蜗杆的分度圆直径。测量时所用的三根圆柱形量针,是由量具厂专门制造的。在没有量针的情况下,也可用三根直径相等的优质钢丝或新的钻头柄部代替。

　　测量时,把三根直径相等的量针放置在螺纹相对应的螺旋槽内,用百分尺量出两边量针顶点之间的距离 M,如图 8-24 所示,根据 M 值就可计算出螺纹中径的实际尺寸。

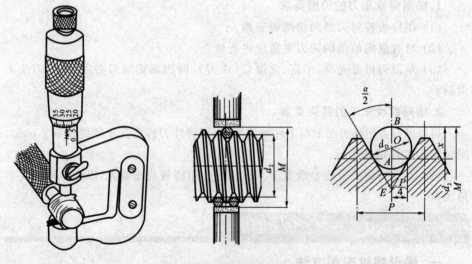

图 8-24　三针测量螺纹中径

　　三针测量时的 M 值及量针直径的选择如表 8-4 所示。

表 8-4　三针测量时的 M 值和 d_D 的计算公式　　　　　　　　　　　（mm）

螺纹牙型角	M 值计算公式	量针直径 d_D 的计算公式
60°	$M = d_2 + 3d_D - 0.866P$	$d_D = 0.577P$
40°	$M = d_2 + 3.924d_D - 1.374P$	$d_D = 0.533P$
30°	$M = d_2 + 4.864d_D - 1.866P$	$d_D = 0.518P$

　　在测量螺距较大的螺纹时,千分尺的测量杆不能同时顶住两根量针,这时可在测量杆之间垫入一块量块。在计算 M 值时,必须注意减去量块的厚度尺寸。

2. 单针测量

用单针测量中径的方法如图 8-25 所示,比用三针测量简便。测量时只需用一根量针。由于测量时要以外螺纹一侧大径作为基准,所以在测量前必须先测出外螺纹大径的实际尺寸 $d_实$。

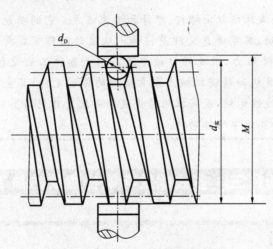

图 8-25　用单针测量螺纹中径

单针测量时,千分尺测得的读数值(A)可按下式计算:

$$A = \frac{M + d_实}{2}$$

式中　M——三针测量时,千分尺的读数值(mm);

　　　$d_实$——外螺纹大径的实际尺寸(mm)。

3. 综合测量

综合测量即用标准的螺纹环规或塞规进行测量。

单针测量没有三针测量精确。应注意,单针和三针测量时,因钢针沿螺旋槽放置,当螺纹升角大于 4°时,会产生较大的测量误差。

三、车削梯形螺纹时的安全注意事项

(1) 调整交换齿轮时,必须切断电源,停机后进行。

(2) 所加工螺纹的螺距较大时,纵向进给速度较快,退刀和倒车必须及时,动作要协调,避免车刀与工件台阶或卡盘撞击而发生事故。

(3) 螺纹车削过程中,不能用手或棉纱擦工件,以免棉纱被卷入工件,将手指一起卷入机器中,造成事故。

(4) 螺纹车削过程中,注意力要集中。横向进刀时中滑板不要多进一圈,以免造成刀尖崩刃或直接造成工件损坏。

(5) 当梯形螺纹加工完成后,特别要注意及时提起开合螺母,并及时调整进给箱手柄位置为光杠位置,否则容易造成在变换转速后、开动机床时滑板撞上卡

盘的事故。

知识链接

　　滚珠丝杠：滚珠丝杠由螺杆、螺母和滚珠组成。它的功能是将旋转运动转化成直线运动，其重要意义就是将轴承从滚动动作变成滑动动作。由于具有很小的摩擦阻力，滚珠丝杠被广泛应用于各种工业设备和精密仪器。滚珠丝杠是工具机和精密机械上最常使用的传动元件，其主要功能是将旋转运动转换成线性运动，或将扭矩转换成轴向反复作用力。同时，其兼具高精度、可逆性和高效率的传动特点。

项目三　多线螺纹与蜗杆螺纹的加工

【学习目标】

掌握：多线梯形螺纹和蜗杆螺纹的加工方法及测量方法。
熟悉：多线梯形螺纹和蜗杆螺纹的各尺寸的计算。
了解：多线梯形螺纹和蜗杆螺纹的应用场合。

任务一　多线螺纹的概念及尺寸计算

一、多线螺纹的概念

　　沿两条或两条以上的螺旋线所形成的螺纹，称为多线螺纹，其螺旋线在轴向等距分布。多线螺纹每旋转一周时，能移动单线螺纹几倍的螺距，所以常用于快速移动机构中。

　　螺纹线数可根据螺纹圆柱体末端或端面螺旋槽的数目确定。

二、多线螺纹的技术要求

　　（1）多线螺纹的螺距必须相等，即 $P_1 = P_2$。
　　（2）多线螺纹每条螺纹的牙型角、中径要相等，即

$$\alpha_1 = \alpha_2$$

$$d_{2-1} = d_{2-2}$$

三、多线螺纹的尺寸计算

　　多线螺纹的基本尺寸计算同单线螺纹计算基本一致，根据螺纹的不同形态进行计算（三角形、梯形等）即可。

1. 螺距与螺纹导程

单线与多线螺纹的主要区别在于螺距与螺纹导程之间的关系不同,单线螺纹导程等于螺距,多线螺纹的导程(P_h)等于其螺距与线数的乘积。

$$P_h = nP \quad (\text{mm})$$

式中　n——螺纹线数;

　　　P——螺距。

导程P_h是指同一螺旋线上相邻两牙在中径线上对应两点间的轴向距离。

2. 螺纹升角 ψ

由于多线螺纹的导程较大,车削时一般应考虑其螺旋升角的影响。螺纹升角对车刀工作角度有较大的影响,即在车右旋螺纹时左侧的后角等于工作后角加上螺纹升角,而右侧后角等于工作后角减去螺纹升角。有

$$\tan\psi = P_h / \pi d_2 = nP / \pi d_2$$

任务二　多线螺纹的分线方法

多线螺纹的各螺旋槽在轴向和圆周上都是等距分布的,解决螺旋槽的等距分布问题称为分线。螺纹分线出现误差,会使所车的多线螺纹螺距不等,从而严重影响内、外螺纹的配合精度,因此必须特别重视螺纹的分线方法和分线精度。

多线螺纹的分线方法有以下几种。

1. 小滑板分线法

当加工完一条螺旋线后将小滑板移动一个螺距,加工另一条螺旋线。如图8-26所示,这种方法称为小滑板分线法。

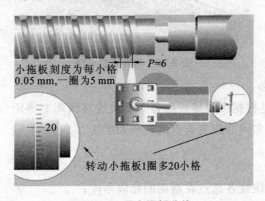

图 8-26　用小滑板分线

2. 用量块分线法

在分线时,当百分表的量程小于螺纹螺距时,可采用百分表加量块的方法来控制小滑板的分线精度。量块的厚度等于工件的螺距。如图8-27所示。

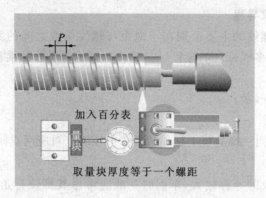

图 8-27　量块分线法

3. 用百分表分线法

当完成第一条螺旋槽加工后,将磁性百分表固定在床身上移动小滑板,百分表的测量触点触及刀架,表针归零,再将小滑板轴向移动,使百分表指示的读数等于螺距,就可以达到分线的目的,如图 8-28 所示。此方法既简单且精确。

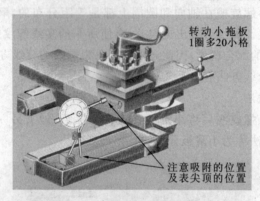

图 8-28　用百分表分线

4. 圆周分线法

圆周分线法是根据多线螺纹的各条螺旋线在圆周上等距分布的原理进行分线的。从端面看,多线螺纹各起点的相隔角度为

$$\alpha = \frac{360°}{N}$$

式中　α——多线螺纹各起点在端面的相隔角度;

　　　N——多线螺纹的线数。

双线螺纹两条线的起点在端面相隔 $180°$,三线螺纹的起点在端面相隔 $120°$,如图 8-29 所示。

圆周分线可采用交换齿轮分线法、分度插盘分线法或利用三爪、四爪卡盘进行分线。

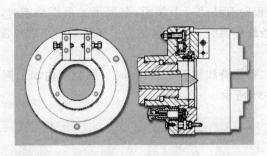

图 8-29　圆周分线

任务三　多线螺纹的车削方法

加工多线螺纹时第一条螺旋线的车削方法和车削单线螺纹方法是一致的,一般可采用左右切削法。但因为是多线螺纹,在整个加工过程中要注意一些特有步骤。

加工方法参照梯形螺纹加工。

一、加工注意事项

(1) 当完成第一条螺旋线粗车后要记住最后一刀中滑板和小滑板的刻度读数,作为下一条螺旋线的基准。

(2) 进行分线,粗加工第二螺旋线。采用轴向分线法,小滑板精确移动一个螺距,切削深度根据中滑板在第一条螺旋槽深度的最后读数确定,即第二条螺旋槽的深度应与第一条螺旋槽的深度相同。控制牙顶宽度和底径,留精车余量。

(3) 多线螺纹加工应粗、精分开加工。

(4) 在精加工多线螺纹时,必须注意,绝不能将第一条螺旋槽全部加工好后,再加工另外一条螺旋线,否则加工第二条螺旋槽时没有基准。多线螺纹精加工的步骤与方法如下。

①第一条螺旋线的底径加工。注意底径的深度要符合图样的要求。

②第一条螺旋线侧面 1 加工完,将车刀向前移动一个螺距,加工第二条螺旋线的同一侧面 2,如图 8-30 所示。

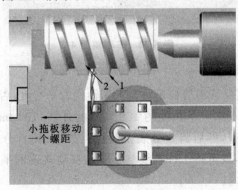

小拖板移动一个螺距

图 8-30　车削侧面 2

注意：当小滑板向前移动一个螺距，车削第二条螺旋槽时，应使中滑板刻线读数与加工第一条螺旋槽时一致。这是为了保证第一条螺纹深度与第二条的螺纹深度一致。

③加工好第二条螺旋线侧面2后，在同一螺旋线内加工侧面3，直至加工至中径尺寸，如图8-31所示。

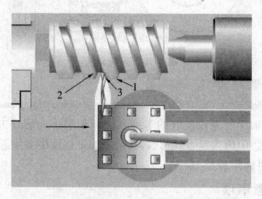

图 8-31　车削侧面 3

④小滑板向后移动一个螺距，加工侧面4，使中滑板刻线读数与车削侧面3时的刻线读数保持一致，测量检查与第一螺旋槽中径要求一致，完成双线螺纹加工，如图8-32所示。

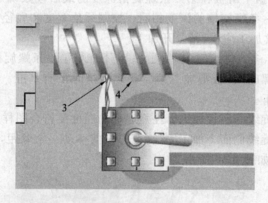

图 8-32　车削侧面 4

二、分线注意事项

（1）分线前必须保证小滑板导轨与工作轴线的平行度，否则会产生误差。简单校正的方法是：在车床上车长度约 150 mm 的外圆（100 mm 以上），测量其直径，并校正其锥度误差，然后将百分表安装在刀架上，使百分表测头与加工的表面接触，移动小滑板，就可得工件轴线与小滑板移动轨迹的平行度。一般校正差值在 0.02 mm 范围内。

（2）螺纹分线时应注意小滑板手柄旋转方向，否则会产生误差。每次分线小滑板手柄转动方向要相同,转动时要消除空行程,以免因丝杠与螺母之间的间隙而产生分线误差。

（3）车削精度较高、导程较大的多线螺纹（蜗杆）时,应把各条螺旋槽都粗车完毕后,再进行精车。精车时小滑板手柄进给方向要相同,小滑板进给数要正确,并最后反复进给 2～3 次,以免各线（侧面）由于余量不匀而产生分线误差。精车刀刀刃要保持平直、光洁、锋利。

（4）一般经粗车、半精车后,刀刃口已有磨损,如用不锋利的车刀精车,会严重影响分线精度。因此,粗、半精车后要修磨或更换车刀,以免用钝刀车削而影响分线精度和螺纹表面粗糙度。

三、多线螺纹的测量方法

1. 中径的测量

多线螺纹测量主要是测量中径尺寸,另一个是测量螺距是否正确。测量方法参照梯形螺纹测量。注意:三针测量应测在同一螺旋槽中。

2. 螺距及分线精度的测量

（1）用螺距规或标准螺纹环规测量多线螺纹的螺距。

（2）用百分表或投影仪对多线螺纹的分线精度进行测量。

任务四　蜗杆的用途和分类

一、蜗杆的用途和特点

蜗轮蜗杆传动机构常用来传递两交错轴之间的运动和动力。蜗轮与蜗杆在其中间平面内相当于齿轮与齿条,蜗杆又与螺杆形状相似。

蜗轮蜗杆机构的特点:可以得到很大的传动比,比交错轴斜齿轮机构紧凑;两轮啮合齿面间为线接触,承载能力大大高于交错轴斜齿轮机构;蜗杆传动相当于螺旋传动,为多齿啮合传动,故传动平稳、噪声很小。

蜗轮蜗杆传动机构常用于两轴交错、传动比大、传动功率不大或间歇工作的场合,如用在减速器中,如图 8-33 所示。

二、蜗杆的分类

蜗杆的齿形角（在通过蜗杆轴线的平面内,轴线垂直面与齿侧之间的夹角）有 $20°$ 和 $14°30'$（寸制）两种。寸制蜗杆在我国很少采用。

常用的蜗杆,米制蜗杆齿形角为 $20°$（齿廓形状）,分轴向直廓蜗杆和法向直廓蜗杆两种。

轴向直廓蜗杆又称 ZA 蜗杆,这种蜗杆的轴向齿

图 8-33　减速器

305

廓为直线,而在垂直于轴线的截面内,齿形是阿基米德螺线,所以又称阿基米德蜗杆,如图 8-34 所示。

法向直廓蜗杆又称 ZN 蜗杆,这种蜗杆在垂直于齿面的法向截面内,齿廓为直线。

以上两种蜗杆中,以轴向直廓蜗杆应用较多。

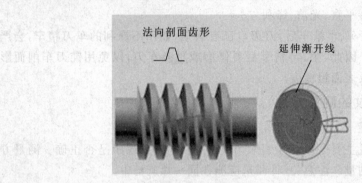

图 8-34　阿基米德蜗杆的齿形

任务五　蜗杆的主要参数及计算

蜗杆在传动中是与蜗轮互相啮合的,它的轴向齿距必须等于蜗轮齿距(P)。蜗杆的各项参数是在轴向截面内测量的。

米制蜗杆各部分尺寸计算公式如表 8-5 所示。

表 8-5　米制蜗杆各部分尺寸计算公式

名　称	代　号	计算公式
轴向模数	m_x	(基本参数)
齿形角	α	$\alpha = 20°$
轴向齿距	P_x	$P_x = \pi m_x$
导程	P_z	$P_z = z_1 P_x$
全齿高	h	$h = 2.2 m_x$
齿顶高	h_a	$h_a = m_x$
齿根高	h_f	$h_f = 1.2 m_x$
分度圆直径	d_1	$d_1 = q m_x = d_{a1} - 2 m_x$
齿顶圆直径	d_{a1}	$d_{a1} = d_1 + 2 m_x$
齿根圆直径	d_n	$d_n = d_1 - 2.4 m_x$
导程角	γ	$\tan\gamma = P_z / \pi d_1$

续表

名　称		代　号	计算公式
齿顶宽	轴向	s_n	$s_n = 0.843 m_x$
	法向	s_{an}	$s_{an} = 0.843 m_x \cos\gamma$
齿根槽宽	轴向	e_f	$e_f = 0.697 m_x$
	法向	e_{fn}	$e_{fn} = 0.697 m_x \cos\gamma$
齿厚	轴向	s_x	$s_x = \dfrac{\pi m_x}{2}$
	法向	s_n	$s_n = \dfrac{\pi m_x}{2} \cos\gamma$

任务六　蜗杆车削方法及测量

一、蜗杆车刀的刃磨

1. 蜗杆车刀的刃磨

蜗杆车刀材料一般选用高速钢,在刃磨时,其顺进给方向一面的后角必须加上导程角 γ。由于蜗杆的导程角较大,车削时使前角、后角发生很大的变化,切削很不顺利,如果采用可调刀杆进行粗车加工,就可克服上述现象。

1)蜗杆粗车刀

蜗杆粗车刀的基本角度如图 8-35 所示。

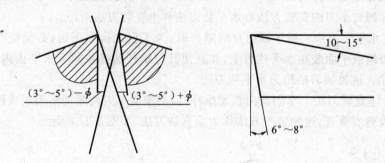

图 8-35　蜗杆粗车刀的基本角度

对蜗杆粗车刀尺寸参数的要求如下。

(1)车刀左、右切削刃之间的夹角要小于齿形角。

(2)刀头宽度应小于齿根槽宽。不同模数蜗杆的刀头宽度如表 8-6 所示。

(3)切削钢料时,应磨有 $10° \sim 15°$ 的纵向前角。

(4)径向后角为 $6° \sim 8°$。

(5)左刃后角为 $(3° \sim 5°) + 7'$,右刃后角为 $(3° \sim 5°) - 7'$。

(6)刀棱适当倒圆。

表 8-6　模数蜗杆螺纹的刀头

模　　数	刀头最大宽度/mm
1	0.697
1.5	1.046
2	1.394
2.5	1.743
3	2.091
3.5	2.440
4	2.788

2）蜗杆螺纹精加工车刀要求

（1）车刀左右切削刃之间夹角等于齿形角。

（2）为了保证齿形角，一般将前角磨成 0°。这种车刀切削省力，排屑顺利，可获得较小的表面粗糙度和较高的齿形精度，但车刀前端切削刃不能进行切削，只能精车两侧齿面。

（3）半精车刀和粗车刀相同，但顶刃又不能呈圆弧形，精车刀两侧刃均磨有 15°左右前角，以减小切削变形、降低切削力，提高加工精度。两侧刃后角为 8°左右，顶刃后角为 6°，顶刃宽度要比齿根槽宽小 1 mm。

2. 蜗杆螺纹车刀的安装

蜗杆螺纹车刀的安装方法有水平装刀法和垂直装刀法两种。

（1）水平装刀法　精车轴向直廓蜗杆时，为了保证齿形正确，必须把车刀两侧切削刃组成平面装在水平位置上，并且使其与蜗杆轴线在同一水平面内，如图 8-36 所示。这种装刀法称为水平装刀法。

（2）垂直装刀法　车削法向直廓蜗杆时，必须使车刀两侧切削刃组成的平面与蜗杆齿侧面垂直，这种装刀方法称为垂直装刀法，如图 8-37 所示。

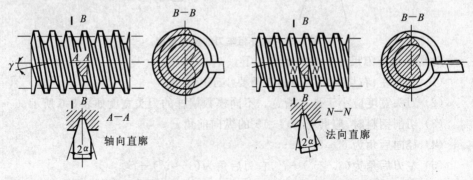

图 8-36　水平装刀法　　　　　　　　图 8-37　垂直装刀法

用水平装刀法安装车刀,车削蜗杆时,由于其中一侧切削刃的前角变得很小,切削会不顺利,所以在粗车轴向直廓蜗杆时,也采用垂直装刀法。

(3)用游标万能角度尺来找正车刀刀尖角位置　在装车刀时,使用一般的角度样板装正模数较大的蜗杆车刀比较困难,容易把车刀装歪。通过采用游标万能角度尺来找正车刀刀尖角位置,就是将游标万能角度尺的一边靠住工件外圆,观察游标万能角度尺的另一边和车刀刃口的间隙。如有偏差,可转动刀架或重新装夹车刀来调整刀尖角的位置。

二、蜗杆螺纹的车削

蜗杆螺纹深度比梯形螺纹的深,槽宽比梯形螺纹的宽,加工余量多,应选用合理的切削方法和切削用量。

1. 切削方法和切削用量的选择

(1)首先应确定合理的加工步骤和切削用量。车削蜗杆的过程分粗车、半精车和精车三个步骤。切削速度应小于 5 m/min。

(2)由于蜗杆螺纹牙型较深,加工中应防止刀具三面刀刃同时切削而产生"扎刀"现象。一般采用左右切削法,如图 8-38 所示,以避免切削过程中的"扎刀"现象。

图 8-38　左右切削法

(3)在车削蜗杆时,切削液能起的作用较大。切削液选用正确,能减少切屑变形,降低切削力,同时能提高加工精度和刀具的耐用度。

2. 蜗杆加工容易产生的问题和注意事项

(1)车单头蜗杆时,应先验证螺距。由于蜗杆的导程角较大,车刀的两侧副后角应适当增减。

(2)精车刀的刃磨要求是,两侧切削刃平直、表面粗糙度小。

(3)加工模数较大的蜗杆:粗车时为了提高工件的装夹刚度,使它能够承受粗车时较大的切削力,应尽可能缩短工件的长度,最好把工件的一端夹在四爪单动卡盘内,另一端用顶尖支顶;精车时,应注意工件的同轴度,工件要以两顶尖孔定位装夹,以保证加工精度。

(4)精车时,保证蜗杆的精度和较小表面粗糙度的主要措施是:大前角,薄切屑,低速,主切削刃平直、表面粗糙度小,以及充分加注切削液。

(5)在 CA6140 型车床上由加工米制螺纹改为加工米制蜗杆时,要调换交换齿轮。计算确定的单式交换齿轮,有一个齿轮是安装在挂轮架上的,另两只分别安装在主轴输出轴(上轴)和进给箱输入轴(下轴)上。

三、蜗杆螺纹的测量

蜗杆齿形的检验方法有三种:三针测量、单针测量(测量方法与梯形螺纹的相同)及齿厚游标卡尺测量。常用的测量量具为齿厚游标卡尺,如图 8-39 所示。

齿厚游标卡尺用于测量蜗杆分度圆上的法向齿厚 s_n,如图 8-40 所示。

$$s_n = \frac{\pi m_x}{2} \cos\gamma$$

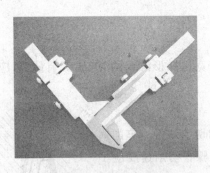

图 8-39　齿厚游标卡尺

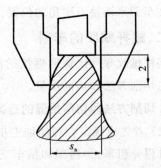

图 8-40　蜗杆测量

用三针法测量蜗杆直径,得

$$M = d_1 + d_D\left(1 + \frac{1}{\sin\alpha}\right) - \frac{P_x}{2}\cot\alpha$$

式中　M——三针测量值(mm);

　　　d_D——量针直径(mm);

　　　α——蜗杆齿形角(°);

　　　P_x——齿距(mm);

　　　d_1——分度圆直径(mm)。

小　结

本模块介绍普通三角形螺纹、梯形螺纹、多线螺纹与蜗杆螺纹的加工。具体内容有:普通三角形螺纹的基本概念、种类、各部分名称及相关计算,普通三角螺纹刀具及其几何角度和刃磨方法,普通三角螺纹的加工方法以及测量方法;梯形螺纹的基本概念、种类、各部分名称及相关计算,梯形螺纹刀具及其几何角度和刃磨方法,梯形螺纹的加工方法以及测量方法;多线螺纹的基本概念、导程的基本概念,分线方法,多线螺纹的加工方法及测量方法;蜗杆螺纹的基本概念,蜗杆的应用,各部分名称及计算,蜗杆螺纹的车削方法及测量方法。

能力检测

一、普通三角形螺纹的加工

（一）知识能力检测

1.螺纹按断面一般可分为_____、_____、_____、锯齿形和圆形螺纹。

2.在通过螺纹_____的剖面上，_____两牙侧间的夹角称为牙型角。

3.测量螺纹时，常测量_____、_____、_____。

4."M24×2LH"表示_____直径为 24 mm，螺距为 2 mm 的_____普通左旋螺纹，其_____为 60°。

5.计算 M24 螺纹中径 d_2、内螺纹小径 D_1、牙型高度 h_1、螺旋升角 ϕ。

解　$d_2 =$ ＿＿＿＿＿＿（mm）

　　$D_1 =$ ＿＿＿＿＿＿（mm）

　　$h_1 =$ ＿＿＿＿＿＿（mm）

　　$\phi =$ ＿＿＿＿＿＿（mm）

（二）操作能力检测

加工图 8-41 所示的外三角螺纹。

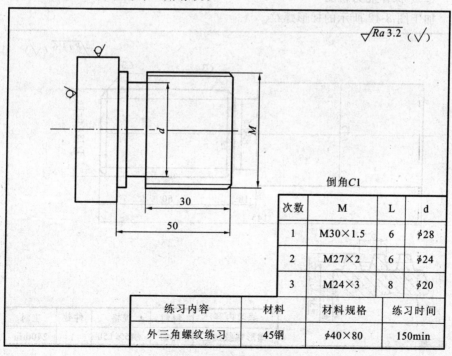

次数	M	L	d
1	M30×1.5	6	$\phi28$
2	M27×2	6	$\phi24$
3	M24×3	8	$\phi20$

练习内容	材料	材料规格	练习时间
外三角螺纹练习	45钢	$\phi40×80$	150min

图 8-41　外三角螺纹零件图

零件的普通机械加工

二、梯形螺纹的加工

（一）知识能力检测

1.螺纹加工易产生的质量问题有_____不正确、_____不正确及螺纹表面粗糙度大。

2.螺纹按牙型可分为_____、_____、_____和_____四种。

3.车刀伸出的长度过长将使刀杆_____，并影响螺纹_____。

4.螺纹加工容易产生的质量问题除螺距不正确、牙型不正确外，还有_____。

 A.大径不正确   B.中径不正确   C.小径不正确

5.判断：车削螺距为 5 mm 的梯形螺纹时，可以用提闸的方法。 （ ）

6.简述加工梯形螺纹防止乱扣的方法。

7.计算车削 Tr40×5 米制梯形螺纹。试计算 Tr40×5 米制梯形螺纹的中径（d_2）、量针的直径（d_D）、三针测量读数（M）和单针测量读数（A）。

 解 $d_D=0.518P=$ （mm）

   $d_2=d-0.5P=$ （mm）

   $M=d_2+4.864d_D-1.866P=$ （mm）

   $A=(M+d_0)/2=$ （mm）

（二）操作能力检测

加工图 8-42 所示的梯形螺纹。

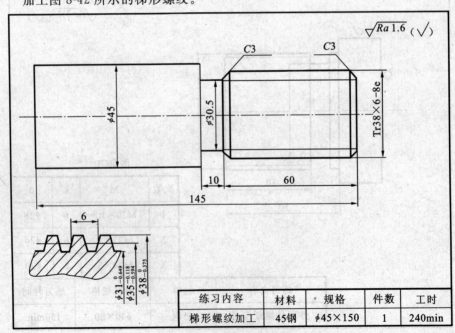

图 8-42 梯形螺纹零件图

练习内容	材料	规格	件数	工时
梯形螺纹加工	45钢	φ45×150	1	240min

三、多线螺纹与蜗杆螺纹的加工

（一）知识能力检测

1.车多线螺纹,最常用的分线方法是（　　　）。

A.用小滑板分线　　　B.用百分表与量块分线　　　C.用交换齿轮分线

2.梯形螺纹的牙型角为（　　　）。

A.30°　　　　　　　　B.40°　　　　　　　　C.60°

3.普通螺纹的公称直径是指螺纹的_____。

A.小径　　　　　　　B.中径　　　　　　　　C.大径

4.在同一螺纹线上、螺纹大径上的螺纹升角_____中径上的螺纹升角。

A.大于　　　　　　　　　　　　　　　B.等于

C.小于　　　　　　　　　　　　　　　D.以上都不是

5.判断:车多线螺纹在调整机床时,应根据螺距调整有关手柄位置。（　　　）

6.判断:单针测量螺纹中径比三针测量精确。（　　　）

7.加工轴向模数 $m_x = 3$ mm,直径48蜗杆,试计算:

蜗杆的齿距 P_x、全齿高 h、分度圆直径 d_1、齿顶宽 f_a 及齿根槽宽 e_f。

（二）操作能力检测

加工图 8-43 所示的多线螺纹。

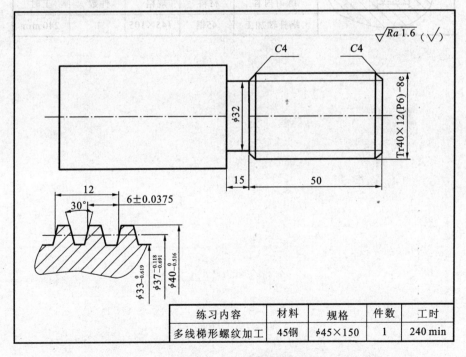

练习内容	材料	规格	件数	工时
多线梯形螺纹加工	45钢	φ45×150	1	240 min

图 8-43　多线螺纹零件图

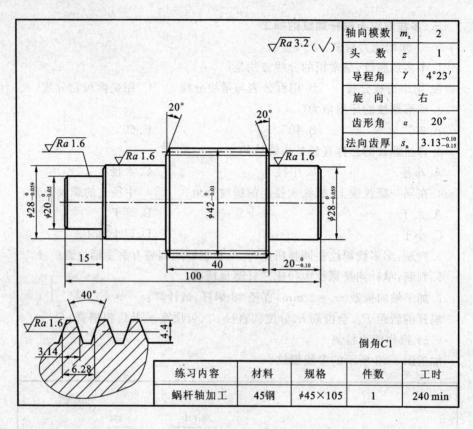

轴向模数	m_x	2
头 数	z	1
导程角	γ	4°23′
旋 向		右
齿形角	α	20°
法向齿厚	s_n	$3.13_{-0.15}^{-0.10}$

倒角C1

练习内容	材料	规格	件数	工时
蜗杆轴加工	45钢	$\phi45\times105$	1	240 min

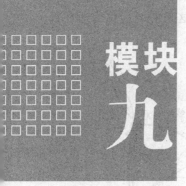

模块

九

齿 轮 加 工

【学习目标】

掌握:常用齿轮的基本概念。

熟悉:齿轮的种类及其各自的用途。

了解:齿轮材料的选用及特点,齿轮的失效形式。

任务一　齿轮的基本概念

一、齿轮的基本概念

齿轮是能互相啮合的有齿的机械零件,它在机械传动及整个机械领域中的应用极其广泛。现代齿轮技术已达到:齿轮模数 0.004～100 mm;齿轮直径由 1 mm～150 m;传递功率可达上十万千瓦;转速可达几十万转每分;最高的圆周速度达 300 m/s。

二、齿轮的形成

齿轮轮齿的曲线形状有渐开线、圆弧、摆线等。目前应用最普遍的是渐开线齿形,如图 9-1(a)所示。

1. 渐开线齿形的形成

一对齿轮的传动是靠主动齿轮的齿,依次拨动从动齿轮的齿来实现的,并要求在拨动时不能忽快忽慢,保证瞬时传动比的稳定。齿轮传动过程是否平稳,首先取决于轮齿的齿形。而渐开线齿形不仅能满足齿轮传动的基本要求,而且具有容易制造、便于安装等特点。

渐开线的形成如图 9-1(b)所示。在圆盘上绕一根棉线,棉线头上拴一支铅笔,拉紧线头逐渐展开,笔尖就在纸上画出一条曲线,这条曲线就称为渐开线。这个圆盘称为基圆,用 r_b 表示它的半径。

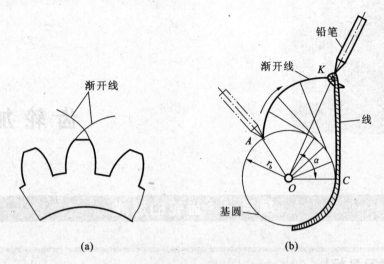

图 9-1　渐开线齿形与渐开线的形成原理
(a) 渐开线齿形;(b) 渐开线的形成原理

2. 渐开线的性质

根据图 9-1 渐开线的形成原理,可以由图 9-1 得到以下结论。

(1) 由形成原理可知,棉线在展开过程中总是和基圆相切的。任意选择一个位置 K,这时棉线和基圆相切在 C 点,即 C 点是切点,所以 $KC \perp OC$,弧长 AC 等于线段 KC 的长度。

(2) 线段 KC 是渐开线上 K 点的法线,即切点 C 是渐开线在 K 点处的曲率中心,线段 K 的长是 K 点处的曲率半径。K 点离基圆越远,相应的曲率半径也越大;反之,K 点离基圆越近,相应的曲率半径就越小。

(3) 在同样直径的基圆上,所得渐开线形状完全相同。基圆越大,渐开线越平直,而当基圆半径为无穷大时,渐开线变为直线。所以齿条是基圆直径为无穷大时齿轮的一部分。

(4) 渐开线是从基圆开始向外逐渐展开的,所以基圆内是没有渐开线的。

3. 压力角

渐开线齿形上任意一点的受力方向线和该点运动方向线之间的夹角,称为该点的压力角 α,如图 9-2 所示。

对于渐开线齿形,受力方向线就是基圆的切线,也就是渐开线的法线。

从图中还可看出,渐开线上各点压力角是不相同的,K_1 点的压力角大于 K 点的压力角,靠近基圆处的压力角小。齿轮一旦制造出来后,基圆大小是一定的,也就是说,在基圆上的压力角等于零。压力角已标准化,我国规定标准压力

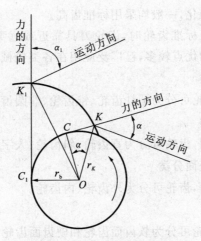

图 9-2　渐开线齿形的压力角

角是 20°,并定在分度圆上,如图 9-3(a)所示。目前在机床齿轮中常用的压力角为 20°。

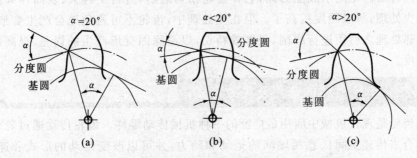

图 9-3　压力角与齿形关系

(a)压力角等于 20°的齿形;(b)压力角小于 20°的齿形;(c)压力角大于 20°的齿形

压力角大小对齿形有直接影响。当压力角变小时,齿顶变宽,齿根变窄,齿根强度变差,如图 9-3(b)所示;当压力角变大时,齿形的齿顶变尖,齿根粗壮,如图 9-3(c)所示。

三、齿轮的种类

齿轮可按齿形、齿轮外形、齿线形状、轮齿所在的表面和制造方法等分类。

1. 按齿轮的齿形分类

齿轮齿形参数包括齿廓曲线、压力角、齿高和变位系数等。

根据齿廓曲线,齿轮有渐开线齿轮、摆线齿轮和圆弧齿轮等。渐开线齿轮比较容易制造,因此现代使用的齿轮中,渐开线齿轮占绝对多数,而摆线齿轮和圆弧齿轮应用较少。

小压力角齿轮的承载能力较小;而大压力角齿轮,虽然承载能力较强,但在传递转矩相同的情况下轴承的负荷较大,因此仅用于特殊情况。

齿轮的齿高已标准化,一般均采用标准齿高。

变位齿轮是在加工标准齿轮时,齿轮刀具靠近或远离齿坯段距离而制造出来的齿轮。变位齿轮的优点较多,已广泛应用在各类机械设备中。

2. 按齿轮外形分类

按外形的不同,齿轮可分为圆柱齿轮、锥齿轮、非圆齿轮、齿条、蜗杆、蜗轮。

3. 按齿线形状分类

按齿线形状的不同,齿轮可分为直齿轮、斜齿轮、人字齿轮、曲线齿轮等。

4. 按轮齿所在的表面分类

按轮齿所在的表面,齿轮可分为外齿轮、内齿轮。

5. 按齿面硬度分类

按硬度的不同,齿轮可分为软齿面齿轮和硬齿面齿轮两种。

软齿面齿轮的承载能力较低,但制造比较容易,跑合性好,多用于对传动尺寸和质量无严格限制的场合,以及小批量生产的一般机械中。

硬齿面齿轮的承载能力高,它在齿轮精切之后,进行了淬火、表面淬火或渗碳淬火处理,所以硬度提高了。但在热处理中,齿轮不可避免地会产生变形,因此在热处理之后须进行磨削、研磨或精切,以消除因变形产生的误差,提高齿轮的精度。

任务二 齿轮材料的选用及失效形式

齿轮是现代机械中应用最广泛的一种机械传动零件。齿轮传动通过轮齿互相啮合来传递空间任意两轴间的运动和动力,并可以改变运动的形式和速度。齿轮传动使用范围广,传动比恒定,效率较高,使用寿命长。在机械零件产品的设计与制造过程中,不仅要考虑材料的性能能够适应零件的工作条件,使零件经久耐用,而且要求材料有较好的加工工艺性能和经济性,以提高零件的生产率,降低成本,减少消耗。如果齿轮材料选择不当,则会出现零件的过早损伤,甚至失效。因此,如何合理地选择和使用金属材料是一项十分重要的工作。

一、齿轮材料的分类

(一)锻钢

钢材的韧度高,耐冲击,还可以通过热处理或化学热处理改善其力学性能及提高表面硬度,故最适于用来制造齿轮。除尺寸过大($d_a > 400 \sim 600$ mm)或者结构形状复杂只宜铸造者外,一般都用锻钢制造齿轮,常用的是碳的质量分数为$0.15\% \sim 0.6\%$的碳素钢或合金钢。制造齿轮的锻钢可分为以下两种。

(1)热处理后切齿制造的齿轮所用的锻钢 它是软齿面(硬度≤350 HBS)材料。对于强度、速度及精度都要求不高的齿轮,应采用这种锻钢以便于切齿,并使刀具不致迅速磨损变钝。因此,应将齿轮毛坯经过正火(正火)或调质处理后切齿。切制后即为成品。其精度一般为 8 级,精切时可达 7 级。这类齿轮制造简便、经济、生产效率高。

（2）需进行精加工的齿轮所用的锻钢　它是硬齿面（硬度＞350 HBS）材料。高速、重载及精密机器（如精密机床、航空发动机等）所用的主要传动齿轮,除要求材料性能优良,轮齿具有高强度及齿面具有高硬度（如 58～65 HRC）外,还要求进行磨齿等精加工,此时需选择这种锻钢。需精加工的齿轮目前多是先切齿,再做表面硬化处理,最后进行精加工,精度可达 5 级或 4 级。这类齿轮精度高,价格较贵,热处理方法有表面淬火、渗碳、渗氮、碳氮共渗等,材料视具体要求及热处理方法而定。

合金钢中所含金属的成分不同,材料的韧度、耐冲击、耐磨及抗胶合的性能也不同,可根据不同的要求选择不同的合金钢。也可通过热处理或化学热处理改善材料的力学性能及提高合金钢齿轮齿面的硬度。对用于高速、重载场合又要求尺寸小、质量小的航空用齿轮,都用性能优良的合金钢（如 20CrMnTi、20Cr2Ni4A 等）来制造。

（二）铸钢

铸钢的耐磨性及强度均较好,但应经退火及正火处理,必要时也可进行调质。铸钢常用于制造尺寸较大的齿轮。

（三）铸铁

灰铸铁性质较脆,抗冲击及耐磨性都较差,但抗胶合及抗点蚀的能力较好。灰铸铁齿轮常用于工作平稳、速度较低、功率不大的场合。

（四）非金属材料

对高速轻载及精度不高的齿轮传动,为了降低噪声,常用非金属材料（如夹布胶木、尼龙等）做小齿轮,大齿轮仍用钢或铸铁制造。为使大齿轮具有足够的抗磨损及抗点蚀的能力,齿面的硬度应为 250～350 HBS。

二、齿轮材料的选用要求及性能

（一）材料的力学性能

材料的力学性能包括强度、硬度、塑性及韧度等,反映材料在使用过程中所表现出来的特性。齿轮在啮合时齿面接触处有接触应力,齿根部有最大弯曲应力,可能产生齿面或齿体强度失效。齿面各点都有相对滑动,会产生磨损。齿轮主要的失效形式有齿面点蚀、齿面胶合、齿面塑性变形和轮齿折断等。因此要求齿轮材料有高的弯曲疲劳强度和接触疲劳强度,齿面要有足够的硬度和耐磨性,心部要有一定的强度和韧度。

例如,在确定大、小齿轮硬度时应注意使小齿轮的齿面硬度比大齿轮的齿面硬度高 30～50 HBS,这是因为小齿轮受载荷次数比大齿轮多,且小齿轮齿根较薄,强度低于大齿轮。为使两齿轮的轮齿接近等强度,小齿轮的齿面要比大齿轮的齿面硬一些。

根据材料的使用性能确定了材料牌号后,要明确材料的力学性能和材料硬度,可以通过不同的热处理工艺达到所要求的硬度范围,从而满足对材料的力学性能需求。如材料为 40Cr 合金钢的齿轮,经 840~860 ℃油淬、540~620 ℃回火后,硬度可达 28~32 HRC,可改善组织、提高综合力学性能;经 860~880 ℃油淬,240~280 ℃回火时,硬度可达 46~51 HRC,钢的表面耐磨性能好,心部韧度高,变形小;经 500~560 ℃渗氮处理,渗氮层厚度达 0.15~0.6 mm 时,硬度可达 52~54 HRC,钢具有高的表面硬度、好的耐磨性、高的疲劳强度、较好的耐蚀性和抗胶合性能且变形极小;通过电镀或表面合金化处理,则可改善齿轮工作表面的摩擦性能,提高耐蚀性。

(二) 材料的工艺性能

材料的工艺性能是指材料本身能够适应各种加工工艺要求的能力。齿轮的制造要经过锻造、切削加工和热处理等几种加工,因此选材时要对材料的工艺性能加以注意。一般来说,碳素钢的锻造、切削加工等工艺性能较好,其力学性能可以满足一般工作要求,但其强度不够高,淬透性较差。而合金钢淬透性好、强度高,但锻造、切削加工性能较差。可以通过改变工艺规程、热处理等途径来改善材料的工艺性能。

例如对汽车变速箱齿轮可选择 20CrMnTi 钢。该钢具有较好的力学性能,在渗碳淬火、低温回火后,表面硬度为 58~62 HRC,心部硬度为 30~45 HRC。20CrMnTi 的工艺性能较好,锻造后可通过正火来改善其切削加工性。此外,20CrMnTi 还具有较好的淬透性,由于合金元素钛的影响,对过热不敏感,故在渗碳后可直接降温淬火。而且其渗碳速度较快,过渡层较均匀,渗碳淬火后变形小,适合于制造承受高速中载及冲击、摩擦的重要零件。因此,根据汽车变速箱齿轮的工作条件选用 20CrMnTi 钢是比较合适的。

(三) 材料的经济性要求

所谓经济性是指以最小的耗费取得最大的经济效益。在满足使用性能的前提下,选用齿轮材料时还应注意尽量降低零件的总成本。

从材料本身的价格出发来考虑。碳素钢和铸铁的价格是比较低廉的,因此在满足零件力学性能的前提下应尽量选用碳素钢和铸铁,以降低成本。从金属资源和供应情况来看,应尽可能减少材料的进口量及价格昂贵材料的使用量。

三、齿轮的失效形式

(一) 齿面磨损

在开式齿轮传动或含有不清洁的润滑油的闭式齿轮传动中,由于啮合齿面间的相对滑动,一些较硬的磨粒进入摩擦表面,从而使齿廓改变,侧隙加大,以至于齿轮过度减薄而导致轮齿折断。一般情况下,只有在润滑油中夹杂磨粒时,才会在运行中引起齿面磨损。

(二)齿面胶合

对于高速重载的齿轮传动,因齿面间的摩擦力较大,相对速度大,致使啮合区温度过高,一旦润滑条件不良,齿面间的油膜便会消失,使得两轮齿的金属表面直接接触,从而发生相互黏结。当两齿面继续相对运动时,较硬的齿面将较软的齿面上的部分材料沿滑动方向撕下而形成沟纹,这种失效形式称为齿面胶合。

(三)疲劳点蚀

相互啮合的两轮齿接触时,齿面间的作用力和反作用力将使两工作表面上产生接触应力。由于啮合点的位置是变化的,且齿轮做的是周期性的运动,所以接触应力是按脉动循环变化的。齿面长时间处在这种交变接触应力的作用下,导致齿面的刀痕处出现小的裂纹,随着时间的推移,这种裂纹逐渐在表层横向扩展,然后形成环状,最终轮齿的表面将产生微小面积的剥落而形成一些浅坑,这种失效形式称为疲劳点蚀。

(四)轮齿折断

在运行过程中,承受载荷的轮齿如同悬臂梁,其根部受到周期性的脉冲应力超过齿轮材料的疲劳极限时,会使齿轮根部产生裂纹,并逐步扩展,当剩余部分无法承受传动载荷时就会发生断齿现象。齿轮由于工作中严重的冲击、偏载以及材质不均匀也可能发生断齿。

(五)齿面塑性变形

在冲击载荷或重载下,齿面易产生局部的塑性变形,从而使渐开线齿廓的曲面发生变形。

项目二　齿轮的各部分名称及尺寸计算

【学习目标】
掌握:齿轮各部分名称及代号。
熟悉:齿轮有关的尺寸计算。
了解:齿轮传动及运动规律。

任务一　齿轮各部分名称及概念

一、齿轮的各部分名称及概念

标准渐开线圆柱齿轮各部分名称如图 9-4 所示。

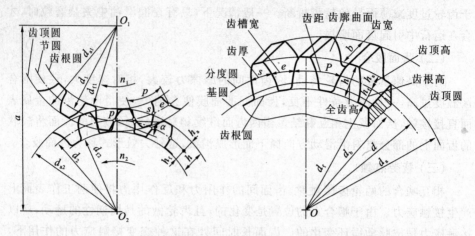

图 9-4 标准直齿圆柱齿轮各部分名称

（1）轮齿——简称齿，是齿轮上每一个用于啮合的凸起部分，这些凸起部分一般呈辐射状排列，配对齿轮上的轮齿互相接触，可使齿轮持续啮合运转。

（2）齿槽——齿轮上两相邻轮齿之间的空间。

（3）端面——在圆柱齿轮或圆柱蜗杆上垂直于齿轮或蜗杆轴线的平面。

（4）法面——在齿轮上，法面指的是垂直于轮齿齿线的平面。

（5）齿顶圆——齿顶端所在的圆。

（6）齿根圆——槽底所在的圆。

（7）基圆——形成渐开线的发生线在其上做纯滚动的圆。

（8）分度圆——在端面内计算齿轮几何尺寸的基准圆，对于直齿轮，在分度圆上模数和压力角均为标准值。

（9）齿面——轮齿上位于齿顶圆柱面和齿根圆柱面之间的侧表面。

（10）齿廓——齿面被一指定曲面（对圆柱齿轮是平面）所截的截线。

（11）齿线——齿面与分度圆柱面的交线。

（12）齿距 P——任意圆周上相邻两齿同侧齿廓间的圆周弧长。

（13）端面齿距 P_t——相邻两同侧端面齿廓之间的分度圆弧长。

（14）模数 m——齿距除以圆周率 π 所得到的商。

（15）齿厚 s——在端面上一个轮齿两侧齿廓之间的分度圆弧长。

（16）槽宽 e——在端面上一个齿槽的两侧齿廓之间的分度圆弧长。

（17）齿顶高 h_a——齿顶圆与分度圆之间的径向距离。

（18）齿根高 h_f——分度圆与齿根圆之间的径向距离。

（19）全齿高 h——齿顶圆与齿根圆之间的径向距离。

（20）齿宽 b——轮齿沿轴向的尺寸。

（21）端面压力角 a_t——过端面齿廓与分度圆的交点的径向线与过该点的齿廓切线所夹的锐角。

二、齿轮模数的确定

模数 m 是齿轮传动中很重要的参数，在计算齿轮几何尺寸时都要用到它，从定义知 $\dfrac{P}{\pi}=m$，由于 π 是个无理数，因此模数难以得到整数值。为了计算和制造刀具方便，将分度圆上的模数标准化，其标准系列如表 9-1 表示。

表 9-1　标准模数系列（摘自 GB 1357—2008）　　　　　　（mm）

第一系列	1 1.25 1.5 2 2.5 3 4 5 6 8 10 12 16 20 25 32 40 50
第二系列	1.25 1.375 1.75 2.25 2.75 3.5 4.5 5.5 (6.5) 7 9 (11) 14
	18 22 28 (30) 36 45

三、齿轮的尺寸计算

直齿圆柱齿轮各部分名称和计算公式如表 9-2 所示。

表 9-2　直齿圆柱齿轮各部分名称和计算公式

名　称	代号	计算公式	举　例
模数	m	$m=P/\pi$	$m=4$ mm
齿数	z	$z=d/m$	$z=20$
齿顶高	h_a	$h_a=m$	$h_a=4$ mm
齿根高	h_f	$h_f=1.25m$	$h_f=1.25\times4$ mm$=5$ mm
齿高	h	$h=h_a+h_f$	$h=(4+5)$ mm$=9$ mm
分度圆直径	d	$d=mz$	$d=4\times20$ mm$=80$ mm
齿顶圆直径	d_a	$d_a=d+2h_a$	$d_a=(80+2\times4)$ mm$=88$ mm
齿根圆直径	d_f	$d_f=d-2h_f$	$d_f=(80-2\times5)$ mm$=70$ mm
齿距	P	$P=\pi m$	$P=3.14\times4$ mm$=12.56$ mm
齿形角	α	$\alpha=20°$	
中心距	a	$a=(d_1+d_2)/2$	

项目三　齿轮的加工方法

【学习目标】

掌握：渐开线齿轮常用的加工方法。

熟悉：齿轮加工的刀具选用。

了解：齿轮加工的原理。

任务一　齿轮的加工原理

渐开线齿轮加工方法有两大类,一是成形法,二是展成法。成形法是利用刀刃形状和齿槽形状相同的刀具在普通铣床上切制齿形。采用成形法加工的齿轮,其精度比用展成法加工出来的精度低,但是它不需要专用机床和价格昂贵的展成刀具,因此对精度不高的齿轮,在单件或小批量生产时,常采用成形法(见图9-5),利用齿轮盘铣刀或指形齿轮铣刀在普通铣床上加工。

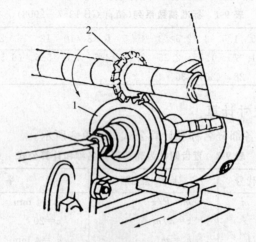

图 9-5　用成形法加工齿轮

1—工件;2—齿轮铣刀

展成法是根据啮合原理,在专用机床上利用刀具和工件的具有严格速比的相对运动来切削齿形的齿轮加工方法。这种加工方法的特点是效率高,精度高。如在插床上插齿(见图9-6(a))和在滚齿机上滚齿(见图9-6(b))均属展成法,是目前齿轮加工主要采用的加工方法。

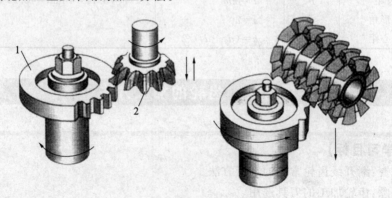

图 9-6　用展成法加工齿轮

(a)插齿;(b)滚齿

1—被切齿轮;2—齿轮插刀

任务二 齿轮加工的刀具选用

一、齿轮铣刀的材料

目前我国的齿轮铣刀的材料主要是高速钢,高速钢又名风钢或锋钢,意思是淬火时即使在空气中冷却也能硬化,并且很锋利。它是一种成分复杂的合金钢,含有钨、钼、铬、钒等碳化物形成元素,合金元素总量达 $10\% \sim 25\%$。它在高速切削产生高热情况下(约 $500\ ℃$)仍能保持高的硬度(大于 $60\ HRC$)。这就是高速钢最主要的特性——耐热性。

近几年来高速钢的最大变革就是发展了粉末冶金高速钢,它的性能优于熔炼高速钢。粉末冶金高速钢具有良好的力学性能,适合于制造用于间断切削条件下的刀具、强度高而切削刃又必须锋利的刀具(如插齿刀、滚刀、铣刀等),以及高压动载荷下使用的刀具。它的碳化物偏析小,晶粒细,可磨性好,适合于制造大尺寸刀具、精密刀具、复杂刀具。粉末冶金高速钢生产过程较复杂,造价较高。

二、齿轮铣刀的种类

齿轮刀具指加工齿轮齿形的刀具。

(一)按齿形形成原理分

1. 成形齿轮刀具

成形齿轮刀具切削刃的廓形与被切齿轮槽形相同或近似相同。常用的有盘状齿轮铣刀和指状齿轮铣刀,以及齿轮拉刀和插齿刀盘等。用盘状或指状齿轮铣刀加工斜齿轮时,被加工齿轮齿面任何一处的形状都不是由刀具的一个刀齿切成,而是若干个刀齿齿形运动轨迹包络而成的,这种加工方法称为无瞬心包络法。如用指形齿轮铣刀加工斜齿轮或人字齿轮时即采用了这种方法。

这类铣刀结构简单,制造容易,可在普通铣床上使用。但是加工精度和效率较低,主要用于单件、小批量生产和修配。

2. 展成齿轮刀具

这类刀具切削刃廓形不同于被切齿轮任何剖面槽形。切齿时除主运动外,还有刀具与齿坯间的相对啮合运动。工件齿形是由刀具齿形在展成运动中若干位置包络形成的。这类刀具加工齿轮精度和生产效率均较高,通用性好。插齿刀、齿轮滚刀、剃齿刀、花键滚刀、锥齿轮刨刀、弧齿锥齿轮铣刀盘等都属展成齿轮刀具。

(二)按被加工齿轮类型分

1. 渐开线齿轮刀具

(1)加工圆柱齿轮的刀具,如齿轮铣刀、拉刀、滚刀、插齿刀、剃齿刀等。

(2)加工蜗轮的刀具,如蜗轮滚刀、飞刀、蜗轮剃刀等。

(3)加工锥齿轮的刀具,如齿轮刨刀、锥齿轮铣刀盘等。

2. 非渐开线齿形刀具

非渐开线齿形刀具有摆线齿轮刀具、花键滚刀、链轮滚刀等,其优点是可连续切削、效率高,刀具的齿距误差不影响工件精度,可加工长轴件。

三、成形齿轮铣刀

1. 盘形齿轮铣刀

盘形齿轮铣刀如图 9-7 所示。

铣削齿轮的铣刀为专用盘形齿轮铣刀,是根据齿轮模数、齿形角及齿轮齿数而制造的。一般有 8 把一套或 15 把一套的铣刀,如表 9-3 表示。选用时,首先根据已知模数和齿形角选出成套铣刀,然后根据所铣齿轮齿数,确定合适的铣刀号。

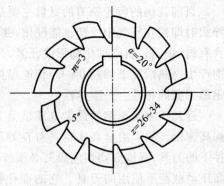

图 9-7　盘形齿轮铣刀

表 9-3　一组 8 把齿轮铣刀号数

铣刀号	1	2	3	4	5	6	7	8
所铣齿轮齿数	12~13	14~16	17~20	21~25	26~34	35~54	55~134	135 以上

2. 指状齿轮铣刀

指状齿轮铣刀如图 9-8 所示,它适用于加工大模数 $m > 20$ 的齿轮和人字齿轮。

指状铣刀

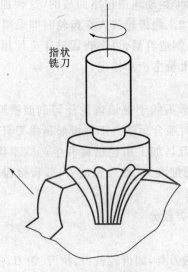

图 9-8　指状齿轮铣刀

3. 插齿刀

如图 9-9 所示为插齿刀。

插齿刀按外形分为盘形、碗形和锥柄插齿刀三种。盘形插齿刀主要用于加工内、外啮合的直齿、斜齿和人字齿轮。碗形插齿刀主要加工带台肩的和多联的内、外啮合的直齿轮，它与盘形插齿刀的区别在于工作时夹紧用的螺母可容纳在插齿刀的刀体内，因而不妨碍加工。锥柄插齿刀主要用于加工内啮合的直齿和斜齿齿轮。

图 9-9　插齿刀

4. 齿轮滚刀

齿轮滚刀（见图 9-10）是按展成法加工齿轮的刀具，可以加工标准的直齿圆柱齿轮和斜齿圆柱齿轮，也可以加工各种变位齿轮。齿轮滚刀加工齿轮的模数可从 $0.1 \sim 40$ mm。同一把齿轮滚刀可以加工模数、压力角相同而齿数不同的齿轮。

图 9-10　齿轮滚刀

用高速钢制造的中小模数齿轮滚刀一般采用整体结构。齿轮模数较大时，齿轮滚刀多做成镶齿结构，既节约高速钢，又使刀片易锻造，提高性能和使用

寿命。

齿轮滚刀大多为单头的，螺旋升角较小，加工精度较高；粗加工用滚刀有时做成双头的，以提高生产率。

齿轮滚刀的容屑槽可分为螺旋槽和直槽两类。

滚刀有 AA、A、B、C 四种精度等级，分别加工 7、8、9、10 级精度的齿轮，要加工更高精度的齿轮需用超高精度的 AAA 级滚刀。

任务三 渐开线齿轮的加工方法

直齿圆柱齿轮的齿形曲线是渐开线。在铣床上铣削齿轮时采用仿形法铣削，即齿形曲线靠齿轮铣刀来保证，齿距的均匀性用分度头分度来保证。铣削圆柱直齿轮是铣削螺旋齿轮和圆锥直齿轮的基础。

一、标准圆柱直齿齿轮铣削方法

（一）直齿圆柱齿轮的一般知识

当直齿圆柱齿轮的模数 m 为标准模数，齿形角 $\alpha=20°$，分度圆上的理论齿厚与齿槽宽相等，齿顶高 $h=m$，齿高等于 $2.25m$ 时，该直齿圆柱齿轮为标准直齿圆柱齿轮。

齿轮精度分为 1～12 级。6～8 级为中级精度，9～12 级为低级精度。在铣床上用仿形法铣削，一般铣削精度为 9 级。

（二）齿轮铣刀及选择

铣削齿轮的铣刀为专用盘形铣刀。

（三）直齿圆柱齿轮的铣削方法

1. 熟悉齿轮的零件图

识读零件图上注明的模数、齿数、齿形角、加工精度和表面粗糙度等技术要求，这些要求是加工中调整计算和准备机床的依据。

2. 齿坯的检查

齿轮铣削质量的好坏，与齿坯的关系很大。主要应检查齿顶圆直径、圆周与端面的圆跳动（见图 9-11）等。

3. 检查机床

启动机床，检查各运动部位是否正常，如有不正常的地方，则应及时加以调整，以防铣削时因机床发生故障而造成废品。

4. 安装分度头与尾架并校正

安装和调整时要保证前、后顶尖的中心连线与工作台面平行，且与纵向工作台进给方向一致。

5. 工件的安装和校正

齿轮按齿坯形状，分为孔齿轮和轴齿轮两种。安装后，仍要校正其顶圆与分

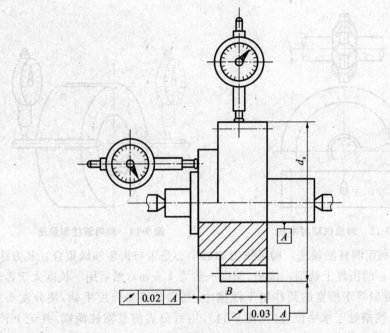

图 9-11 跳动检查

度头主轴轴线的同轴度(见图 9-12),判断其是否符合图样要求。

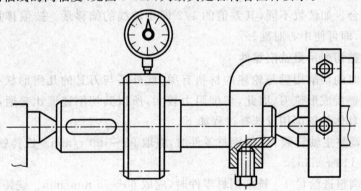

图 9-12 同轴度检查

6. 安装铣刀并对中

　　将选好的铣刀安装于铣刀轴上,位置应尽量靠近主轴,以增加铣刀安装刚度。然后对中,即使铣刀的廓形中心与齿坯的轴线重合。对中的方法有两种。

　　(1)划线试切对中法　在齿坯上划出中心线后,移动工作台,使齿坯的划线与铣刀廓形中心基本重合,然后在齿坯划线处铣一浅印(小椭圆形)。依此浅印,判断铣刀廓形是否与工件轴线重合。如图 9-13 所示。

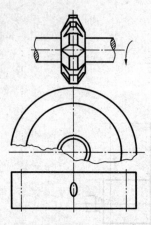

图 9-13　划线试切对中法

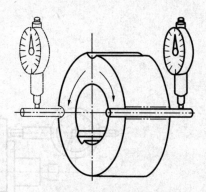

图 9-14　利用圆柱测量法

（2）利用圆柱测量法　验证铣刀廓形中心是否与齿坯轴线重合。其方法是：在对好中心的齿坯上铣削一浅槽（深度一般为 1.5 m），然后用一长度大于齿坯厚度，直径近似等于槽宽的圆柱置于浅槽中，摇动分度头分度手柄，使分度头主轴旋转 90°，浅槽处于水平位置（见图 9-14），用百分表测量圆柱两端，并记下读数；再将分度头主轴转 180°，使浅槽处于另一侧，并水平移动百分表，使表触头与圆柱接触。这时看表上读数是否与原读数相同，如相同则说明铣刀廓形中心与齿坯轴线重合。如读数不同，其差值的 1/2 即是轴线的偏移量。按偏移量移动横向工作台，即可使中心对准。

7. 调整切削用量铣削零件

铣削时的切削用量与轮坯的材料有关，此外还与刀具的几何形状有关。齿轮铣刀是铲齿成形铣刀，因此，切削阻力较大，所以其切削速度比普通高速钢铣刀略低。具体的铣削用量选择过程如下。

（1）调整主轴转数 n　铣钢材零件时，应取 95～150 r/min。铣铸铁零件时，应取 75～118 r/min。

（2）调整进给量 f　铣削钢材零件时，应取 60～75 mm/min。铣铸铁零件时应取 47.5～60 mm/min。

（3）移动升降台，使齿坯外圆与铣刀轻轻接触，然后退刀，上升工作台，上升的距离等于齿高（$h = 2.25m$）。注意，当齿顶圆直径小于理论计算直径时，要把其偏差减去，然后上升工作台，以免把齿厚铣小。

（4）开车铣削，铣钢制零件时应加注切削液。铣完第一齿后，要进行测量，合格后，再依次分度铣完各齿。

（四）直齿圆柱齿轮的测量

1. 齿厚的测量

齿厚测量是在生产现场经常需要进行的测量工作，包括分度圆弦齿厚测量和固定弦齿厚测量。

齿厚测量主要采用齿厚游标卡尺。

齿厚游标卡尺是用来测量齿轮、齿条、蜗轮或蜗杆弦齿厚的量具。它由两个互相垂直的主尺及两个游标尺(副尺)组成。测量时,先将垂直游标尺调整到齿顶高 h_a 的高度上,并靠在齿顶面上,然后移动水平游标尺,使两个量爪与齿面接触,即可得出弦齿厚。齿厚游标卡尺的测量原理与读数方法与一般游标卡尺相同,但使用时注意,应使垂直量爪的底面、水平尺两量爪的测量面分别与被测齿轮的齿顶面和齿侧面接触,如图 9-15 所示,这样测得的尺寸才是正确的。

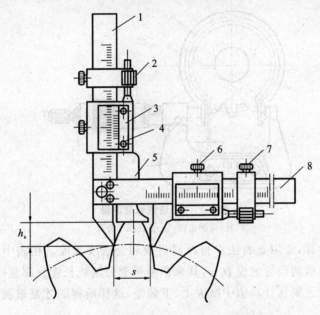

图 9-15　用齿厚游标卡尺测量分度圆弦齿厚

1—垂直主尺;2—微调螺母;3—游标尺;4—游标框;5—量爪;
6、7—紧固螺钉;8—水平主尺

分度圆弦齿厚测量时,由所测得的数据根据公式计算出分度圆弦齿厚 s 和齿顶高 h_a。或用查表法求得 s 和 h_a。

固定弦齿厚的测量方法与分度圆弦齿厚测量方法相同,只是所测部位有所不同(见图 9-16)。

2. 公法线长度测量

在基圆柱切平面(公法线平面)上,跨 k 个齿(对外齿轮)或 k 个齿槽(对内齿轮),在接触到一个齿的右齿面和另一个齿的左齿面的两

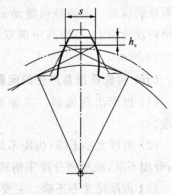

图 9-16　固定弦齿厚

个平行平面之间测得的距离称为该齿轮公法线长度(W_k),如图 9-17 所示。而公法线长度内所跨的齿数 k 称为跨齿数。公法线长度测量可用普通游标卡尺测量。精度较高的齿轮可用公法线千分尺测量。标准直齿圆柱齿轮测量时,跨齿数 k 和公法线长度 W_k 分别用下列公式计算。

$$k=0.111z+0.5(四舍五入取整数)$$
$$W_k=m[2.9521(K-0.5)+0.014z]$$

式中 z——齿轮齿数。

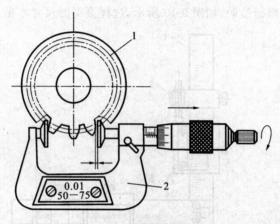

图 9-17   公法线长度测量
1—被测齿轮;2—公法线千分尺

为省略计算,常用查表法求得跨越齿数和公法线长度。在表中查出的公法线长度应乘以被测齿轮的模数 m,其乘积是所测公法线长度。测量时,也应按齿轮精度的高低分别从计算值中减去上、下偏差,这样所得的才是被测齿轮的实际公法线长度。

3.齿圈径向跳动的测量

根据齿轮加工精度要求,在生产现场除测量齿厚和公法线长度外,还应测量齿圈径向跳动。齿圈径向跳动是指齿轮在转动一周范围内,百分表测量触头在齿槽内或轮齿上,与齿高中部双面接触,测头相对于齿轮轴线的最大变动量,如图 9-18 所示。

(五)齿轮铣削易产生的问题和注意事项

(1)齿形出现偏斜。主要原因是铣刀廓形中心未与齿轮轴线重合,对中不准。

(2)齿厚大小不等,齿距不均匀。主要原因有:工件的径向跳动过大,或未校正;分度不准,或摇错分度手柄转数后未消除间隙。

(3)齿厚尺寸不正确。主要原因是:用齿厚游标卡尺测量不正确,或卡尺测量爪磨损,有误差;切削深度调整得不正确;铣刀刀号选择不对,用错了铣刀。

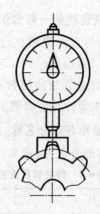

图 9-18　齿圈径向跳动测量

（4）齿轮的齿数不对。主要原因是计算分度错误，或孔距错误；差动分度时配换齿轮计算、安装有错误等。

（5）齿面表面粗糙度不符合图样要求。原因很多，主要有：切削速度过大或过小；进给量过大；铣刀跳动大，铣刀磨损，产生振动；分度头主轴松动，工件安装刚度低；工件材料硬度不均匀，切削液选用得不合理、不充足等。

二、标准圆柱斜齿齿轮铣削方法

斜齿圆柱齿轮即是齿轮的齿线为螺旋线的圆柱齿轮。在铣床上用铣螺旋线的方法可以铣削齿轮，但铣削效率较低，精度较差，因此一般仅在单件生产或修理配件时使用。要求齿轮精度较高时加工应在滚齿机上进行。在铣床上铣斜齿圆柱齿轮，其精度在 9 级左右，表面粗糙度可达 $Ra\ 3.2\ \mu m$。齿形仍靠铣刀保证，轮齿的各齿线则靠配换齿轮传动来实现，齿距的均匀靠分度头分度保证（见图 9-19）。

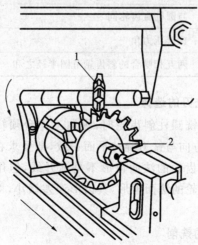

图 9-19　铣斜齿圆柱齿轮

1—齿轮铣刀；2—斜齿圆柱齿轮

333

(一) 斜齿圆柱齿轮的一般知识

斜齿圆柱齿轮与直齿轮相比,由于其轮齿齿形与齿轮轴线倾斜成一定角度(称为螺旋角),所以除齿高($=2.25m$)外,其他参数均发生变化,齿距则分法向齿距和端面齿距,模数也分法向模数和端面模数,但在计算和铣削时,都以法向模数 m_n(标准模数)作为计算各参数的依据。

(二) 圆柱斜齿轮各部分名称、定义、代号及计算公式

圆柱斜齿轮各部分名称、定义、代号及计算公式如表 9-4 所示。

表 9-4　圆柱斜齿轮各部分名称、定义、代号及计算公式

名　称	代号	定　义	计算公式
法向模数	m_n	在垂直于螺旋齿的截面上,每齿所占的分度圆直径长度	$m_n = m$
端面模数	m_t	在垂直于轴线的平面上,每齿所占的分度圆直径长度	$m_t = m_n/\cos\beta$
法向齿距	P_n	在垂直于螺旋齿的截面上,相邻两齿的对应点在分度圆周上的弧长	$P_n = \pi m_n$
端面齿距	P_t	在垂直于轴线的平面上,相邻两齿的对应点在分度圆周上的弧长	$P_t = P_n/\cos\beta$
齿顶高	h_a	与圆柱直齿轮同	$h_a = m_n$
齿根高	h_f	与圆柱直齿轮同	$h_f = 1.25m_n$
齿高	h	与圆柱直齿轮同	$h = h_a + h_f$
分度圆直径	d	与圆柱直齿轮同	$d = zm_n/\cos\beta$
齿顶圆直径	d_a	与圆柱直齿轮同	$d_a = m_n(z/\cos\beta+2)$
齿根圆直径	d_f	与圆柱直齿轮同	$d_f = m_n(z/\cos\beta-2.5)$
齿形角	α	标准压力角	$\alpha = 20°$
中心距	a	两互相啮合的斜齿轮节圆半径之和	$a = m_n/2\cos\beta(z_1+z_2)$

(三) 当量齿数与铣刀的选择

在万能卧式铣床上铣圆柱斜齿轮时,纵向工作台须转过一个等于工件螺旋角的角度,使螺旋齿槽方向与铣刀旋转平面一致,即要求在斜齿轮法截面上的齿形与铣刀齿形一样。斜齿轮的法面齿形不是渐开线,但用斜齿轮的当量齿轮的渐开线齿形铣刀铣斜齿轮的法面齿形,其齿形误差微小,对精度不高的斜齿轮是允许的。

(四) 圆柱斜齿轮的铣削

圆柱斜齿轮的铣削步骤如下。

(1) 识读斜齿轮工作图　识读图中注明的模数、齿数、齿形角、螺旋角、旋向

和精度等级等要求。

（2）检查轮坯 仔细检查轮坯的尺寸精度、几何形状精度和位置精度，其数值要符合图样要求。

（3）计算 分别计算导程、挂轮、分度、当量齿数（并选择铣刀刀号），确定铣削深度及刻度格数等。

（4）安装分度头和尾架 安装时将分度头底面的定位键嵌入工作台的中间T形槽内。

（5）安装工件 安装工件的方法应根据工件的几何形状特点而定。对于有中心孔的轮坯，一般采用轴承螺母紧固，装在两顶尖之间加工；对于齿轴，则用一夹一顶的方法进行加工。

（6）安装挂轮 搭上挂轮，并检查导程和分度头主轴转向，顺便用手摇动进给，细观轮坯转向和配换齿轮啮合是否正常及分度盘后面的定位销是否已拔出，分度头侧面的紧固螺钉是否已松开，以免发生故障。

（7）调整工作台转向 工作台转角的大小和方向与工件螺旋角的大小和方向相同。扳转角度后，工作台与床身之间应留有适当距离，以免工作台碰到床身。

（8）安装铣刀 铣刀安装位置要与工作台和床身之间的距离相适应，切莫装得太靠里。

（9）对中 先对中后扳转工作台角度或先扳转工作台角度后对中。一般采用前一种方法比后一种方法为好。

（10）选择切削用量 铣斜齿轮时由于分度头主轴不能固紧，容易产生振动，故相对于加工同模数的正齿轮，斜齿轮的铣削用量应略低些。

（11）试铣 对刀后，在齿坯上稍切一些，然后仔细观察铣出的刀痕是否平直，刀痕的宽度和铣刀刃口宽度是否相同。如果刀痕平直，又与刃口宽度相同，则证明挂轮与工作台转角正确。当准备工作完成后，将轮坯靠向铣刀，铣刀切入轮坯后方可自动进给，工作行程结束后须降下工作台工件才退回。当铣完一齿后，应要检查轮齿的各项参数，合格后方可铣其余各齿。

（五）标准圆柱斜齿齿轮的测量

1. 齿厚的测量

对斜齿圆柱齿轮，应在法向截面内测量法向弦齿厚。

（1）分度圆弦齿厚测量 与直齿圆柱齿轮分度圆弦齿厚计算公式基本相同，只是在计算时公式中的齿数应为当量齿数。

（2）固定弦齿厚测量 与测量直齿圆柱齿轮的计算公式相同。

2. 公法线长度测量

对斜齿圆柱齿轮应在法向截面内测量法向公法线长度。

（六）铣削圆柱斜齿轮易产生的问题和注意事项

铣斜齿圆柱齿轮时，同样易出现铣直齿圆柱齿轮时易产生的质量问题。

利用分度盘控制齿距分度时，要注意消除丝杠与螺母之间的间隙，以免影响齿距精度。

三、铣直齿圆锥齿轮

直齿圆锥齿轮俗称伞齿轮。在传动机构中，当两轴相交并要求传动比严格不变时，采用直齿圆锥齿轮传动。通常情况下两轴间夹角为90°。在铣床上加工直齿圆锥齿轮时用成形法，但只用于精度不高的修配生产，如图 9-20 所示。

（一）直齿圆锥齿轮的特点

直齿圆锥齿轮的轮齿分布在圆锥面上，齿形是沿分度圆锥母线，逐渐向圆锥顶点收缩。各剖面的齿形渐开线曲率不同，齿形大小不同，大端尺寸最大、齿形最大、模数最大。计算直齿圆锥齿轮的各部尺寸时，以大端模数为依据。

（二）直齿圆锥齿轮各部分名称、代号和计算公式

图 9-21 所示为直齿圆锥齿轮各部分代号。当轴交角$\Sigma=90°$时，各部分尺寸计算公式如表 9-5 所示。

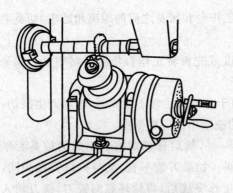

图 9-20 用卧式铣床铣直齿圆锥齿轮

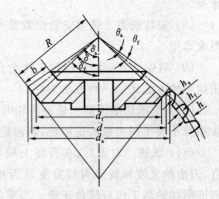

图 9-21 直齿圆锥齿轮各部分代号

表 9-5 直齿圆锥齿轮各部分名称、代号和计算公式

名　称	代　号	计算公式
模数	m	由强度计算，大小锥齿轮均指大端
齿数	z	由传动比计算求得
分度圆锥角	δ	$\delta_1=90°-\delta_2$，$\tan\delta_2=\dfrac{z_2}{z_1}$
齿顶高	h_a	$h_a=h_a\quad m=m$
齿根高	h_f	$h_f=(h_a+c)m=1.2m$
齿全高	h	$h=h_a+h_f=2.2m$

名　称	代　号	计　算　公　式
分度圆直径	d	$d=mz$
齿顶圆直径	d_a	$d_a=d+2h_a\cos\delta=m(z+2\cos\delta)$
齿根圆直径	d_f	$d_f=d-2h_f+\cos\delta=m(z-2.4\cos\delta)$
齿顶角	θ_a	$\tan\theta_a=2\sin\delta/z$
齿根角	θ_f	$\tan\theta_f=2.4\sin\delta/z$
分度圆齿厚	s	$s=m\pi/2$
顶锥角	δ_a	$\delta_{a1}=\delta_1+\theta_a\quad\delta_{a2}=\delta_2+\theta_a$
根锥角	δ_f	$\delta_{f1}=\delta_1-\theta_f\quad\delta_{f2}=\delta_2-\theta_f$
齿宽	b	$b\approx0.3R$
锥距	R	$R=\dfrac{m}{2}\sqrt{z_1^2+z_2^2}=d/2\sin\delta$

（三）水平进给铣直齿圆锥齿轮

1. 铣直齿圆锥齿轮用的铣刀及其选择

（1）铣刀的特点　标准直齿圆锥齿轮铣刀厚度是在锥距与齿宽之比 $R/b=3$ 时按小端齿槽宽度设计的，因此适用于 $R/b\geqslant3$ 的直齿圆锥齿轮的加工。铣刀的齿形曲线按大端制造，并在铣刀端面上印有"伞"或"凸"字标记，各种模数直齿圆锥齿轮铣刀一套（组）共有 8 把。

（2）铣刀的选择　选择铣刀时，应按加工直齿圆锥齿轮的模数、齿形角及当量齿数来进行。

2. 工件的安装

校正带孔工件时，可通过锥度心轴将工件安装在分度头主轴上。带圆柱柄工件可用三爪卡盘装夹。工件装夹后应校正外圆锥面圆跳动，使其处在要求的范围内。

3. 分度头主轴倾斜角度

根据根锥角的大小调转分度头主轴倾斜角，如图 9-22 所示。

4. 对中

为了使铣出的齿形两侧对称于工件中心，铣削时锥齿轮铣刀廓形对称线应通过工件中心。先用划线盘或高度尺，在工件圆锥面上划线；划线时将划针或高度尺高度调整到与工件中心线相交的高度，然后在工件圆锥面两侧母线处分别划线，再将工件转180°，用同样的方法划另外两条线。前两条线与后两条线分别相交于两边的点 a 处（点 a 在工件中心上）。将工件转 90°，使 a 点转至上方与铣刀相对，适当调整工作台使铣刀廓形对称中心对准 a 点，即完成对中（见

图 9-23）。然后，将横向工作台紧固，并使刻度盘的"0"刻度线与基准线对齐。

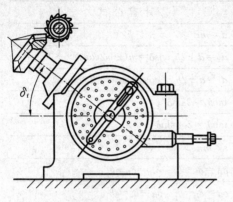

图 9-22　直齿圆锥齿轮在分度头上的安装角度

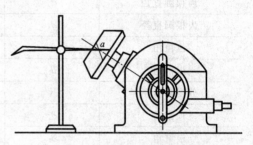

图 9-23　划直齿圆锥齿轮中心线

5. 调整切削深度，铣齿槽中部

由于直齿圆锥齿轮齿形为大端大、小端小，因此要分几次进给才能铣出合格的齿形。第一次铣削铣够深度，粗铣出齿槽中部。第二和第三次铣削分别扩铣出大端齿槽两侧，使齿侧由小端往大端逐渐多铣去一些。

铣齿槽中部时，对好中心，开动机床，铣刀旋转，使铣刀的刀尖刚好刚擦着大端的外径，按大端全高升高垂直工作台，依次分度，将全部齿槽的中部铣出。

6. 扩铣齿槽的两侧

为了达到多铣去大端齿槽两侧一定余量的目的，可采用以下两种偏移铣削法。

1）按偏移量 S 偏移工作台扩铣大端齿槽两侧

（1）扩铣齿槽左侧（见图 9-24(a)），铣完齿槽中部（见图 9-24(a)）后，先扩铣齿槽左侧，扩铣时按计算的横向工作台偏移量 S，向左移动横向工作台，将工作台紧固。摇动分度头手柄，使齿坯向右转动，使铣刀左侧刀刃刚好刚擦到小端齿槽的左侧，将分度手柄的插销插入孔盘孔中，并记住分度手柄转过的孔数，依次分度，用铣刀左侧刃扩铣出齿槽左侧。工作台偏移量可根据以下公式计算

$$S = \frac{mb}{2R} \quad (\text{mm})$$

式中　S——工作台横向移动量（mm）；

　　　m——锥齿轮模数（mm）；

　　　b——齿宽（mm）；

　　　R——节锥半径（mm）。

（2）扩铣齿槽右侧（见图 9-24(b)）　扩铣完所有齿槽左侧后，松开横向工作台，按两倍的横向工作台偏移量 S 向右移动工作台，将横向工作台紧固。再按扩铣左侧时分度手柄转过孔眼数的两倍向左转动齿坯，依次分度，用铣刀右侧刃扩

铣出所有齿槽右侧。

采用以上方法扩铣齿槽两侧时,工件中心两边的偏移量应一致,分度手柄转动孔眼数应相等,并应注意消除各部传动间隙,以免影响工作台偏移量和分度手柄转动的孔眼数的正确性。

2)先确定分度转角,再偏移横向工作台扩铣齿槽两侧

齿槽中部铣出后,按下式求出分度头主轴转角:

$$\sin\lambda = \frac{A-B}{2b}$$

式中　A——锥齿轮大端的齿槽宽度;

B——锥齿轮小端的齿槽宽度;

b——锥齿轮的齿宽。

采用这种方法扩铣时,先按求出的转角大小转动分度手柄,再移动横向工作台,使铣刀的侧面刚好剐擦着小端齿槽一侧扩铣。工件旋转方向和工作台移动方向与前面的方法相同。

采用以上两种方法扩铣齿槽两侧时,在齿槽两侧应适当留有余量,分别扩铣后再进行测量,根据测量情况,将两侧扩铣到要求的尺寸。

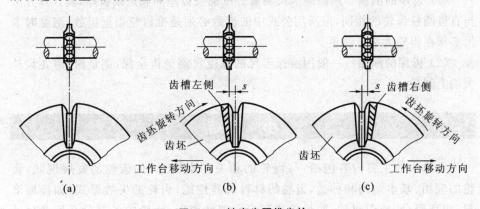

图 9-24　铣直齿圆锥齿轮

(a)铣齿槽中部;(b)扩铣齿槽左侧;(c)扩铣齿槽右侧

(四)垂直进给铣削法

如果直齿圆锥齿轮的外径尺寸及根锥角都较大,垂直工作台降到最低位置,分度头主轴倾斜角度后,工件无法从铣刀下面通过,可用垂直进给铣削法(见图9-25)。铣削时,将分度头主轴倾斜一个 ϕ 角,其大小为

$$\phi = 90° - \delta_f$$

式中　δ_f——锥齿轮的根锥角(铣削角)。

调整切削深度时用纵向工作台,铣削工件时垂直进给。铣削方法与上述方法相同。

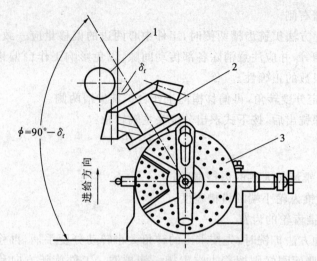

图 9-25　垂直进给铣直齿圆锥齿轮

1—铣刀；2—工件；3—分度头

（五）直齿圆锥齿轮的测量

（1）齿厚的测量　用齿厚卡尺测量分度圆弦齿厚和固定弦齿厚,其计算方法与直齿圆柱齿轮的相同,但所用公式中的齿数必须是锥齿轮当量齿数,测量时卡尺必须在齿轮大端上测量。

（2）齿深的测量　一般用游标卡尺的深度尺测量齿全深,测量时,应在齿轮大端上测量。

小　　结

本模块的主要内容包括：与齿轮的相关基本概念,如齿轮的发展现状、齿轮的应用、基本结构和种类,齿轮的材料及其性能；齿轮的失效形式,如齿面磨损、齿面胶合、疲劳点蚀、轮齿折断和齿面塑性变形；齿轮的各部分名称及尺寸计算,包括齿轮各部分名称及其概念,齿轮模数的确定；各种齿轮的加工方法,包括加工齿轮时齿轮铣刀的选用,齿轮铣刀的材料及选用,齿轮的加工方法及测量。

能 力 检 测

一、知识能力检测

1.在铣床上采用成形法加工齿轮时,是利用＿＿＿＿＿形状和＿＿＿＿＿形状相同的刀具来切制齿形的。

2.渐开线齿轮,渐开线的形状与＿＿＿＿＿大小有关。

3. 直齿圆柱轮测量时,常测量_____、_____齿厚和固定弦齿厚。

4. 在一个标准齿轮中,_____和_____相等的那个圆称为分度圆。

5. 计算一个模数 $m=4$ mm,齿数 $z=30$ 的圆柱直齿轮。试求分度圆直径 d、齿距 P、齿顶圆直径 d_a、齿根圆直径 d_f、全齿高 h。

解:　$d=$　　　　　　　　(mm)

$P=$　　　　　　　　(mm)

$d_a=$　　　　　　　　(mm)

$d_f=$　　　　　　　　(mm)

$h=$　　　　　　　　(mm)

6. 通常圆锥直齿轮铣刀的齿形曲线按_____设计,铣刀的_____按小端齿槽宽度设计,这样能保证在加工过程中刀刃通过_____,因此圆锥齿轮铣刀要比相同模数的正齿数铣刀要_____。

7. 铣削圆锥齿轮时,分度头主轴倾斜角度,是根据_____的大小调转分度头主轴倾斜角。

8. 直齿圆锥轮测量时,常测量_____、_____。

9. 试作图证明在铣削锥齿轮时,当量齿数为 $z_v=z/\cos\delta$。

二、技术能力检测

1. 根据图 9-25 完成斜齿圆柱齿轮的加工。

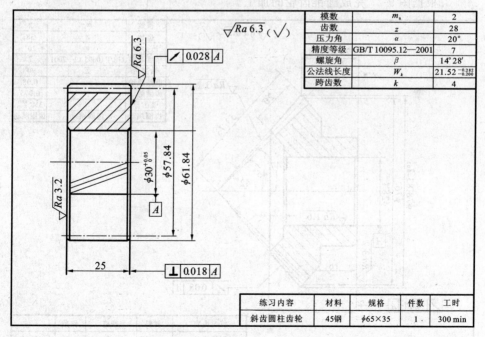

模数	m_n	2
齿数	z	28
压力角	α	20°
精度等级	GB/T 10095.12—2001	7
螺旋角	β	14°28′
公法线长度	W_k	$21.52^{-0.282}_{-0.200}$
跨齿数	k	4

练习内容	材料	规格	件数	工时
斜齿圆柱齿轮	45钢	$\phi65\times35$	1	300 min

图 9-25　斜齿圆柱齿轮零件图

2. 根据图 9-26 完成直齿圆柱齿轮的加工。

零件的普通机械加工

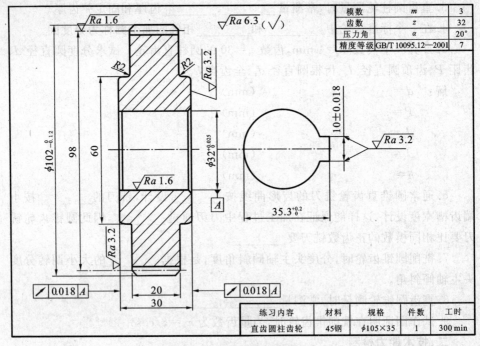

模数	m	3
齿数	z	32
压力角	α	20°
精度等级	GB/T 10095.12—2001	7

练习内容	材料	规格	件数	工时
直齿圆柱齿轮	45钢	$\phi105×35$	1	300 min

图 9-26　直齿圆柱齿轮零件图

3.根据图 9-27 完成圆锥齿轮的加工。

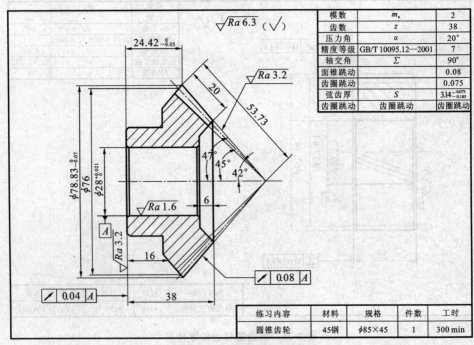

模数	m_a	2
齿数	z	38
压力角	α	20°
精度等级	GB/T 10095.12—2001	7
轴交角	Σ	90°
面锥跳动		0.08
齿圈跳动		0.075
弦齿厚	S	$3.14_{-0.185}^{-0.075}$
齿圈跳动	齿圈跳动	齿圈跳动

练习内容	材料	规格	件数	工时
圆锥齿轮	45钢	$\phi85×45$	1	300 min

图 9-27　圆锥齿轮零件图

342

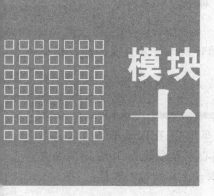

模块

十

复杂零件的加工

项目一　偏心零件车削

【学习目标】

掌握：在四爪卡盘上校准、加工偏心零件。

熟悉：偏心零件的测量。

了解：偏心零件的划线方法。

任务一　偏心零件的概念及其基本用途

一、偏心零件的概念

在同一零件内，外圆与外圆、外圆与内孔，其轴线相互平行而不重合的零件，称为偏心零件。

外圆与外圆偏心的零件称为偏心轴或偏心盘，如图10-1所示。内孔与外圆偏心的零件称为偏心套，如图10-2所示。

图10-1　偏心轴

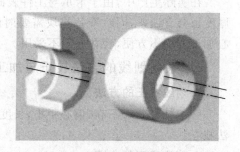

图10-2　偏心套

在同一零件中,两条平行轴线之间的距离称为偏心距,用 e 表示。

二、偏心零件的用途

偏心零件的作用是在机械传动中,将回转运动转换为往复直线运动或将往复直线运动转换为回转运动。

任务二　偏心零件的加工方法

偏心零件的车削方法有在三爪自定心卡盘上车偏心、在四爪单动卡盘上车偏心、在两顶尖间车偏心、用双重卡盘车偏心、用偏心卡盘车偏心、用专用偏心夹具车偏心等。本任务只介绍在自定心卡盘及单动卡盘上车削偏心零件。

一、在自定心卡盘上车削偏心零件

在自定心卡盘上车削的方法适合于长度较短、精度要求不高,偏心距小于10 mm的偏心零件(需加偏心垫块车削),如图10-3所示。

具体方法:在三爪卡盘的一个卡爪上增加一个偏心垫块,使工件的旋转中心与主轴旋转中心之间产生一定的偏心距,使车削的工件不同轴,产生偏心,如图10-3所示。

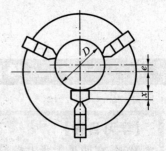

图 10-3　在三爪自定心卡盘上增加垫块

偏心垫块厚度的计算公式:

$$x = 1.5e \pm K \qquad (10\text{-}1)$$

$$K \approx 1.5\Delta e$$

$$\Delta e = e - e_{测}$$

式中　x——偏心垫块厚度(mm);

e——工件偏心距(mm);

K——偏心距修正值,其正负按实测结果确定(mm);

Δe——试切后的实测偏心距误差(mm);

$e_{测}$——试切后的实测偏心距(mm)。

在实际生产中,由于卡爪与工件表面接触不理想,用上面的公式计算得来的厚度也会有误差,同时准备垫块需要时间,所以,用三爪自定心卡盘加垫块的偏心加工方法不方便,现在一般不采用。

二、采用划线的方法校正与加工偏心零件

1.划线找正的方法

一般精度要求不高、偏心距小,长度较短而简单的偏心零件可采用划线的方法找正。

2.划线找正的步骤

(1)先把工件毛坯车至达到尺寸要求,在所车出光轴的两端面和外圆涂上颜

色,然后把它放在 V 形铁上进行划线。游标高度尺先以外圆最高点为基准点确定一个数值,然后减去零件直径的一半(即零件轴线的高度),按此值调整高度尺后划线。

(2)用游标高度尺在光轴端平面半径处划中心线,将工件转过 90°划出另一条水平线。如图 10-4 所示。

(3)将游标高度尺移动一个偏心距,如图 10-5 所示,划出偏心距。

图 10-4 用游标高度尺划线

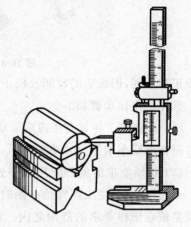
图 10-5 划偏心距

(4)用两脚规根据所划出的偏心距画偏心圆,如图 10-6 所示。若用四爪单动卡盘车偏心,则先画偏心圆,然后在偏心圆四周打样冲眼,如图 10-7 所示。

图 10-6 画偏心圆

图 10-7 四周打样冲眼

(5)将划好线的工件装在四爪卡盘上,按划线找正工件的侧素线的直线度,并找正工件端面已划出的圆。

(6)按照零件尺寸把偏心外圆车削至尺寸要求,如图 10-8 所示。

三、在自定心卡盘上车削偏心零件

一般精度要求相对较高的偏心工件可采用百分表校正,并采用四爪卡盘进

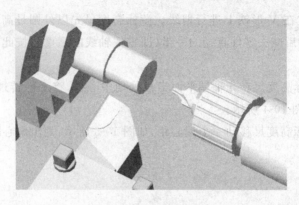

图 10-8　车削偏心外圆

行校正和车削,因校正的时间及校正的基准不固定,故常适用于单件车削。

具体的操作步骤如下。

(1) 直接把工件装夹在四爪单动卡盘上,采用划线盘进行粗校正,然后按照零件图把外圆车削至尺寸要求。

(2) 按所要求的偏心距用百分表直接进行校正,如图 10-9 所示。采用 0～10 mm 的百分表,使工件转动一圈时,百分表指针转动的圈数是偏心距的 2 倍,其误差值在图样要求的范围之内。注意:校正时,工件应上下、左右平行移动以免产生轴线不平行的情况,且工件必须夹紧。

图 10-9　百分表校正

任务三　偏心零件偏心距的检测

一、在 V 形块上间接测量

这种方法适合于偏心轴长度较短、偏心距 $e < 5$ mm 的偏心零件,如图 10-10 所示。

在 V 形块上间接测量的方法是:先把工件安放在 V 形块中,转动偏心轴,用

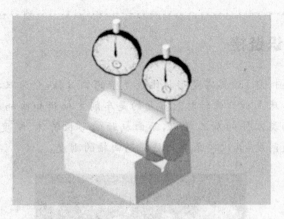

图 10-10　V 形块测量偏心距

百分表测量出偏心轴的最高点,找出最高点后,将工件固定;再水平移动百分表,测出偏心轴外圆到基准轴外圆之间的距离 a,然后用下式计算出偏心距 e:

$$e = \frac{D}{2} - \frac{d}{2} = a \qquad (10\text{-}2)$$

式中　D——偏心工件大径(mm)。

　　　d——偏心工件小径(mm)。

　　　a——基准轴外圆到偏心轴外圆之间的最小距离(mm)。

二、利用两顶尖或偏摆仪测量

　　用两顶尖测量偏心距时,工件转动一周,百分表最大值与最小值之差的一半即为偏心距 e,如图 10-11 所示。

　　用偏摆仪测量偏心距与用两顶尖测量偏心距方法相同,用两顶尖测量一般是在机床上,偏摆仪用于对已完成的零件进行检测,测量方法与用两顶尖测量相同,如图 10-12 所示。

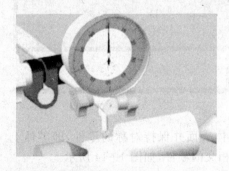

图 10-11　两顶尖

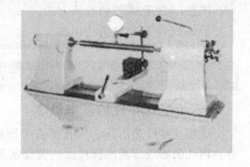

图 10-12　偏摆仪测量

这两种测量方法适用测量长度较长、偏心距较小的偏心零件。

知识链接

　　曲轴(见图 10-13)其实是形状比较复杂的偏心轴,分为双拐、三拐、四拐曲轴等。在车床上加工曲轴时最重要的是车削主轴颈和曲柄颈。主轴颈的加工与一般轴类零件的加工相似,而曲柄颈的形状特殊、刚度低,加工时首先要解决装夹问题,其次要采取措施提高曲轴的刚度。

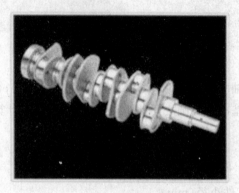

图 10-13　曲轴

项目二　十字孔零件的车削

【学习目标】

掌握:十字孔零件加工的找正方法和加工步骤。

熟悉:十字孔零件的检测方法。

了解:十字孔零件的使用场合。

任务一　十字孔零件的装夹与校正

一、十字孔零件的基本概念

　　十字孔零件是指其上的孔垂直于圆柱体表面并保持对称的零件,即零件上有一内孔的轴线与基准圆柱面的轴线垂直相交的零件,如图 10-14 所示。

二、十字孔工件的装夹与校正

　　一般单件十字孔的工件采用四爪卡盘的装夹方法进行校正及加工,批量加工的零件则应采用专用夹具等进行加工。

为保证十字轴孔零件的位置精度,必须对工件
进行找正。在四爪单动卡盘上加工十字轴孔零件,
一般采用找正方法为六点找正法。如图 10-14 所
示:A、A'点为工件的两端面上的任意两点,其连线
关于孔轴线对称;C、C'点为外圆同一高度素线上的
任意两点,其连线关于孔轴线对称;B、B'点为外圆
最外侧素线上的任意两点,其连线与孔轴线垂直。

找正方法如下。

(1) A—A'找正:保证十字孔轴线相对工件两端
面的中心平面对称度。

(2) C—C'找正:保证十字孔轴线相对工件两侧
素线的对称度。

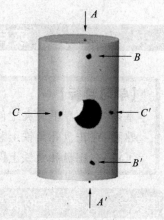

**图 10-14 十字孔轴六点法
找正**

(3) B—B'找正:保证外圆最外侧素线上的任意两点的连线与孔轴线垂直,
并关于孔轴线对称。

任务二 十字孔零件的加工与检测要求

一、十字孔零件的加工

十字孔零件的加工除了其他单一的内容以外,主要是十字孔的加工,其实与
一般的孔加工相似,只是在加工时特别要注意零件的不规则对车削的影响。

加工十字孔零件时应注意以下几点。

(1) 开机前,必须先检查工件是否装夹牢固,确定安全方能开机。

(2) 安装工件时,卡爪夹紧点必须过工件的中心,并垫以铜皮或铜块加以
保护。

(3) 钻通孔后必须重复找正工件。

(4) 镗孔刀安装时,应手动将镗刀先在孔内走一遍,观察刀杆是否碰到孔壁,
刀杆的长度是否达到加工要求。

二、十字孔的零件的检测

除了其他项目的检测以外,主要应针对十字孔零件的位置精度进行检测。
一般可通过以下几个步骤来检测其相互的位置精度。

(1) 在偏摆仪上检验十字孔轴线相对外圆轴线的垂直度,即通过零件上的
B、B'两点来检测。

(2) 在偏摆仪上检验十字孔轴线相对外圆两端面的对称度,即通过零件上的
A、A'两点来检测。

(3) 在偏摆仪上检验十字孔轴线与圆柱体外径的对称度,即通过零件上的
C、C'两点来检测。

项目三　复杂零件的车削

【学习目标】
掌握：在花盘上装夹工件和校正的方法。
熟悉：在花盘和角铁上装夹工件和校正方法。
了解：在花盘和角铁上保证工件几何公差的方法。

任务一　复杂工件的装夹方法及校正

一、复杂零件的概念

在车床上主要是加工有回转表面的、比较规则的零件，但也经常遇到一些外形复杂、不规则的异形零件，如图 10-15 所示的对开轴承座、双孔连杆、环首螺栓、齿轮油泵体，以及偏心零件、曲轴等。这些零件不宜用三爪、四爪卡盘装夹。

图 10-15　常见的复杂零件

(a) 对开轴承座；(b) 双孔连杆；(c) 环首螺栓；(d) 十字孔零件；(e) 齿轮油泵体

二、复杂工件的装夹

1.复杂工件装夹常用附件

复杂工件装夹的常用附件有角铁、V 形块、平垫铁、平衡铁、压板螺栓、压板、花盘等，如图 10-16 所示。

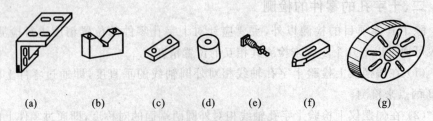

图 10-16　常用附件

(a) 角铁；(b) V 形块；(c) 平垫铁；(d) 平衡铁；(e) 压板螺栓；(f) 压板；(g) 花盘

（1）花盘　花盘可直接安装在车床主轴上。

（2）角铁　又称弯板,是用铸铁材料制造的。角铁分两种类型:两个平面互相垂直的角铁称为直角形角铁;两个平面相交角度大于90°或小于90°的角铁称为角度角铁。最常用的是直角形角铁。其表面粗糙度小于$Ra\,1.6\,\mu m$,并有较高的垂直度精度。

（3）V形块　V形块的工作表面是V形面,一般做成90°或120°的,它的两个工作平面之间有较高的几何精度,主要用于工件以圆弧面为基准定位的情况。

（4）平垫铁　它装在花盘或角铁上,作为工件定位的基准平面或导向平面。

（5）平衡铁　其材料一般是钢或铸铁,有时为了减小体积,也可用铅制作。

2. 用花盘装夹工件和校正的方法

（1）装夹工件的方法　花盘本身的几何精度比工件要求高一倍以上,才能保证工件的几何公差要求;工件的装夹基准面一定要进行精加工,保证与花盘平面贴平。垫压板的垫铁工作面要平行,高度要合适,最好只垫一块垫铁;压板压工件时,要选实处压,不要压在空当处,压点应牢靠、对称,压紧力一致,以防工件变形或工件松动发生事故;工件压紧后,要进行静平衡(见图3-41(a)),根据具体情况增减平衡铁。

车床静平衡方法:将主轴箱转速手柄放在空挡位置,用手转动花盘,如果花盘能在任何位置上停下,就说明已平衡,否则就要重新调整平衡铁的位置或增减平衡铁的质量。进行静平衡很重要,是保证加工质量和安全操作的重要环节;加工时切削用量不能选择过大,特别是主轴转速过高时,会因离心力过大使工件松动而造成事故。

在花盘上可加工工件被加工表面回转轴线与基准面互相垂直、外形复杂的工件,如图10-17(b)所示的双孔连杆就可以安装在花盘上加工。

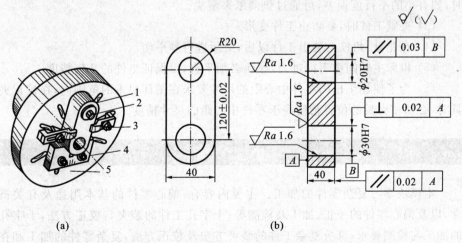

（a）　　　　　　　（b）

图 10-17　双孔连杆

（2）校正方法　在花盘上加工工件之前,必须先检查一下盘面是否平直,盘面跟主轴轴线是否垂直,以免加工以后的工件产生相互位置偏差。检查时,可用百分表的测量头接触在花盘的平面,用手转动花盘,看百分表指针的摆动情况,一般要求端面跳动量在 0.02 mm 以下。校正跳动量大的花盘平面要精车一刀,以保证其垂直度。

3. 在角铁上加工工件

被加工表面回转轴线与基准面互相平行、外形复杂的工件,可以用花盘和角铁装夹加工。如图 10-15(a)所示的对开轴承座,用三、四爪卡盘很难装夹,用花盘也无法安装,这时需要在花盘上再装上一块角铁。将工件装夹在角铁上,先将压板初步压紧,再用划针盘校正对称十字中心线,使被加工表面的轴线与主轴旋转轴线重合,最后紧固工件。装上平衡铁,进行静平衡后就可以进行车削。

必须指出,在角铁上加工工件时应特别注意安全。因为工件形状不规则,并有螺钉、角铁等露在外面,如果人不小心被碰着将引起严重的工伤事故。另外,加工时转速不宜太高。转速太高时,因离心力的影响,螺钉容易松动,导致工件飞出,发生事故。

任务二　复杂工件的加工要求及注意事项

复杂工件主要是利用花盘和角铁来装夹。利用花盘和角铁装夹工件时,为了达到零件的垂直度、平行度、中心距等公差要求,应注意以下几点。

(1)几何公差要求高的工件,它的安装基准面必须经过平磨或精刮,基准面要求平直、接触良好。

(2)花盘、角铁的安装基准面的几何公差要小于工件几何公差的1/2。因此,花盘平面最好在其所安装的机床上精车出来,角铁必须经过精刮。角铁校正时,如有小的平行度误差,可通过垫薄纸来解决。

(3)夹紧工件时,要防止工件变形。

(4)在花盘、角铁上装上工件以后,必须进行静平衡。

(5)机床主轴间隙不得过大,导轨必须平直,以保证工件的几何精度。

(6)为了使加工出的零件中心距的尺寸要求在图样要求的范围内,在校正夹具时,必须使夹具的位置精度高于零件中心距的尺寸精度。

小　结

本模块学习复杂零件的加工。主要内容有:偏心零件的基本用途及有关概念,以及偏心零件的校正、加工及检测等;十字孔工件的装夹与校正方法,十字孔的加工与检测要求;部分复杂工件的装夹方法及校正方法,复杂零件的加工和在加工过程中应注意的事项等。

能 力 检 测

一、偏心工件的车削

(一)知识能力检测

1.偏心零件就是外圆和外圆或外圆和内孔的轴线_____的零件。

A.平行　　　　　　B.不重合　　　　　　C.平行而不重合

2.偏心距为 2 mm 的工件在装夹时,在百分表上反映的数据为_____。

A.2 mm　　　　　　B.4 mm　　　　　　C.6 mm

3.在机床上加工偏心零件一般有几种方法_____种。

A.3　　　　　　　　B.4　　　　　　　　C.5

4.什么是十字孔零件?

5.试述偏心工件的划线方法。

(二)技术能力检测

加工图 10-18 所示的偏心零件。

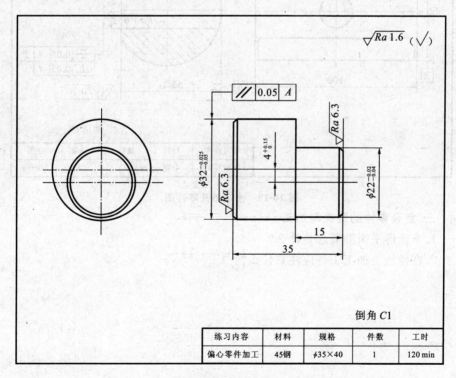

练习内容	材料	规格	件数	工时
偏心零件加工	45钢	φ35×40	1	120 min

图 10-18　偏心零件图

二、十字孔零件的车削

（一）知识能力检测

1.十字孔零件由于_____车削，平面易产生凹凸不平，应用钢直尺检查平面度。

A.连续   B.断续

2.在校正时，应注意基面_____，否则产生积累误差，影响精度。

A.统一   B.分散

（二）技术能力检测

加工图 10-19 所示的十字轴孔。

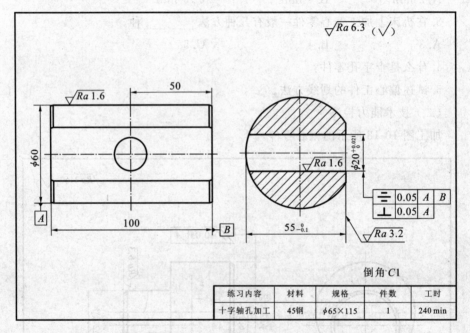

练习内容	材料	规格	件数	工时
十字轴孔加工	45钢	φ65×115	1	240 min

图 10-19 十字轴孔零件图

三、复杂零件的装夹与加工

1.车床静平衡的概念是什么？

2.在角铁上加工工件应注意什么？

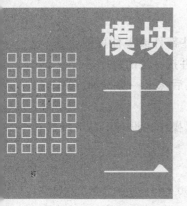

模块
十一

机床操作规程及安全文明生产

项目一　机床操作规程

【学习目标】

掌握:金属切削机床的润滑知识。

熟悉:金属切削机床的维护保养知识。

了解:金属切削机床的操作注意事项。

任务一　合理使用金属切削机床

合理使用机床所包含的内容比较广泛。除了要做好规定的日常维护工作外,还需要熟悉机床使用说明书,并根据说明书的要求选择适宜的切削用量。另外,还必须定期对机床进行一级保养。

一、熟悉机床使用说明书

在每一台机床出厂的时候,都附有机床使用说明书。通常说明书里应记载有正确使用该机床的详细资料,如:机床的用途和特点、机床的主要规格、机床的传动系统、机床操纵机构说明、机床的安装和调试、机床的保养、机床精度检验单、机床附件,以及机床的其他说明等。

根据机床说明书的资料,就可以对机床进行正确和安全操作,并能调整成需要的状态,以充分发挥机床的切削效率。机床说明书还说明使用时的注意事项,所以熟悉机床使用说明书是对每个操作者最基本的要求。事实证明,生产中的许多设备和人身事故都是由于操作者不了解或者不按照机床说明书上的要求进行操作所引起的。因此,在操作机床之前,第一项准备工作就是熟悉机床使用说明书。

二、试车程序

由于机床在出厂后,经过运输、安装等过程后,有些部件或零件可能会松动或损坏以及位置发生改变,所以在试车时要特别小心,并按一定的程序进行。

(1)首先应仔细地擦去机床上各部分的防锈油,然后抹上一层机油,再添充机床内部的润滑油。

(2)按使用说明书上介绍的操纵机构说明,手动试操作。没有不良情况时,再把电源开关合上。

(3)检查电动机的旋转方向是否符合要求。

(4)先使主轴做低速运转 30 min,再做高速运转 30 min(都是空转)。观察运转是否正常,有无异常的声音,并检查油泵工作是否正常。

(5)松开各锁紧机构手柄,做空运行机动进给观察其运动情况。

(6)经过上述检查,确认各部运动均属正常后,即可进行切削试验。进一步观察机床的运动情况和检查加工件的加工质量。

三、金属切削机床的润滑

为了减少机床上有相对运动的零件如导轨、齿轮、轴承等的摩擦阻力和磨损,使机床能保持精度、传动效率和使用寿命,必须对这些零件的运动表面加以润滑,润滑不良,会引起摩擦表面发热而导致零件磨损,甚至发生机床设备事故。

机床的润滑有人工润滑和自动润滑两种,现代机床的各主要磨损部位都采用机械油泵自动润滑,有少数手动机构需用人工在油杯中定期加油。

机床启动后,油泵即开始工作,将油箱内滤过的油吸入,经过油管和油窗,送至各润滑部位。润滑过的油流回油箱。操作者在机床启动后,要查看油窗内是否有油流动,调整油阀,使流量适度。如无油流动,应立即检查故障原因,及时修复。

储存润滑油的齿轮箱,工作前应检查油标,确定存油是否达到规定标线,不足者应补充。

不论自动润滑的油箱还是储存油的齿轮箱,都应按照规定定期清洗换油,平时要注意防止灰砂进入油箱及各润滑面。

凡是用人工加油的部位,要按照该机床的润滑加油表及加油点位置按规定的期限加油,不能疏忽。

利用毛细管的作用,把油引到需要润滑的部位的润滑方式为油绳润滑。在密封的齿轮箱内,利用齿轮的转动对各处进行润滑的方式为溅油润滑。液压泵循环润滑用柱塞液压泵吸入润滑油,再经油管输送至各润滑部位。

1. 机床润滑的特点及要求

1)润滑情况复杂

机床中的主要零部件多为典型机械零部件,标准化、通用化、系列化程度高。

例如滑动轴承、滚动轴承、齿轮、蜗轮副、滚动及滑动导轨、螺旋传动副（丝杠螺母副）、离合器、液压系统、凸轮等，润滑情况各不相同。

2）机床的使用环境条件

机床通常安装在室内环境中使用，夏季环境温度最高为 40 ℃，冬季气温低于 0 ℃时多采取供暖方式，使环境温度高于 5 ℃。高精度机床要求恒温环境，一般在 20 ℃上下。但不少机床的精度要求和自动化程度较高，对润滑油的黏度、抗氧化性（使用寿命）和油的清洁度的要求较严格。

3）机床的工况条件

不同类型、不同规格尺寸的机床，甚至在同一种机床上由于加工件的情况不同，工况条件有很大不同，对润滑的要求也有所不同。例如，高速内圆磨床的砂轮主轴轴承与重型机床的重载、低速主轴轴承对润滑方法和润滑剂的要求有很大不同，前者需要使用油雾或油/气润滑系统润滑，使用较低黏度的润滑油，而后者则需用油浴或压力循环润滑系统润滑，使用较高黏度的油品。

4）润滑油品与冷却液、橡胶密封件、油漆材料等的适应性

大多数机床都使用了冷却液，润滑油常常由于混入冷却液而发生油品乳化及变质，并使机件生锈，使橡胶密封件膨胀变形，使零件表面油漆涂层产生气泡、剥落等。因此必须考虑油品与冷却液、橡胶密封件、油漆材料的适应性，防止漏油等。

随着机床自动化程度的提高，在一些自动化和数控机床上使用了润滑/冷却通用油，既可作为润滑油也可作为润滑冷却液使用。

2. 机床润滑剂的使用技巧

由于金属切削机床的品种繁多，结构及部件情况有很大变化，很难对其主要部件润滑剂的选用提出明确意见。根据有关标准整理的一些机床主要部件合理应用的润滑剂的推荐意见，全损耗系统采用精制矿油，如 L-AN32、L-AN68 或 L-AN220 等适用于轻负荷部件，要求较高的可使用 L-HL 液压油。

表 11-1 所示为工业闭式齿轮油的组成、特性及使用说明。

表 11-1　工业闭式齿轮油的组成、特性及使用说明

分　　级	现行名称	组　　成	特性及使用说明
L-CKB	抗氧化防锈型普通工业齿轮油	由精制矿物油加入抗氧化、防锈添加剂调配而成	有严格的抗氧化、防锈、抗泡、抗乳化性能要求，适用于一般轻负荷齿轮的润滑
L-CKC	极压型 中负荷工业齿轮油	由精制矿物油加入抗氧化、防锈、极压抗磨剂调配而成	比 CKB 具有较好的抗磨性，适用于中等负荷的齿轮润滑

分　　级	现行名称	组　　成	特性及使用说明
L-CKD	极压型 重负荷工业齿轮油	由精制矿物油加入抗氧化、防锈、极压抗磨剂调配而成	比 CKC 具有更好的抗磨性和热氧化安定性,适用于高温下操作的重负荷齿轮的润滑
L-CKE	蜗轮蜗杆油	由精制矿物油或合成烃加入油性剂等调配而成	具有良好的润滑特性和抗氧化、防锈性能,适用于蜗轮蜗杆润滑
L-CKT	合成烃极压型低温中负荷工业齿轮油	以合成烃为基础油,加入同 CKC 相似的添加剂	性能除具有 CKC 的特性外,有更好的低温、高温性能,适用于高、低温环境下的中负荷齿轮的润滑
L-CKS	合成烃齿轮油	以合成油或半合成油为基础油加入各种相应的添加剂	适用低温、高温或温度变化大、耐燃、耐热、耐化学品以及其他特殊场合的齿轮传动润滑

任务二　金属切削机床的维护保养

一、机床维护保养要点

（1）首先要熟悉机床的结构和性能。正确使用机床,遵守机床操作规程和安全生产制度。班前、班后要严格执行交接班制度。

（2）按照机床润滑加油制度做好润滑工作,要照加油制度规定期限更换润滑油、冷却液和液压油等,并清洗过滤器。

（3）坚持机床清洁,导轨、工作台面、主轴等重要加工面上的灰尘、切屑、油污应随时清扫,下班时应全面清扫擦净,并在滑动面和转动面上加油,保护好各加工表面,不使其被擦伤、敲坏。

（4）应随时注意机床转动和滑动部分是否松动或有异物阻塞,防振装置是否完整,各种手柄、制动器、限位挡块是否灵活和能否起作用,油泵、电动机工作是否正常。

（5）装卸大的工件或大的工、夹、模具可能碰撞床面或工作台面时,应垫好木板。装夹工件要牢固,防止工件松开摔下,损伤床面。

（6）发现机床有不正常情况,如声音异常、轴承或齿轮箱发热、振动、工作台爬行等时,应立即停车排除故障,不能勉强继续使用。

（7）工、夹、量具不能放在工作台面和导轨等具有精度的表面上,以免损伤导轨等表面的光洁度和精度。不准在工作台面上敲打东西。

（8）要按照定期检查制度规定,进行定期检查和计划检修,并按机床精度检验标准定期复查。

二、三级保养的划分

（一）日常保养

设备的日常保养由操作者负责，班前、班后由操作工人认真检查。擦拭设备各处或注油保养，设备经常保持润滑清洁。班中设备发生故障，要及时排除，并认真做好交接班记录。

（二）一级保养

以操作工人为主，维护工人参加，对设备进行局部解体和检查，清洗所规定的部位，疏通油路，更换油线油毡。调整设备各部位配合间隙，紧固设备各部位。设备运转 600 h 应进行一次一级保养。

（三）二级保养

以维修工人为主，操作工人参加，对设备进行部分解体检查修理，更换和修复磨损件，局部恢复精度，润滑系统清洗、换油，电气系统检查修理。设备运转3000 h 应进行一次二级保养。

三、设备日常保养具体要求

（1）班前认真检查设备，按规定做好点检工作，合理润滑和加油。

（2）班中遵守设备操作规程，正确使用设备。

（3）发现隐患及时排除，自己解决不了的问题应立即通知机电修理人员处理。

（4）班后做好设备清扫、润滑工作，一般设备进行此项工作时间为 15～30 min，大型、关键设备可以适当延长。油毡、油线、油孔、油杯、油池要坚持每周清理一次。

（5）做好交接班工作，将当天设备运转情况详细记录在交接班记录本上。

（6）坚持每天一小扫、周末大清扫、月底节前彻底扫，并定期进行评比。周末一般设备清扫 1 h 左右，大型、关键设备清扫 2 h 左右，月底一般清扫 1～2 h，大型、关键设备 2～4 h，节日保养按规定保养标准进行，并将定期评比情况记录在案。

四、一级保养

一级保养是由操作工人负责的，必要时可请维修工人配合指导。

（一）一级保养的内容

（1）机床外部　要求把机床外表面擦拭清洁，各罩盖内、外表面等不能有锈蚀和油污。对机床附件进行清洗，并涂上润滑油。清洗丝杠及滑动部分，并涂上润滑油。

（2）机床传动部分　清洗导轨面及塞铁并调整松紧。对丝杠与螺母之间的间隙，丝杠两端轴承的松紧进行调整。用 V 带传动的，也应擦净带与带轮并调整带的松紧。

（3）机床冷却系统　清洗过滤网，切削液槽（箱），并注入适量的切削液。

（4）机床润滑系统　要求使油路畅通无阻。油毛毡不能留有铁屑，油窗要明亮。检查手动油泵的工作情况，泵周围清洁无油污。检查油质是否良好。

（5）机床电气部分　清扫电气箱，擦清电动机。检查电气装置是否牢固整齐，限位装置等是否安全可靠。

（二）一级保养的操作步骤

1. 各部件的保养

擦净床身上的各部件，包括横梁、挂架、挂架轴承、横梁燕尾槽（若有塞铁，需把塞铁擦清洁，并上油和调整松紧），以及主轴孔、轴前端和尾部，垂直导轨上部等，这些部件如有毛刺需修光。

2. 拆卸机床工作台

机床的一级保养中，拆卸机床工作台是主要工作，拆卸的方法和步骤如下。

（1）快速向右进给到极限位置，拆卸左撞块。

（2）拆卸左面手柄、刻度环、离合器、螺母及推力球轴承。

（3）拆卸左面轴承架和塞铁。

（4）拆卸右端螺母、圆锥销及推力球轴承，拆卸右端轴承架。

（5）用手旋转丝杠，并取下丝杠，丝杠在取下时要注意丝杠键槽向下，否则会碰落平键。

（6）取下工作台。清洗拆卸的各零部件，并修去毛刺。检查和清洗工作台底座内的各零件，检查手动油泵及油管是否正常。

（7）安装工作台，安装步骤与拆卸时的相反。

（8）调整塞铁松紧及推力球轴承的间隙。

（9）调整丝杠与螺母之间的间隙（若是单螺母，则不能调节），一般控制在0.05～0.25 mm。

（10）拆卸横向工作台的油毛毡、夹板和塞铁，并清洗好。

（11）前后摇动横向工作台，擦净横向丝杠和横向导轨，修光毛刺，再装上塞铁、油毛毡等。

（12）移动工作台，清洗进给丝杠、导轨和塞铁等，并调整好。同时还要检查润滑油质量。

（13）拆洗电动机罩壳并擦净电动机，清扫电气箱，并进行检查。

（14）清洁整台机床外表，检查润滑系统，清洗冷却系统。

一级保养除对机床进行清洁外，对机床附件及机床周围均应擦清洁，并应按期进行。

任务三 金属切削机床的操作注意事项

操作金属切削机床时的注意事项有以下一些。

(1) 上班时应先检查机床上与精度有关的表面是否擦净,各变速手柄是否放在空挡。有离合器者,应将离合器手柄置于脱开位置,然后启动电动机,使机床低速运转一定时间,查看有无异常,有问题及时排除,确认油路通畅、运转正常才能开始工作。

(2) 在机床运转时不能变换速度和方向,必须停车后再扳动手柄变速,测量工件尺寸时也应停车。变速时应将变速手柄放在正确位置,不能放在两个速度挡中间,以免打坏齿轮。

(3) 有自动快速进给的机床,不能用自动快速进给功能使刀具与工件接触,一般应在刀具离工件 50 mm 处改用手动进给。程序控制机床和自动机床不受此限。在快速进给前应取下手动摇柄。

(4) 有限位挡块装置的机床,挡块应在限位范围内调整,不能任意拆卸,以免损坏机床。调整行程挡块时必须停车。

(5) 床面导轨及主轴承间隙应按规定调整。

(6) 切削时不得离开工作岗位,操作多台机床时应进行巡回检查。

(7) 机床由指定人员操作,操作者严格遵守岗位责任制规定。未经同意,其他人员不得随意启动机床。

(8) 工件加工时锐边应倒钝,毛刺应锉去。

(9) 有倒顺车功能的机床,不要突然打倒车,以免损坏机床零件,高速运转时更应注意防止。

(10) 装夹工件时应将机床电器开关断开。

(11) 异形件和偏心件安装时如有离心力振动,应装平衡铁,平衡铁要调整好,并装牢固,装好后先开慢车,要调整到切削时无振动为止。

(12) 工件装夹用的紧固件不能松动,多余装夹附件如压板和螺栓等,装夹好后要清除掉,防止开车阻刹。

(13) 加工工件前,应看清图样和工艺卡规定的各项要求,未完全弄清楚前,不要急于动工。

(14) 工作结束时,刀具应立即脱离工件,并将手柄置于空挡位置,然后切断电源,清扫机床,上好机油。

(15) 外露的带轮、齿轮和其他危险部位,应装置好防护装置,不得随意拆去,以防发生事故。

(16) 清理切屑应使用工具或刷子,切削中,断屑排屑时必须用铁钩。

(17) 机床运转时不得用手接触运动中的工件或机床运动部件。

(18) 工件、刀具和夹具都应装夹牢固,避免松脱伤人。

（19）不得任意拨动或拆除电器零件及电路，如有问题应找电工解决。

（20）高速切削时应装防护板。

（21）使用砂轮时，速度不得超过砂轮允许的线速度，操作时应站在砂轮侧面。

（22）大型机床操作者要尽量避免站在工作台面上，非站不可时应与共同操作者联系好，严禁开车。

（23）机床上照明限用 36 V 低压照明灯。

（24）不准擅自拆卸机床上的安全防护装置，缺少安全防护装置的机床不准工作。

（25）传动及进给机构的机械变速，刀具与工件的装夹、调整以及工件的工序间的人工测量等均应在切削、磨削终止，刀具、磨具退离工件后停车进行。

（26）在机床上操作时严禁戴手套。

（27）刀具紧固不准用加长扳手柄增加力矩的方法，以防损坏刀具紧固螺栓。

项目二　安全生产与文明生产知识

【学习目标】

掌握：机械设备安全技术。

熟悉：文明生产和安全知识。

了解：消防知识和一般起吊安全知识。

任务一　机床设备安全技术

一、操作前的准备工作

（1）仔细阅读交接班记录，了解上一班机床的运转情况和存在的问题。

（2）检查机床、工作台、导轨以及各主要滑动面，如有障碍物、工具、铁屑、杂质等，必须清理，将各工作面擦拭干净后上油。

（3）检查工作台、导轨及主要滑动面有无新的拉、研、碰伤，如有应通知班组长或设备员一起查看，并做好记录。

（4）检查安全防护、制动（止动）、限位和换向等装置，其应齐全、完好。

（5）检查机械、液压、气压等操作手柄、阀门、开关等，其应处于非工作的位置上；

（6）检查各刀架，其应处于非工作位置。

（7）检查电器配电箱是否关闭牢靠，电气接地是否良好。

（8）检查润滑系统储油部位的油量是否符合规定，封闭是否良好。油标、油窗、油杯、油嘴、油线、油毡、油管和分油器等应齐全完好,安装正确。按润滑指示图表规定进行人工加油或机动(手位)泵打油,查看油窗是否来油。

(9)停车一个班以上的机床,应按说明书规定的开车程序和要求作空动转试车 3～5 min。检查:

①操纵手柄、阀门、开关等是否灵活、准确、可靠。

②安全防护装置、制动(止动)装置、联锁装置、夹紧机构等是否起作用。

③校对机构运动是否有足够行程,调正并固定限位、定程挡铁和换向碰块等。

④机动泵或手拉泵润滑部位是否有油,润滑是否良好。

⑤机械、液压、静压、气压、靠模、仿形等装置的动作、工作循环、温升、声音等是否正常,压力(液压、气压)是否符合规定。

确认一切正常后,方可开始工作。

凡连班交接班的设备,交接班人应一起按上述规定进行检查,待交接清楚后,交班人方可离去。凡隔班接班的设备,如发现上一班有严重违反操作规程现象,必须通知班组长或设备员一起查看,并做好记录,否则按本班违反操作规程处理。

在设备检修或调整之后,也必须按上述规定详细检查设备,认为一切无误后方可开始工作。

二、操作中的注意事项

(1)坚守岗位,精心操作,不做与工作无关的事。因事离开机床时要停车,关闭电源、气源。

(2)按工艺规定进行加工。不准任意加大进给量、背吃刀量(切削深度)和切削速度。不准超规范、超负荷、超重量使用机床。不准精机粗用和大机小用。

(3)刀具、工件应装夹正确、紧固牢靠。装卸时不得碰伤机床。找正刀具、工件时不准重锤敲打。不准用加长扳手柄增加力矩的方法紧固刀具、工件。

(4)不准在机床主轴锥孔、尾座套筒锥孔及其他工具安装孔内,安装与其锥度或孔径不符、表面有刻痕和不清洁的顶针、刀具、刀套等。

(5)传动及进给机构的机械变速、刀具与工件的装夹、调整,以及工件的工序间的人工测量等均应在切削、磨削终止,刀具、磨具退离工件后停车进行。

(6)应保持刀具、磨具的锋利,如变钝或崩裂应及时磨锋利或更换。

(7)切削、磨削中,刀具、磨具未离开工件,不准停车。

(8)不准擅自拆卸机床上的安全防护装置,缺少安全防护装置的机床不准工作。

(9)液压系统中除节流阀外的其他液压阀不准私自调整。

（10）机床上特别是导轨面和工作台面，不准直接放置工具、工件及其他杂物。

（11）经常清除机床上的铁屑、油污，保持导轨面、滑动面、转动面、定位基准面和工作台面清洁。

（12）密切注意机床运转情况和润滑情况，如发现有动作失灵、振动、发热、爬行、噪声、异味、碰伤等异常现象，应立即停车检查，排除故障后，方可继续工作。

（13）机床发生事故时应立即按总停按钮，保持事故现场，报告有关部门分析处理。

（14）不准在机床上焊接和补焊工件。

三、操作完成后的工作内容

（1）将机械、液压、气压等操作手柄、阀门、开关等扳到非工作位置上。

（2）停止机床运转，切断电源、气源。

（3）清除铁屑，清扫工作现场，认真擦净机床。对导轨面、转动及滑动面、定位基准面、工作台面等加油保养。

（4）认真将班中发现的机床问题填到交接班记录本上，做好交班工作。

任务二　文明生产知识

一、安全知识与文明生产知识

（1）正确安排工作位置，在工作位置内应放置为完成本工序所需要的物品，如工件、制成品、工具箱等。与本工序无关的物品应放在离机床较远的固定部位。各物品要摆放整齐，工作地要整洁，做到无油水、垃圾。

（2）合理安排工件、工具和量具的位置，要有利于缩短辅助时间。工具箱内要整洁，工、量具不可积压。车头箱上不可放任何东西。

（3）工具箱要保持整洁。各种工具应按其用途，有条不紊地放置。

（4）爱护图纸、量具、工具和机床。要保持图纸、工艺卡片的清洁和完整。使用量具要小心，不能随意撞击，使用后要擦净，并上油放妥。

（5）定期进行机床保养工作，经常使机床各机构完好，并定时检查机床的润滑系统。

（6）成批生产的零件要做到首件检验，防止发生成批报废。

（7）完工后的工件要注意不要碰伤、拉毛和生锈。

（8）做好交接班工作，相互交换机床运转和加工情况。

（9）每天开车前对油眼加一次油。

二、机械加工操作安全要求

（1）工作服要合身,袖口要扎紧或带紧口袖套。

（2）女同志要戴工作帽,头发应塞入帽内。

（3）在机床上操作时严禁戴手套。

（4）切削铸铁等脆性材料时,应戴防护眼镜及口罩。

（5）机床所有外露的旋转部分如带轮、砂轮均要安装防护罩。

（6）新砂轮要用木棒敲击检查是否有裂纹后才能安装。磨削前,应经过 2 min的空转试验。试车时,人不应站在砂轮的正面。

（7）不要用手触摸或测量正在旋转的工件。也不可用手去煞住尚未停稳的工件或刀具。

（8）不能用手直接去清除切屑,需用长柄刷子。也不要在太靠近正在切削的地方进行观察。

（9）装卸卡盘、较重的工件和有较锋利刃口的刀具时,要防止重物压伤和刃口割伤手指。

（10）不能随便乱动机床的电气装置。

（11）机床变速时,必须关闭电动机电源并等主轴停稳后,才能变速。

三、一般消防知识

(一) 灭火的基本原理与方法

物质燃烧必须同时具备三个必要条件,即可燃物、助燃物和着火源。根据这些基本条件,一切灭火措施,都是要破坏已经形成的燃烧条件使火熄灭,或终止燃烧的连锁反应,把火势控制在一定范围内,最大限度地减少火灾损失。这就是灭火的基本原理。灭火的基本方法有以下几种。

（1）冷却法　如用水扑灭一般固体物质燃烧起火,通过水来大量吸收热量,使燃烧物的温度迅速降低.最后使燃烧终止。

（2）窒息法　如用二氧化碳、氮气、水蒸气等来降低氧浓度,使燃烧不能持续。

（3）隔离法　如用泡沫灭火剂灭火,使产生的泡沫覆盖于燃烧体表面,在实现冷却作用的同时,把可燃物同火焰和空气隔离开来,达到灭火的目的。

（4）化学抑制法　如用干粉灭火剂通过化学作用破坏燃烧的链式反应,使燃烧终止。

(二) 灭火的基本措施

（1）扑救 A 类火灾　A 类火灾指固体物质火灾,这种物质往往具有有机物性质,一般在燃烧时能产生灼热的余烬,如木材、棉、毛、麻、纸张造成的火灾等。

一般可采用水冷却法,但对于忌水的物质,如布、纸等应尽量减少水渍所造成的损失。对珍贵图书、档案应使用二氧化碳、卤代烷、干粉灭火剂灭火。

(2)扑救B类火灾　B类火灾指液体火灾和可熔化的固体物质火灾,如汽油、煤油、柴油、原油、甲醇、乙醇、沥青、石蜡造成的火灾等。首先应切断可燃液体的来源,同时将燃烧区容器内可燃液体排至安全地区,并用水冷却燃烧区可燃液体的容器壁,减慢蒸发速度;及时使用大剂量泡沫灭火剂、干粉灭火剂将液体火灾扑灭。

(3)扑救C类火灾　C类火灾指气体火灾,如煤气、天然气、甲烷、乙烷、丙烷、氢气火灾等造成的。首先应关闭可燃气阀门,防止可燃气发生爆炸,然后选用干粉、卤代烷、二氧化碳灭火器灭火。

(4)扑救D类火灾　D类火灾指金属火灾,如钾、钠、镁、钛、锆、锂、铝镁合金造成的火灾等。镁、铝燃烧时温度非常高,用水及其他普通灭火剂无效。钠和钾燃烧起火切忌用水扑救,水与钠、钾起反应放出大量热和氢,会促进火势猛烈发展。应用特殊的灭火剂,如干砂等。

(5)扑救带电火灾　用"1211"或干粉灭火器、二氧化碳灭火器效果好,因为这三种灭火器的灭火药剂绝缘性能好,不会发生触电伤人的事故。

酸碱灭火器适用于一般物品的起火。酸碱灭火器不适用油类、忌水忌酸物质和电器设备。干粉灭火器打开保险,喷口对正火区拉动拉环,干粉就可喷出。

四、一般起吊安全知识

(1)起吊物品不能从人头上通过。

(2)起吊时吊具下严禁站人。

(3)起吊前要检查钢丝绳、尼龙绳是否有损坏。

小　　结

每个操作工人都要熟悉自己操作的机器的结构、性能和操作规程,要使机器经常保持良好的状态,按照规定的操作规程使用机器,经常保持机器外观清洁、整齐及内部良好的润滑,按照维护和检修规程擦洗、加油、定期检查、保养,并参加机器的中、小修理工程。

操作者要达到四会,即会检查、会使用、会保养、会排除故障。操作者要遵守工艺纪律,坚决执行技术标准,按图样和工艺标准进行生产并严格按要求落实各项安全文明操作规程。

能 力 检 测

1.对常规试车程序应注意哪几方面？进行常规试车时应注意哪几方面的问题？

2.简述液压系统润滑油的选用。

3.试说明机床三级保养的划分依据。

4.简述一级保养操作步骤。

5.在操作机床时应注意哪些问题？

6.简述机械加工操作安全要求。

7.简述灭火的基本措施。

参 考 文 献

[1] 晏初宏. 金属切削机床[M]. 北京:机械工业出版社,2007.

[2] 郑卫,严敏德. 车工中级[M]. 北京:中国劳动社会保障出版社,2012.

[3] 王伟平. 机械设备维护与保养[M]. 北京:北京理工大学出版社,2010.

[4] 王凤平,许毅. 金属切削机床与数控机床[M]. 北京:清华大学出版社,2009.

[5] 原北京第一通用机械厂. 机械工人切削手册[M]. 7 版. 北京:机械工业出版社,2009.

[6] 郑卫. 车工初级[M]. 7 版. 北京:中国劳动社会保障出版社,2011.

[7] 金福昌. 车工鉴定培训教材[M]. 北京:机械工业出版社,2011.

[8] 周炳章. 铣工工艺学[M]. 北京:中国劳动社会保障出版社,1996.

[9] 严敏德. 金属切削加工技能(上)[M]. 北京:机械工业出版社,2009.

[10] 王先逵. 磨削加工[M]. 北京:机械工业出版社,2008.